电网企业安全生产
管理与实践

SAFETY PRODUCTION MANAGEMENT
AND PRACTICE IN POWER GRID ENTRRPRISES

国网甘肃省电力公司　组编

中国电力出版社
CHINA ELECTRIC POWER PRESS

内 容 提 要

《电网企业安全生产管理与实践》根据电网企业人员［企业主要负责人，安全生产管理人员，新入职人员，新上岗（转岗）人员，在岗生产人员，班组长、安全员、技术员，工作票（作业票）、操作票相关资格人员，电力建设施工企业主要负责人和安全生产管理人员，工程项目部相关管理人员，特种作业人员，特种设备作业人员，劳务派遣人员，外来工作人员，应急救援基干分队、应急抢修队伍、应急专家队伍人员］安全生产及本质安全所需的通用知识和能力编写。全书共分为六章，书中摘编了习近平总书记关于安全生产、应急管理、防灾减灾部分重要论述以及重要指示批示，不仅有传统教材中所包含的理论知识内容，同时收纳了相关专业领域的典型经验，二者内容互为支撑，既对理论知识做了讲解和说明，又用案例佐证理论，做到理论与实践相结合。

本书可作为电网企业从业人员安全教育培训教材，也可以作为其他电力行业和电力专业大专院校教学用参考资料。

图书在版编目（CIP）数据

电网企业安全生产管理与实践 / 国网甘肃省电力公司组编 . —北京：中国电力出版社，2023.10
ISBN 978-7-5198-7733-0

Ⅰ．①电…　Ⅱ．①国…　Ⅲ．①电力工业－安全生产－生产管理　Ⅳ．①TM08

中国国家版本馆 CIP 数据核字（2023）第 064231 号

出版发行：中国电力出版社
地　　　址：北京市东城区北京站西街 19 号（邮政编码 100005）
网　　　址：http://www.cepp.sgcc.com.cn
责任编辑：雍志娟
责任校对：黄　蓓　马　宁
装帧设计：郝晓燕
责任印制：石　雷

印　　　刷：三河市航远印刷有限公司
版　　　次：2023 年 10 月第一版
印　　　次：2023 年 10 月北京第一次印刷
开　　　本：787 毫米×1092 毫米　16 开本
印　　　张：14
字　　　数：281 千字
印　　　数：0001—1000 册
定　　　价：75.00 元

前言
PREFACE

安全生产是关系人民群众生命安全的大事，是经济社会协调健康发展的标志。党中央、国务院高度重视安全生产工作。党的十八大以来，以习近平同志为核心的党中央坚持以人民为中心的发展思想，把安全生产摆在前所未有的突出位置，作出一系列重要部署。习近平总书记强调，"要以对人民极端负责的精神抓好安全生产工作""经济社会发展的每一个项目、每一个环节都要以安全为前提，不能有丝毫疏漏""人命关天，发展决不能以牺牲人的生命为代价。这必须作为一条不可逾越的红线"。

电网是关系国计民生和国家能源安全的重要基础设施，与人民群众生产生活息息相关。随着能源生产和消费革命的深入推进，电网在能源体系中的枢纽作用和中心地位日益凸显，电网安全对经济社会发展的意义更加重大。国家电网公司作为关系国民经济命脉和国家能源安全的特大型国有重点骨干企业，经营区域覆盖国土面积的 88%，供电服务人口超过 11 亿人，确保电网安全运行和电力可靠供应是公司履行政治责任、经济责任和社会责任的根本要求。近年来，国家电网公司能够持续快速发展，很重要的一条经验就是落实企业主体责任、狠抓安全生产、不断夯实安全基础。坚定不移地强化安全生产基础地位，营造安全和谐的发展环境，对国家电网公司实现高水平安全和高质量发展至关重要。抓好安全工作，既是贯彻落实党中央、国务院决策部署、与党中央保持高度一致的具体体现，也是国家电网公司履行肩负的责任使命、持续做强做优做大的内在要求，是必须牢牢守住的"生命线"。

为进一步夯实安全基础，切实履行肩负的责任使命，国网甘肃省电力公司于2022 年组织开发了《电网企业安全生产管理与实践》教材。本书按照"以企业员工为中心、本质安全为导向、促进安全意识提升"的思路，采用立体化设计、多维度呈现，紧紧围绕国家、行业、公司层面的安全生产相关规定及要求进行编写，充分体现"教学相长、工学结合、知行合一"的新理念，探索实践"教、学、做"一体化新模式。

本书对于深刻理解安全生产基本理念和基础理论，准确把握电网企业安全生产管理重点，指导各级人员从事安全生产工作、提升安全管理能力、促进本质安全建设具有积极作用，也可为其他企业人员培训学习提供参考。

　　本书在编写过程中得到了电力行业内相关领导和专家的悉心指导，凝聚了各位参与编著人员的心血，希望对本书的读者有所帮助，给予借鉴和启示。由于时间和能力水平有限，书中难免有疏漏之处，欢迎批评指正。

编　者

2023 年 10 月

目 录
CONTENTS

第一章 安全生产政策法规

【本章概述】安全发展是我国安全生产基本理念。安全是发展的前提，发展是安全的保障。统筹发展和安全，是贯彻总体国家安全观的重要要求。践行安全发展的理念，必须坚持以人为本、生命至上，全面落实安全生产责任制，强化安全生产责任追究，坚持预防为主，推进应急管理、应急能力现代化；强化风险意识，建立健全风险分级管控和隐患排查治理双重预防机制。本章从党中央、国家、行业、法律层面介绍了我国安全生产理念、安全体制、法律规定，从宏观上给读者指明了我国安全生产管理脉络。

第一节 习近平总书记关于安全生产、应急管理的重要论述和指示精神

【本节描述】本节主要介绍了党的十八大以来习近平总书记关于安全生产工作、应急管理工作、防灾减灾工作和关于安全生产的重要指示批示，总结了习近平总书记深刻论述安全生产红线、安全发展战略、安全生产责任制等重大理论和实践问题；科学回答了事关应急管理工作全局和长远发展的重大理论和实践问题；强调要坚持以防为主、防抗救相结合，从减少灾害损失向减轻灾害风险转变，全面提升全社会抵御自然灾害的综合防范能力。

一、习近平总书记关于安全生产工作的重要论述

以习近平总书记同志为核心的党中央高度重视安全生产，始终把人民生命安全放在首位。习近平总书记多次对安全生产工作发表重要讲话，作出一系列重要指示批示，深刻论述安全生产红线、安全发展战略、安全生产责任制等重大理论和实践问题，对安全生产提出了明确要求。习近平总书记强调，公共安全是社会安定、社会秩序良好的重要体现，是人民安居乐业的重要保障。安全生产必须警钟长鸣、常抓不懈。

习近平同志关于安全生产的重要论述，坚持马克思主义唯物史观，体现了对人的

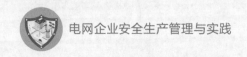

尊重、对生命的敬畏，传递了生命至上的价值理念。

（一）关于必须牢固树立安全发展理念的论述

习近平总书记站在党和国家发展全局的战略高度，旗帜鲜明提出安全发展这一重要原则和科学方法论，科学回答了如何认识安全、如何维护安全等重大理论和现实问题，强调"统筹发展和安全两件大事""把安全发展贯穿国家发展各领域和全过程""各级党委和政府要切实担负起'促一方发展，保一方平安'的政治责任"，为我们做好新时代安全生产工作提供了根本遵循、赋予了重大责任。习近平总书记关于安全发展理念的重要论述：

接连发生的重特大安全生产事故，造成重大人员伤亡和财产损失，必须引起高度重视。人命关天，发展决不能以牺牲人的生命为代价。这必须作为一条不可逾越的红线。

要始终把人民生命安全放在首位，以对党和人民高度负责的精神，完善制度、强化责任、加强管理、严格监管，把安全生产责任制落到实处，切实防范重特大安全生产事故的发生。

——习近平总书记就做好安全生产工作做出重要指示（2013年6月6日）

我们必须牢固树立这样一个观念，就是不能要带血的生产总值。发展要以人为本。不要强调在目前阶段安全事故"不可避免论"，必须整合一切条件、尽最大努力、以极大的责任感来做好安全生产工作。抓和不抓大不一样，重视抓、认真抓和不重视抓、不认真抓大不一样。只要大家都认真抓，就可以把事故发生率和死亡率降到最低程度。

各级党委和政府、各级领导干部要牢固树立安全发展理念，始终把人民群众生命安全放在第一位，牢牢树立发展不能以牺牲人的生命为代价这个观念。这个观念一定要非常明确、非常强烈、非常坚定。

——习近平总书记在听取青岛黄岛经济开发区东黄输油管线泄漏引发爆燃
事故情况汇报时的讲话（2013年11月24日）

要牢固树立安全发展理念，自觉把维护公共安全放在维护最广大人民根本利益中来认识，扎实做好公共安全工作，努力为人民安居乐业、社会安定有序、国家长治久安编织全方位、立体化的公共安全网。

确保安全生产应该作为发展的一条红线。我说过，发展不能以牺牲人的生命为代价。这个观念，必须在全社会牢固树立起来。要深刻认识安全生产工作的艰巨性、复杂性、紧迫性，坚持以人为本、生命至上，全面抓好安全生产责任制和管理、防范、监督、检查、奖惩措施的落实。

——习近平总书记在十八届中央政治局第二十三次集体学习时的重要讲话
（2015年5月29日）

确保安全生产、维护社会安定、保障人民群众安居乐业是各级党委和政府必须担负的重要责任。各级党委和政府要牢固树立安全发展理念，坚持人民利益至上，始终把安全生产放在首要位置，自觉维护人民群众生命财产安全。

——习近平总书记关于做好安全生产工作的批示（2015 年 8 月 15 日）

各级党委和政府特别是领导干部要牢固树立安全生产的观念，正确处理安全和发展的关系，坚持发展决不能以牺牲安全为代价这条红线。经济社会发展的每一个项目、每一个环节都要以安全为前提，不能有丝毫疏漏。要严格实行党政领导干部安全生产工作责任制，切实做到失职追责。

——习近平总书记在中共中央政治局常委会会议上发表重要讲话
（2016 年 7 月 24 日）

生命重于泰山。各级党委和政府务必把安全生产摆到重要位置，树牢安全发展理念，绝不能只重发展不顾安全，更不能将其视作无关痛痒的事，搞形式主义、官僚主义。要针对安全生产事故主要特点和突出问题，层层压实责任，狠抓整改落实，强化风险防控，从根本上消除事故隐患，有效遏制重特大事故发生。

——习近平总书记对安全生产作出重要指示（2020 年 4 月 10 日）

（二）关于必须建立健全安全生产责任体系的论述

责任重于泰山。习近平总书记从安全生产体系高度强调建立健全最严格的安全生产制度，要求抓紧建立健全党政同责、一岗双责、齐抓共管的安全生产责任体系，要把安全责任落实到岗位、落实到人头，衔接好"防"和"救"的责任链条，确保责任链条无缝对接，形成整体合力。习近平总书记关于安全生产责任体系的重要论述：

各级党委和政府要增强责任意识，落实安全生产负责制。要落实行业主管部门直接监管、安全监管部门综合监管、地方政府属地监管，坚持"管行业必须管安全""管业务必须管安全""管生产经营必须管安全"，而且要"党政同责、一岗双责、齐抓共管"。

——习近平总书记在中共中央政治局常委会上的重要讲话（2013 年 7 月 18 日）

要抓紧建立健全党政同责、一岗双责、齐抓共管的安全生产责任体系，建立健全严格的安全生产制度。安全生产事故频发，一个重要原因是失之于软、硬度不够。安全生产工作，不仅政府要抓，党委也要抓。党委要管大事，发展是大事，安全生产也是大事。安全生产事关人民利益，事关改革发展稳定，党政一把手必须亲力亲为、亲自动手抓。

坚持最严格的安全生产制度，什么是最严格？就是要落实责任。要把安全生产责

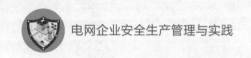

任落实到岗位、落实到人头，坚持管行业必须管安全、管业务必须管安全，加强督促检查、严格考核奖惩，全面推进安全生产工作。

所有企业都必须认真履行安全生产主体责任，做到安全投入到位、安全培训到位、基础管理到位、应急救援到位，确保安全生产。中央企业要带好头做表率。各级政府要落实属地管理责任，依法依规，严管严抓。

——习近平总书记在青岛黄岛经济开发区考察输油管线泄漏引发爆燃事故
抢险工作时强调（2013 年 11 月 25 日）

要切实抓好安全生产，坚持以人为本、生命至上，全面抓好安全生产责任制和管理、防范、监督、检查、奖惩措施的落实，细化落实各级党委和政府的领导责任、相关部门的监管责任、企业的主体责任，深入开展专项整治，切实消除隐患。

——习近平总书记在十八届中央政治局第二十三次集体学习时的
重要讲话（2015 年 5 月 29 日）

各级党委和政府要切实承担起"促一方发展、保一方平安"的政治责任，以完善食品安全责任制、安全生产责任制、防灾减灾救灾责任制、社会治安综合治理责任制为重点，明确并严格落实责任制，把确保公共安全工作成效作为衡量党政领导班子和领导干部政绩的重要指标。

——习近平总书记在十八届中央政治局第二十三次集体学习时的
重要讲话（2015 年 5 月 29 日）

各级党委和政府要牢固树立安全发展理念，坚持人民利益至上，始终把安全生产放在首要位置，切实维护人民群众生命财产安全。要坚决落实安全生产责任制，真正做到党政同责、一岗双责、失职追责。各企业要承担和落实安全生产主体责任，强化安全生产第一意识，加强安全生产基础能力建设，坚决遏制重特大事故发生。

——习近平总书记就切实做好安全生产工作作出重要指示（2015 年 8 月 15 日）

各级安全监管监察部门要牢固树立发展决不能以牺牲安全为代价的红线意识，以防范和遏制重特大事故为重点，坚持标本兼治、综合治理、系统建设，统筹推进安全生产领域改革发展。

——习近平总书记对全国安全生产工作作出重要指示（2016 年 10 月 31 日）

各级安全监管监察部门要牢固树立发展决不能以牺牲安全为代价的红线意识，以防范和遏制重特大事故为重点，坚持标本兼治、综合治理、系统建设，统筹推进安全生产领域改革发展。各级党委和政府要认真贯彻落实党中央关于加快安全生产领域改革发展的工作部署，坚持党政同责、一岗双责、齐抓共管、失职追责，严格落实安全生产责任制，完善安全监管体制，强化依法治理，不断提高全社会安全生产水平，更好维护广大人民群众生命财产安全。

——习近平总书记对全国安全生产工作作出重要指示（2016 年 10 月 31 日）

（三）关于必须加强安全生产源头治理的论述

习近平总书记特别重视源头治理，强调隐患排查工作，要求抓安全生产工作要坚持"常长"二字，要坚持标本兼治，重在治本，建立长效机制。对易发重特大事故的行业领域，要采取风险分级管控、隐患排查治理双重预防性工作机制，推动安全生产关口前移，把事故消灭在萌芽状态。习近平总书记关于必须加强安全生产源头治理的重要论述：

我们就是要安全"全覆盖、零容忍、严执法、重实效"的要求进行排查，整治隐患、堵塞漏洞、强化措施。现在看到的情况，一个是隐患很多、视若无睹，最后酿成恶果；一个是隐患查不出来，没有人去整改，或者整改不及时、不到位，最后还是要出事。

我们要经常进行安全生产大检查，还要摸索检查工作的规律，多长时间搞一次全国性的、全方位的大检查，什么时候在不同行业搞一次这样的大检查。不要等出了一大堆事再搞，要防患于未然，把问题解决在萌芽状态。

——习近平总书记在中共中央政治局常委会上讲话（2013 年 7 月 18 日）

要高度重视公共安全工作，牢记公共安全是最基本的民生的道理，着力堵塞漏洞、消除隐患，着力抓重点、抓关键、抓薄弱环节，不断提高公共安全水平。

——习近平总书记在贵州调研时强调（2015 年 6 月 18 日）

要进一步健全预警应急机制，切实加大安全监管执法力度，有效化解各类安全生产风险，提升安全生产保障水平，促进安全生产形势实现根本好转。

——习近平总书记就切实做好安全生产工作作出重要指示（2015 年 8 月 15 日）

必须坚决遏制重特大事故频发势头，对易发重特大事故的行业领域采取风险分级管控、隐患排查治理双重预防性工作机制，推动安全生产关口前移，加强应急救援工作，最大限度减少人员伤亡和财产损失。

——习近平总书记在中共中央政治局常委会会议上讲话（2016 年 1 月 6 日）

要加强城市运行管理，增强安全风险意识，加强源头治理。要加强城乡安全风险辨识，全面开展城市风险点、危险源的普查，防止认不清、想不到、管不到等问题的

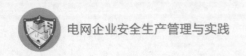

发生。

安全生产是民生大事，一丝一毫不能放松，要以对人民极端负责的精神抓好安全生产工作，站在人民群众的角度想问题，把重大风险隐患当成事故来对待，守土有责，敢于担当，完善体制，严格监管，让人民群众安心放心。

要坚持标本兼治，坚持关口前移，加强日常防范，加强源头治理、前端处理，建立健全公共安全形势分析制度，及时清除公共安全隐患。

要把遏制重特大事故作为安全生产整体工作的"牛鼻子"来抓，在煤矿、危化品、道路运输等方面抓紧规划实施一批生命防护工程，积极研发应用一批先进安防技术，切实提高安全发展水平。

——习近平总书记在中共中央政治局常委会会议上讲话（2016 年 7 月 21 日）

召开党的十九大，必须有一个和谐稳定的社会环境。各级党委和政府要从严从实从细抓好保稳定、护安全、促和谐的工作，抓重点、抓关键、抓薄弱环节，有效防控各类风险，确保不发生重大安全生产事故、重大公共安全事故、重大环境事故，确保国家政治安全。

维护公共安全是个细致活和实在活，千万不能掉以轻心。要深入开展安全隐患排查整治，全面抓好安全生产责任制，从源头治起、从细处抓起、从短板补起，筑牢防线，守住底线，不放过任何一个漏洞，不丢掉任何一个盲点，不留下任何一个隐患。

——习近平总书记在党的十八届六中全会第二次全体会议上的讲话

（2016 年 10 月 27 日）

（四）关于必须强化依法治理安全生产的论述

习近平总书记从法治的角度论述了依法治理安全生产工作，要求加快安全生产相关法律法规制定修订，加强安全生产监管执法，强化基层监管力量，着力提高安全生产法治化水平。要统筹推进安全生产领域改革发展，加快建立完善的安全生产责任制度、科学的安全监管体制、严格的监管执法机制和严密的安全法治体系、风险防控体系、社会治理体系。习近平总书记关于必须强化依法治理安全生产的重要论述：

安全生产，要坚持防患于未然。要继续开展安全生产大检查，做到"全覆盖、零容忍、严执法、重实效"。要采用不发通知、不打招呼、不听汇报、不用陪同和接待，直奔基层、直插现场，暗查暗访，特别是要深查地下油气管网这样的隐蔽致灾隐患。要加大隐患整改治理力度，建立安全生产检查工作责任制，实行谁检查、谁签字、谁负责，做到不打折扣、不留死角、不走过场，务必见到成效。

——习近平总书记在青岛黄岛经济开发区考察输油管线泄漏引发爆燃事故

抢险工作时强调（2013 年 11 月 25 日）

食品安全，也是"管"出来的，要形成覆盖从田间到餐桌全过程的监管制度，建立更为严格的食品安全监管责任制和责任追究制度，使权力和责任紧密挂钩，抓紧建立健全农产品质量和食品安全追溯体系，尽快建立全国统一的农产品和食品安全信息追溯平台，严厉打击食品安全犯罪，要下猛药、出重拳、绝不姑息，充分发挥群众监督、舆论监督的重要作用。

——习近平总书记在中央农村工作会议上强调（2014 年 12 月 23 日）

要健全常态化的安全生产检查机制，定期不定期开展不打招呼、一插到底和谁检查、谁签字、谁负责的安全生产大检查，对检查发现的问题要厉行整改，切实消除隐患，确保万无一失。

——习近平总书记在十八届中央政治局第二十三次集体学习时的
重要讲话（2015 年 5 月 29 日）

党的十八大提出要加强公共安全体系建设，党的十八届三中全会围绕健全公共安全体系提出食品药品安全、安全生产、防灾减灾救灾、社会治安防控等方面体制机制改革任务，党的十八届四中全会提出了加强公共安全立法、推进公共安全法治化的要求。

——习近平总书记在十八届中央政治局第二十三次集体学习时的
重要讲话（2015 年 5 月 29 日）

维护公共安全体系，要从最基础的地方做起。要把基层一线作为公共安全的主战场，坚持重心下移、力量下沉、保障下倾，实现城乡安全监管执法和综合治理网格化、一体化。

——习近平总书记在十八届中央政治局第二十三次集体学习时的
重要讲话（2015 年 5 月 29 日）

必须强化依法治理，用法治思维和法治手段解决安全生产问题，加快安全生产相关法律法规制定修订，加强安全生产监管执法，强化基层监管力量，着力提高安全生产法治化水平。

——习近平总书记在中共中央政治局常委会会议上讲话（2016 年 1 月 6 日）

（五）关于必须强化安全生产责任追究的论述

习近平总书记提出"党政同责、一岗双责、齐抓共管、失职追责"和"三管三必须"总体要求，推动构建上下贯通、执行有力的严密责任体系。对每一起事故，都要依法依规、从重从快严肃查处，让非法违法肇事企业和责任人付出沉痛代价。所有事故调查处

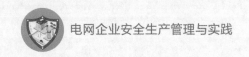

理结果都要及时向社会公布，让思想麻痹和心存侥幸的企业和责任人受到教育和警醒。

严格事故调查，严肃责任追究。要审时度势，宽严有度，解决失之于软、失之于宽的问题。对责任单位和责任人要打到痛处，让他们真正痛定思痛、痛改前非，有效防止悲剧重演。造成这么大的损失，如果责任人照样拿高薪、拿高额奖金，还分红，那是不合理的。

追责不要姑息迁就，一个领导干部失职追责，撤了职，看来可惜，但我们更要珍惜的是，这些遇难的几十条、几百条活生生的生命。

——习近平总书记在中共中央政治局常委会上讲话（2013 年 7 月 18 日）

各地区各部门、各类企业都要坚持安全生产高标准、严要求，招商引资、上项目要严把安全生产关，加大安全生产指标考核权重，实行安全生产和重大安全生产事故风险"一票否决"。

——习近平总书记在听取青岛黄岛经济开发区东黄输油管线泄漏引发爆燃事故
情况汇报时的讲话（2013 年 11 月 24 日）

把确保公共安全工作成效作为衡量党政领导班子和领导干部政绩的重要指标。要落实责任追究，对维护公共安全工作成绩显著的，要予以表彰奖励；对工作不重视不扎实甚至搞形式主义的，要告诫提醒、通报批评；对失职渎职导致发生重大公共安全事件的，要追究有关领导和直接责任人的责任。

——习近平总书记在十八届中央政治局第二十三次集体学习时的
重要讲话（2015 年 5 月 29 日）

各级党委和政府要切实担负起"促一方发展、保一方平安"的政治责任，严格落实责任制。要建立健全重大自然灾害和安全事故调查评估制度，对玩忽职守造成损失或重大社会影响的，依纪依法追究当事方的责任。

——习近平总书记在中央政治局第十九次集体学习时强调（2019 年 11 月 29 日）

当前，全国正在复工复产，要加强安全生产监管，分区分类加强安全监管执法，强化企业主体责任落实。

——习近平总书记对安全生产作出重要指示（2020 年 4 月 10 日）

二、习近平总书记关于应急管理工作的重要论述

党的十八大以来，以习近平总书记同志为核心的党中央对应急管理工作高度重视。习近平总书记站在实现"两个一百年"奋斗目标、保障中华民族长远发展的战略高度，

对应急管理工作作出一系列重要指示，从增强忧患意识、防范风险挑战，树立红线意识、统筹安全与发展，坚持底线思维、强化应急准备，完善体制机制、加强能力建设，抓好安全生产、推进防灾减灾救灾"三个转变"等方面进行了深刻阐述，科学回答了事关应急管理工作全局和长远发展的重大理论和实践问题，形成了习近平总书记关于应急管理的重要思想，为应急管理工作提供了科学指南和根本遵循。

（一）关于应急管理体系和能力现代化的论述

习近平总书记准确把握我国现阶段安全生产特点，对制约安全生产的主要矛盾问题洞若观火，统筹谋划安全生产和应急管理体制机制改革创新，作出了"推进安全生产治理体系和治理能力现代化"等一系列部署要求，以系统思维和务实举措夯实安全生产基础。

组建国家综合性消防救援队伍，是党中央适应国家治理体系和治理能力现代化作出的战略决策，是立足我国国情和灾害事故特点、构建新时代国家应急救援体系的重要举措，对提高防灾减灾救灾能力、维护社会公共安全、保护人民生命财产安全具有重大意义。

——习近平总书记向国家综合性消防救援队伍授旗并致训词（2018年11月9日）

应急管理是国家治理体系和治理能力的重要组成部分，承担防范化解重大安全风险、及时应对处置各类灾害事故的重要职责，担负保护人民群众生命财产安全和维护社会稳定的重要使命。要发挥我国应急管理体系的特色和优势，借鉴国外应急管理有益做法，积极推进我国应急管理体系和能力现代化。

我国是世界上自然灾害最为严重的国家之一，灾害种类多，分布地域广，发生频率高，造成损失重，这是一个基本国情。同时，我国各类事故隐患和安全风险交织叠加、易发多发，影响公共安全的因素日益增多。加强应急管理体系和能力建设，既是一项紧迫任务，又是一项长期任务。

要坚持依法管理，运用法治思维和法治方式提高应急管理的法治化、规范化水平，系统梳理和修订应急管理相关法律法规，抓紧研究制定应急管理、自然灾害防治、应急救援组织、国家消防救援人员、危险化学品安全等方面的法律法规，加强安全生产监管执法工作。

要坚持群众观点和群众路线，坚持社会共治，完善公民安全教育体系，推动安全宣传进企业、进农村、进社区、进学校、进家庭，加强公益宣传，普及安全知识，培育安全文化，健全公共安全社会心理干预体系，开展常态化应急疏散演练，支持引导社区居民开展风险隐患排查和治理，积极推进安全风险网格化管理，筑牢防灾减灾救灾的人民防线。

——习近平总书记在中央政治局第十九次集体学习时强调（2019年11月29日）

要针对这次疫情应对中暴露出来的短板和不足，健全国家应急管理体系，提高处理急难险重任务能力。

——习近平总书记在中央政治局常务委员会上讲话时强调（2020年2月3日）

要健全统一的应急物资保障体系，把应急物资保障作为国家应急管理体系建设的重要内容，按照集中管理、统一调拨、平时服务、灾时应急、采储结合、节约高效的原则，尽快健全相关工作机制和应急预案。

——习近平总书记主持召开中央全面深化改革委员会第十二次会议强调

（2020年2月14日）

（二）关于公共安全风险防范化解的论述

公共安全是社会安定、社会秩序良好的重要体现，是人民安居乐业的重要保障。习近平总书记提出了加强公共安全体系建设，推进公共安全法治化的要求，把维护公共安全摆在更加突出的位置，作出了一系列部署。

新形势下我国国家安全和社会安定面临的威胁和挑战增多，特别是各种威胁和挑战联动效应明显。我们必须保持清醒头脑、强化底线思维，有效防范、管理、处理国家安全风险，有力应对、处置、化解社会安定的挑战。

——习近平总书记在中央政治局第十四次集体学习时强调（2014年4月25日）

对波谲云诡的国际形势、复杂敏感的周边环境、艰巨繁重的改革发展稳定任务，我们必须始终保持高度警惕，既要高度警惕"黑天鹅"事件，也要防范"灰犀牛"事件；既要有防范风险的先手，也要有应对和化解风险挑战的高招；既要打好防范和抵御风险的有准备之战，也要打好化险为夷、转危为机的战略主动战。

——习近平总书记在省部级主要领导干部坚持底线思维着力防范化解重大风险

专题研讨班上讲话（2019年1月21日）

要健全风险防范化解机制，坚持从源头上防范化解重大安全风险，真正把问题解决在萌芽之时、成灾之前。要加强风险评估和监测预警，加强对危化品、矿山、道路交通、消防等重点行业领域的安全风险排查，提升多灾种和灾害链综合监测、风险早期识别和预报预警能力。

——习近平总书记在中央政治局第十九次集体学习时强调（2019年11月29日）

（三）关于预防为主与防救结合的论述

习近平总书记关于预防为主与防救结合的重要论述：坚持常态救灾和非常态救灾相统一，强化综合减灾、统筹抵御各种自然灾害；坚持党的领导，形成各方齐抓共管、协同配合的自然灾害防治格局；坚持以人为本，切实保护人民群众生命财产安全；坚持生态优先，建立人与自然和谐相处的关系；坚持预防为主，努力把自然灾害风险和损失降至最低。

注意科学施救，防止发生次生灾害。加强各类灾害和安全生产隐患排查，制定预案，加强预警及应急处置等工作，确保人民群众生命财产安全。

——习近平总书记对深圳光明新区渣土受纳场发生山体滑坡作出

重要指示（2015 年 12 月 20 日）

必须坚决遏制重特大事故频发势头，对易发重特大事故的行业领域采取风险分级管控、隐患排查治理双重预防性工作机制，推动安全生产关口前移，加强应急救援工作，最大限度减少人员伤亡和财产损失。

——习近平总书记在中共中央政治局常委会会议上讲话（2016 年 1 月 6 日）

各级党委和政府要切实担负起"促一方发展、保一方平安"的政治责任，严格落实责任制。要发挥好应急管理部门的综合优势和各相关部门的专业优势，根据职责分工承担各自责任，衔接好"防"和"救"的责任链条，确保责任链条无缝对接，形成整体合力。

——习近平总书记在中央政治局第十九次集体学习时强调（2019 年 11 月 29 日）

应急管理部门全年 365 天、每天 24 小时都应急值守，随时可能面对极端情况和生死考验。应急救援队伍全体指战员要做到对党忠诚、纪律严明、赴汤蹈火、竭诚为民，成为党和人民信得过的力量。应急管理具有高负荷、高压力、高风险的特点，应急救援队伍奉献很多、牺牲很大，各方面要关心支持这支队伍，提升职业荣誉感和吸引力。

——习近平总书记在中央政治局第十九次集体学习时强调（2019 年 11 月 29 日）

（四）关于应急准备与救援的论述

习近平总书记关于应急准备与救援的重要论述：

要改革安全生产应急救援体制，提高组织协调能力和现场救援实效。

——习近平总书记在中共中央政治局常委会会议上讲话（2016 年 7 月 21 日）

要加强应急值守，全面落实工作责任，细化预案措施，确保灾情能够快速处置。

——习近平总书记对防汛抢险救灾工作指示（2018 年 7 月 20 日）

国家消防救援队伍要对党忠诚、纪律严明、赴汤蹈火、竭诚为民，在人民群众最

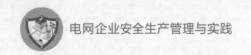

需要的时候冲锋在前，救民于水火，助民于危难，给人民以力量，为维护人民群众生命财产安全而英勇奋斗。

——习近平总书记向国家综合性消防救援队伍授旗并致训词（2018年11月9日）

要加强应急预案管理，健全应急预案体系，落实各环节责任和措施。要实施精准治理，预警发布要精准，抢险救援要精准，恢复重建要精准，监管执法要精准。

——习近平总书记在中央政治局第十九次集体学习时强调（2019年11月29日）

要加强应急救援队伍建设，建设一支专常兼备、反应灵敏、作风过硬、本领高强的应急救援队伍。要采取多种措施加强国家综合性救援力量建设，采取与地方专业队伍、志愿者队伍相结合和建立共训共练、救援合作机制等方式，发挥好各方面力量作用。要强化应急救援队伍战斗力建设，抓紧补短板、强弱项，提高各类灾害事故救援能力。

——习近平总书记在中央政治局第十九次集体学习时强调（2019年11月29日）

要坚持少而精的原则，打造尖刀和拳头力量，按照就近调配、快速行动、有序救援的原则建设区域应急救援中心。要加强队伍指挥机制建设，大力培养应急管理人才，加强应急管理学科建设。

——习近平总书记在中央政治局第十九次集体学习时强调（2019年11月29日）

加大先进适用装备的配备力度，加强关键技术研发，提高突发事件响应和处置能力。要适应科技信息化发展大势，以信息化推进应急管理现代化，提高监测预警能力、监管执法能力、辅助指挥决策能力、救援实战能力和社会动员能力。

——习近平总书记在中央政治局第十九次集体学习时强调（2019年11月29日）

三、习近平总书记关于防灾减灾工作重要论述

党的十八大以来，以习近平总书记为核心的党中央始终坚持以人民为中心的发展理念，在总结历史经验基础上，着眼中国特色防灾减灾救灾工作新实践，强调要坚持以防为主、防抗救相结合，坚持常态减灾和非常态救灾相统一，努力实现从注重灾后救助向注重灾前预防转变，从应对单一灾种向综合减灾转变，从减少灾害损失向减轻灾害风险转变，全面提升全社会抵御自然灾害的综合防范能力。这是新时期我国防灾减灾救灾理论和实践的升华，是做好新时代防灾减灾工作的行动指南。

（一）关于创新防灾减灾工作思路论述

习近平总书记论述了以人民为中心的发展理念，提出人类对自然规律的认知没有

止境，防灾减灾、抗灾救灾是人类生存发展的永恒课题。要求科学认识致灾规律，有效减轻灾害风险，实现人与自然和谐共处，坚持以防为主、防灾抗灾救灾相结合，全面提升综合防灾能力，为人民生命财产安全提供坚实保障。

我国是世界上自然灾害最严重的国家之一，防灾减灾救灾是一项长期任务。要坚持以防为主、防抗救相结合的方针，坚持常态减灾和非常态救灾相统一，努力实现从注重灾后救助向注重灾前预防转变，从应对单一灾种向综合减灾转变，从减少灾害损失向减轻灾害风险转变，全面提高全社会抵御自然灾害的综合防范能力。要落实责任、完善体系、整合资源、统筹力量，从根本上提高防灾减灾救灾工作制度化、规范化、现代化水平。

——习近平总书记在十八届中央政治局第二十三次集体学习时的重要讲话

（2015 年 5 月 29 日）

同自然灾害抗争是人类生存发展的永恒课题。要更加自觉地处理好人和自然的关系，正确处理防灾减灾救灾和经济社会发展的关系，不断从抵御各种自然灾害的实践中总结经验，落实责任、完善体系、整合资源、统筹力量，提高全民防灾抗灾意识，全面提高国家综合防灾减灾救灾能力。

——习近平总书记在河北唐山市考察强调（2016 年 7 月 28 日）

要总结经验，进一步增强忧患意识、责任意识，坚持以防为主、防抗救相结合，坚持常态减灾和非常态救灾相统一，努力实现从注重灾后救助向注重灾前预防转变，从应对单一灾种向综合减灾转变，从减少灾害损失向减轻灾害风险转变，全面提升全社会抵御自然灾害的综合防范能力。

——习近平总书记在河北唐山市考察指出（2016 年 7 月 28 日）

人与自然是生命共同体，人类必须尊重自然、顺应自然、保护自然。人类只有尊重自然规律才能有效防止在开发利用自然上少走弯路，人类对大自然的伤害最终会伤及人类自身，这是无法抗拒的规律。

——习近平总书记在中国共产党第十九次全国代表大会上的

报告（2017 年 10 月 18 日）

人类对自然规律的认知没有止境，防灾减灾、抗灾救灾是人类生存发展的永恒课题。科学认识致灾规律，有效减轻灾害风险，实现人与自然和谐共处，需要国际社会共同努力。中国将坚持以人民为中心的发展理念，坚持以防为主、防灾抗灾救灾相结合，全面提升综合防灾能力，为人民生命财产安全提供坚实保障。

———习近平总书记向汶川地震十周年国际研讨会暨第四届大陆地震国际研讨会
致信强调（2018 年 5 月 12 日）

加强自然灾害防治关系国计民生，要建立高效科学的自然灾害防治体系，提高全社会自然灾害防治能力，为保护人民群众生命财产安全和国家安全提供有力保障。

———习近平总书记主持召开中央财经委员会第三次会议强调（2018 年 10 月 10 日）

我国自然灾害防治能力总体还比较弱，提高自然灾害防治能力，是实现"两个一百年"奋斗目标、实现中华民族伟大复兴中国梦的必然要求，是关系人民群众生命财产安全和国家安全的大事，也是对我们党执政能力的重大考验，必须抓紧抓实。

———习近平总书记主持召开中央财经委员会第三次会议强调（2018 年 10 月 10 日）

提高自然灾害防治能力，要全面贯彻新时代中国特色社会主义思想和党的十九大精神，牢固树立"四个意识"，紧紧围绕统筹推进"五位一体"总体布局和协调推进"四个全面"战略布局，坚持以人民为中心的发展思想；坚持以防为主、防抗救相结合；坚持常态救灾和非常态救灾相统一，强化综合减灾、统筹抵御各种自然灾害；要坚持党的领导，形成各方齐抓共管、协同配合的自然灾害防治格局；坚持以人为本，切实保护人民群众生命财产安全；坚持生态优先，建立人与自然和谐相处的关系；坚持预防为主，努力把自然灾害风险和损失降至最低；坚持改革创新，推进自然灾害防治体系和防治能力现代化；坚持国际合作，协力推动自然灾害防治。

———习近平总书记主持召开中央财经委员会第三次会议强调（2018 年 10 月 10 日）

（二）关于自然灾害防治工作论述

习近平总书记从理念、体制、机制、能力等方面对自然灾害工作进行全面论述，重温论述，推进防灾减灾救灾体制机制改革，必须牢固树立灾害风险管理和综合减灾理念，要强化灾害风险防范措施，加强灾害风险隐患排查和治理，健全统筹协调体制，落实责任、完善体系、整合资源、统筹力量，全面提高国家综合防灾减灾救灾能力。

要切实增强抵御和应对自然灾害能力，坚持以防为主、防抗救相结合的方针，坚持常态减灾和非常态救灾相统一，全面提高全社会抵御自然灾害的综合防范能力。

———习近平总书记在十八届中央政治局第二十三次集体学习时的
重要讲话（2015 年 5 月 29 日）

要把防灾减灾救灾作为经济社会发展和城乡建设规划的重要内容，建立健全自然灾害综合风险普查评估制度，提高灾害高风险区域和学校、医院、居民住房、重要基础设施的设防水平，切实改变一些地方城市高风险、农村不设防的状况。

　　——习近平总书记在十八届中央政治局第二十三次集体学习时的
　　　　　　　　　　　　　　　　　　重要讲话（2015 年 5 月 29 日）

　　防灾减灾救灾工作需要避免两种倾向，一种倾向是违背自然规律，人类不能违背自然规律，不合规律的"抗"只会适得其反；另一种倾向是不负责任、没有担当、麻痹大意，不作为造成的重大损失。

　　——习近平总书记在河北唐山市考察强调（2016 年 7 月 28 日）

　　要着力从加强组织领导、健全体制、完善法律法规、推进重大防灾减灾工程建设、加强灾害监测预警和风险防范能力建设、提高城市建筑和基础设施抗灾能力、提高农村住房设防水平和抗灾能力、加大灾害管理培训力度、建立防灾减灾救灾宣传教育长效机制、引导社会力量有序参与等方面进行努力。

　　——习近平总书记在河北唐山市考察强调（2016 年 7 月 28 日）

　　推进防灾减灾救灾体制机制改革，必须牢固树立灾害风险管理和综合减灾理念，坚持以防为主、防抗救相结合，坚持常态减灾和非常态救灾相统一，努力实现从注重灾后救助向注重灾前预防转变，从减少灾害损失向减轻灾害风险转变，从应对单一灾种向综合减灾转变。要强化灾害风险防范措施，加强灾害风险隐患排查和治理，健全统筹协调体制，落实责任、完善体系、整合资源、统筹力量，全面提高国家综合防灾减灾救灾能力。

　　——习近平总书记主持召开中央全面深化改革领导小组第二十八次会议时
　　　　　　　　　　　　　　　　　　　　　　强调（2016 年 10 月 11 日）

　　要实施灾害风险调查和重点隐患排查工程，掌握风险隐患底数；实施重点生态功能区生态修复工程，恢复森林、草原、河湖、湿地、荒漠、海洋生态系统功能；实施海岸带保护修复工程，建设生态海堤，提升抵御台风、风暴潮等海洋灾害能力；实施地震易发区房屋设施加固工程，提高抗震防灾能力；实施防汛抗旱水利提升工程，完善防洪抗旱工程体系；实施地质灾害综合治理和避险移民搬迁工程，落实好"十三五"地质灾害避险搬迁任务；实施应急救援中心建设工程，建设若干区域性应急救援中心；实施自然灾害监测预警信息化工程，提高多灾种和灾害链综合监测、风险早期识别和预报预警能力；实施自然灾害防治技术装备现代化工程，加大关键技术攻关力度，提高我国救援队伍专业化技术装备水平。

　　——习近平总书记主持召开中央财经委员会第三次会议强调（2018 年 10 月 10 日）

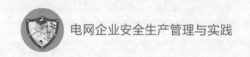

（三）关于自然灾害救助工作论述

习近平总书记关于自然灾害救助工作论述中要求：绷紧防大汛、抗大洪、抢大险、救大灾这根弦，进一步强化措施、落实责任。坚持军民联防联动，全力保障人员安全，妥善安置受灾群众。要做好恢复重建规划安排和工作准备，组织群众开展生产自救，针对薄弱环节健全增强防汛抗洪能力的具体措施。

大灾大难是检验党组织和党员干部的时候，也是锻炼提高党组织和党员干部的时候，要引导各级党组织强化整体功能，教育党员干部提高思想政治素质、自觉改进作风，做到哪里危险多、哪里困难大、哪里有群众需要，哪里就有共产党员的身影、哪里就有共产党人的奋斗。

——习近平总书记在芦山地震灾区考察强调（2013年5月23日）

各级领导干部特别是主要领导干部要靠前指挥，各有关地方、部门和单位要各司其职，从防汛责任落实、监测预报预警、避险撤离转移、防洪工程调度、山洪灾害防御、城市防洪排涝、险情巡查抢护、部门协调配合等方面强化防汛抗洪工作。各级党组织要充分发挥坚强领导作用，各级干部要充分发挥模范带头作用，广大共产党员要充分发挥先锋模范作用，在同重大自然灾害的斗争中经受住考验。

——习近平总书记就做好防汛抗洪抢险救灾工作发表重要讲话强调

（2016年7月20日）

防灾减灾救灾事关人民生命财产安全，事关社会和谐稳定，是衡量执政党领导力、检验政府执行力、评判国家动员力、体现民族凝聚力的一个重要方面。

——习近平总书记在河北唐山市考察强调（2016年7月28日）

要求牢固树立以人民为中心的思想，落实工作责任，严防灾害发生，全力保障人民群众生命财产安全。

——习近平总书记对防汛抢险救灾工作作出重要指示（2018年7月19日）

（四）关于灾害恢复重建工作的论述

认真学习习近平总书记关于灾害恢复重建工作的论述，实施自然灾害监测预警信息化工程，提高多灾种和灾害链综合监测、风险早期识别和预报预警能力；实施自然灾害防治技术装备现代化工程，加大关键技术攻关力度，提高我国救援队伍专业化技术装备水平。

要全面准确评估灾害损失，按照以人为本、尊重自然、统筹兼顾、立足当前、着眼长远的科学重建要求，尽快启动灾后恢复重建规划编制工作，充分借鉴汶川特大地震灾后恢复重建成功经验，突出绿色发展、可持续发展理念，统筹基础设施、公共服务设施、生产设施、城乡居民住房建设，统筹群众生活、产业发展、新农村建设、扶贫开发、城镇化建设、社会事业发展、生态环境保护，提高建设工程抗震标准，提高规划编制科学化水平。

——习近平总书记就芦山地震抗震救灾工作作出重要指示（2013 年 5 月 2 日）

要坚持抗震救灾工作和经济社会发展两手抓、两不误，大力弘扬伟大抗震救灾精神，大力发挥各级党组织领导核心和战斗堡垒作用、广大党员先锋模范作用，引导灾区群众广泛开展自力更生、生产自救活动，在中央和四川省大力支持下，积极发展生产、建设家园，用自己的双手创造幸福美好的生活。

——习近平总书记就芦山地震抗震救灾工作作出重要指示（2013 年 5 月 2 日）

天灾无情人有情。老天爷把大家的家园毁了，党和政府一定要帮助大家建设一个更加美好的家园！我们 13 亿多人民就是一个大家庭，全国各族人民就是一个大家庭，一方有难、八方支援。只要大家一条心，有党和政府支持，有全国人民支持，再大的坎都能迈过去。大家要增强对美好生活的信心，不怕灾害，不怕困难，用自己勤劳的双手，把新家园建设得更好！

——习近平总书记看望鲁甸地震灾区干部群众表示（2015 年 1 月 19 日）

四、习近平总书记关于安全生产重要指示批示精神

（一）习近平总书记就 2013 年 11 月 22 日山东青岛输油管线泄漏引发重大爆燃事故作出重要批示

各级党委和政府、各级领导干部要牢固树立安全发展理念，始终把人民群众生命安全放在第一位。各地区各部门、各类企业都要坚持安全生产高标准、严要求，招商引资、上项目要严把安全生产关，加大安全生产指标考核权重，实行安全生产和重大安全生产事故风险"一票否决"。责任重于泰山。要抓紧建立健全安全生产责任体系，党政一把手必须亲力亲为、亲自动手抓。要把安全责任落实到岗位、落实到人头，坚持管行业必须管安全、管业务必须管安全，加强督促检查、严格考核奖惩，全面推进安全生产工作。

所有企业都必须认真履行安全生产主体责任，做到安全投入到位、安全培训到位、基础管理到位、应急救援到位，确保安全生产。中央企业要带好头做表率。各级政府要落实属地管理责任，依法依规，严管严抓。

安全生产，要坚持防患于未然。要继续开展安全生产大检查，做到"全覆盖、零容忍、严执法、重实效"。要采用不发通知、不打招呼、不听汇报、不用陪同和接待，直奔基层、直插现场，暗查暗访，特别是要深查地下油气管网这样的隐蔽致灾隐患。

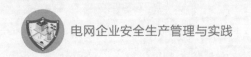

要加大隐患整改治理力度，建立安全生产检查工作责任制，实行谁检查、谁签字、谁负责，做到不打折扣、不留死角、不走过场，务必见到成效。

要做到"一厂出事故、万厂受教育，一地有隐患、全国受警示"。各地区和各行业领域要深刻吸取安全事故带来的教训，强化安全责任，改进安全监管，落实防范措施。

冬季已经来临，岁末年初历来是事故高发期。希望大家以对党和人民高度负责的态度，牢牢绷紧安全生产这根弦，把工作抓实抓细抓好，坚决遏制重特大事故，促进全国安全生产形势持续稳定好转。

11月24日习近平总书记到山东考察贯彻落实党的十八届三中全会精神、做好经济社会发展工作，下午专程到青岛市，考察黄岛经济开发区黄潍输油管线事故抢险工作。他指出，这次事故再一次给我们敲响了警钟，安全生产必须警钟长鸣、常抓不懈，丝毫放松不得，否则就会给国家和人民带来不可挽回的损失。必须建立健全安全生产责任体系，强化企业主体责任，深化安全生产大检查，认真吸取教训，注重举一反三，全面加强安全生产工作。

（二）习近平总书记就2014年8月2日江苏苏州昆山中荣金属制品有限公司爆炸事故作出重要指示

2014年8月2日7时34分，江苏苏州昆山市开发区中荣金属制品有限公司抛光二车1司发生特别重大铝粉爆炸事故，当天造成75人死亡，185人受伤。

习近平总书记要求江苏省和有关方面全力做好伤员救治，做好遇难者亲属的安抚工作；查明事故原因，追究责任人责任，汲取血的教训，强化安全生产责任制。正值盛夏，要切实消除各种易燃易爆隐患，切实保障人民群众生命财产安全。

（三）习近平总书记2015年8月15日对切实做好安全生产工作作出重要指示

近一个时期以来，全国多个地区发生重特大安全生产事故，特别是天津港"8·12"瑞海公司危险品仓库特别重大火灾爆炸事故，造成重大人员伤亡和财产损失。习近平总书记对切实做好安全生产工作高度重视，8月15日作出重要指示。

确保安全生产、维护社会安定、保障人民群众安居乐业是各级党委和政府必须承担好的重要责任。天津港"8·12"瑞海公司危险品仓库特别重大火灾爆炸事故以及近期一些地方接二连三发生的重大安全生产事故，再次暴露出安全生产领域存在突出问题、面临严峻形势。血的教训极其深刻，必须牢牢记取。各级党委和政府要牢固树立安全发展理念，坚持人民利益至上，始终把安全生产放在首要位置，切实维护人民群众生命财产安全。要坚决落实安全生产责任制，切实做到党政同责、一岗双责、失职追责。要健全预警应急机制，加大安全监管执法力度，深入排查和有效化解各类安全生产风险，提高安全生产保障水平，努力推动安全生产形势实现根本好转。各生产单位要强化安全生产第一意识，落实安全生产主体责任，加强安全生产基础能力建设，坚决遏制重特大安全生产事故发生。

（四）习近平总书记 2015 年 12 月 20 日就深圳光明新区渣土受纳场发生山体滑坡作出重要指示

2015 年 12 月 20 日 11 时 40 分许，广东深圳市光明新区红坳渣土受纳场发生山体滑坡，附近西气东输管道发生爆炸。事故共造成 73 人死亡，4 人下落不明，17 人受伤。事故还造成 33 栋建筑物被损毁、掩埋。

习近平总书记要求广东省、深圳市迅速组织力量开展抢险救援，第一时间抢救被困人员，尽最大努力减少人员伤亡，做好伤员救治、伤亡人员家属安抚等善后工作。注意科学施救，防止发生次生灾害。中央有关部门指导地方加强各类灾害和安全生产隐患排查，制定预案，加强预警及应急处置等工作，确保人民群众生命财产安全。

（五）习近平总书记 2016 年 10 月 11 日主持召开中央全面深化改革领导小组第二十八次会议强调

推进防灾减灾救灾体制机制改革，必须牢固树立灾害风险管理和综合减灾理念，坚持以防为主、防抗救相结合，坚持常态减灾和非常态救灾相统一，努力实现从注重灾后救助向注重灾前预防转变，从减少灾害损失向减轻灾害风险转变，从应对单一灾种向综合减灾转变。要强化灾害风险防范措施，加强灾害风险隐患排查和治理，健全统筹协调体制，落实责任、完善体系、整合资源、统筹力量，全面提高国家综合防灾减灾救灾能力。

推进安全生产领域改革发展，关键是要作出制度性安排，依靠严密的责任体系、严格的法治措施、有效的体制机制、有力的基础保障和完善的系统治理，解决好安全生产领域的突出问题，确保人民群众生命财产安全。各级党委和政府特别是领导干部要牢固树立安全生产的观念，正确处理安全和发展的关系，坚持发展决不能以牺牲安全为代价这条红线。

会议审议通过了《关于推进防灾减灾救灾体制机制改革的意见》《关于推进安全生产领域改革发展的意见》等文件。

（六）习近平总书记就 2016 年 11 月 24 日江西宜春市丰城发电厂三期在建项目发生冷却塔施工平台坍塌特别重大事故作出重要指示

要求江西省和有关部门组织力量做好救援救治、善后处置等工作，尽快查明原因，深刻汲取教训，严肃追究责任。近期一些地方接连发生安全生产事故，国务院要组织各地区各部门举一反三，全面彻底排查各类隐患，狠抓安全生产责任落实，切实堵塞安全漏洞，确保人民群众生命和财产安全。

（七）习近平总书记 2017 年 10 月 18 日在中国共产党第十九次全国代表大会上的报告

树立安全发展理念，弘扬生命至上、安全第一的思想，健全公共安全体系，完善安全生产责任制，坚决遏制重特大安全事故，提升防灾减灾救灾能力。

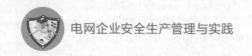

（八）习近平总书记 2018 年 5 月 12 日现汶川地震十周年国际研讨会暨第四届大陆地震国际研讨会致信

今年是汶川地震十周年。在中国共产党坚强领导下，汶川地震灾区恢复重建工作取得举世瞩目成就，为国际社会开展灾后恢复重建提供了有益经验和启示。

人类对自然规律的认知没有止境，防灾减灾、抗灾救灾是人类生存发展的永恒课题。科学认识致灾规律，有效减轻灾害风险，实现人与自然和谐共处，需要国际社会共同努力。中国将坚持以人民为中心的发展理念，坚持以防为主、防灾抗灾救灾相结合，全面提升综合防灾能力，为人民生命财产安全提供坚实保障。希望各位代表围绕本次研讨会"与地震风险共处"的主题，踊跃参与、集思广益，为促进减灾国际合作、降低自然灾害风险、构建人类命运共同体做出积极贡献。

（九）习近平总书记 2018 年 7 月 20 日对防汛抢险救灾工作作出重要指示

7 月以来，我国多地出现大到暴雨，长江发生 2 次编号洪水，嘉陵江上游、涪江上游、沱江上游发生特大洪水，大渡河上中游发生大洪水，黄河发生 1 次编号洪水，部分中小河流发生超警以上洪水。今年截至 7 月 18 日，我国已有 27 个省（区、市）遭受洪涝灾害，造成 2053 万人、1759 千公顷农作物受灾，因灾死亡 54 人、失踪 8 人，倒塌房屋 2.3 万间，直接经济损失约 516 亿元。

近期全国部分地区出现强降雨，四川、陕西、甘肃等地一些河流出现超警水位，有些地方洪涝灾害严重，有的地方引发山体滑坡等地质灾害，造成人员伤亡和财产损失。当前，正值洪涝、台风等自然灾害多发季节，相关地区党委和政府要牢固树立以人民为中心的思想，全力组织开展抢险救灾工作，最大限度减少人员伤亡，妥善安排好受灾群众生活，最大程度降低灾害损失。要加强应急值守，全面落实工作责任，细化预案措施，确保灾情能够快速处置。要加强气象、洪涝、地质灾害监测预警，紧盯各类重点隐患区域，开展拉网式排查，严防各类灾害和次生灾害发生。国家防总、自然资源部、应急管理部等相关部门要统筹协调各方力量和资源，指导地方开展抢险救灾工作，全力保障人民群众生命财产安全和社会稳定。

受灾地区已启动应急响应，积极统筹谋划、细化措施、科学应对，全力做好险情巡查抢护、水毁设施抢修抢通、人员转移安置等工作。国家防总、自然资源部、应急管理部已派出工作组赴防汛第一线，督促指导地方开展防汛抢险救灾工作。

（十）习近平总书记就 2019 年 3 月 21 日江苏省盐城市响水县陈家港镇天嘉宜化工有限公司化学储罐发生爆炸事故作出重要指示

要求江苏省和有关部门全力抢险救援，搜救被困人员，及时救治伤员，做好善后工作，切实维护社会稳定。要加强监测预警，防控发生环境污染，严防发生次生灾害。要尽快查明事故原因，及时发布权威信息，加强舆情引导。近期一些地方接连发生重大安全事故，各地和有关部门要深刻吸取教训，加强安全隐患排查，严格落实安全生产责任制，坚决防范重特大事故发生，确保人民群众生命和财产安全。

（十一）习近平总书记2019年7月23日对贵州水城"7·23"特大山体滑坡灾害作出重要指示

2019年7月23日21时20分许，贵州六盘水市水城县鸡场镇坪地村岔沟组发生一起特大山体滑坡灾害，造成21栋房屋被埋。截至目前，已造成11人死亡，仍有42人失联。

习近平总书记要求全力搜救被困人员，做好伤员救治、受灾群众安置、遇难者家属安抚等善后工作。要注意科学施救，做好险情监测，防范次生灾害。今年汛期以来，一些地方降雨量大，防汛形势严峻，自然灾害隐患较多，各地区各有关部门要本着对人民极端负责的精神，积极组织力量，认真排查险情隐患，加强预报预警，强化灾害防范，切实落实工作责任，保护好人民群众生命和财产安全。

（十二）习近平总书记2020年3月30日对四川西昌市经久乡森林火灾作出重要指示

2020年3月30日16时许，四川凉山州西昌市经久乡马鞍村发生一起森林火灾，因瞬间风向突变、风力陡增，扑火人员避让不及，造成19人死亡、3人受伤。目前，山火仍在扑救中。

灾害发生后，习近平总书记要求迅速调集力量开展科学施救，在确保扑火人员安全的前提下全力组织灭火，严防次生灾害。当前正处于森林火灾等自然灾害易发高发期，最近四川、云南、福建、湖南等地接连发生森林火灾和安全事故，加上清明、春汛临近，火灾、洪涝等安全隐患突出，务必引起高度重视。各级党委和政府及有关部门要在统筹好疫情防控和复工复产的同时，抓实安全风险防范各项工作，坚决克服麻痹思想，深入排查火灾、泥石流、安全生产等各类隐患，压实各方责任，坚决遏制事故灾难多发势头，全力保障人民群众生命和财产安全。

（十三）习近平总书记2020年2月14日主持召开中央全面深化改革委员会第十二次会议强调

要健全统一的应急物资保障体系，把应急物资保障作为国家应急管理体系建设的重要内容，按照集中管理、统一调拨、平时服务、灾时应急、采储结合、节约高效的原则，尽快健全相关工作机制和应急预案。要优化重要应急物资产能保障和区域布局，做到关键时刻调得出、用得上。对短期可能出现的物资供应短缺，建立集中生产调度机制，统一组织原材料供应、安排定点生产、规范质量标准，确保应急物资保障有序有力。要健全国家储备体系，科学调整储备的品类、规模、结构，提升储备效能。要建立国家统一的应急物资采购供应体系，对应急救援物资实行集中管理、统一调拨、统一配送，推动应急物资供应保障网更加高效安全可控。

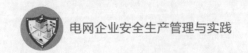

（十四）习近平总书记 2021 年 1 月 11 日在省部级主要领导干部学习贯彻党的十九届五中全会精神专题研讨班上的讲话

从忧患意识把握新发展理念。"不困在于早虑，不穷在于早豫。"随着我国社会主要矛盾变化和国际力量对比深刻调整，我国发展面临的内外部风险空前上升，必须增强忧患意识，坚持底线思维，随时准备应对更加复杂困难的局面。"十四五"规划《建议》把安全问题摆在非常突出的位置，强调要把安全发展贯穿国家发展各领域和全过程。如果安全这个基础不牢，发展的大厦就会地动山摇。要坚持政治安全、人民安全、国家利益至上有机统一，既要敢于斗争，也要善于斗争，全面做强自己，特别是要增强威慑的实力。宏观经济方面要防止大起大落，资本市场上要防止外资大进大出，粮食、能源、重要资源上要确保供给安全，要确保产业链供应链稳定安全，要防止资本无序扩张、野蛮生长，还要确保生态环境安全，坚决抓好安全生产。在社会领域，要防止大规模失业风险，加强公共卫生安全，有效化解各类群体性事件。要加强保障国家安全的制度性建设，借鉴其他国家经验，研究如何设置必要的"玻璃门"，在不同阶段加不同的锁，有效处理各类涉及国家安全的问题。

（十五）习近平总书记 2022 年 4 月 24 日对"3·21"东航 MU5735 航空器飞行事故作出重要指示

最近一段时间，交通、建筑、煤矿等方面安全事故多发，特别是"3·21"东航 MU5735 航空器飞行事故造成重大人员伤亡，再次给我们敲响了警钟。

安全生产要坚持党政同责、一岗双责、齐抓共管、失职追责，管行业必须管安全，管业务必须管安全，管生产经营必须管安全。从实际工作看，仍有一些地方和行业安全责任没有压紧压实，工作措施没有抓实抓到位。各级党委和政府要坚持以人民为中心的发展思想，坚持人民至上、生命至上，统筹发展和安全，始终保持如履薄冰的高度警觉，做好安全生产各项工作，决不能麻痹大意、掉以轻心。对在安全生产上不负责任、玩忽职守出问题的，要严查严处、严肃追责。各级党政主要负责同志要亲力亲为、靠前协调，其他负责同志要认真履行各自岗位的安全职责，层层落实到基层一线，坚决反对形式主义、官僚主义。要在全国深入开展安全大检查，严厉打击违法违规行为，采取有力措施清除各类风险隐患，坚决遏制重特大事故，确保人民生命财产安全。

（十六）习近平总书记 2022 年 4 月 29 日对"4·29"长沙楼房坍塌事故作出重要指示

要不惜代价搜救被困人员，全力救治受伤人员，妥善做好安抚安置等善后工作；同时注意科学施救，防止发生次生灾害。要彻查事故原因，依法严肃追究责任，从严处理相关责任人，及时发布权威信息。近年来多次发生自建房倒塌事故，造成重大人员伤亡，务必引起高度重视。要对全国自建房安全开展专项整治，彻查隐患，及时解决。坚决防范各类重大事故发生，切实保障人民群众生命财产安全和社会大局稳定。

【思考与练习】

简述习近平总书记关于创新防灾减灾工作思路论述主要内容。

【参考答案】习近平总书记论述了以人民为中心的发展理念，提出人类对自然规律的认知没有止境，防灾减灾、抗灾救灾是人类生存发展的永恒课题。要求科学认识致灾规律，有效减轻灾害风险，实现人与自然和谐共处，坚持以防为主、防灾抗灾救灾相结合，全面提升综合防灾能力，为人民生命财产安全提供坚实保障。

我国是世界上自然灾害最严重的国家之一，防灾减灾救灾是一项长期任务。要坚持以防为主、防抗救相结合的方针，坚持常态减灾和非常态救灾相统一，努力实现从注重灾后救助向注重灾前预防转变，从应对单一灾种向综合减灾转变，从减少灾害损失向减轻灾害风险转变，全面提高全社会抵御自然灾害的综合防范能力。要落实责任、完善体系、整合资源、统筹力量，从根本上提高防灾减灾救灾工作制度化、规范化、现代化水平。

第二节　安全生产法规制度

【本节描述】本节主要讲述了《中华人民共和国安全生产法》《中华人民共和国刑法修正案（十一）》《中华人民共和国突发事件应对法》《中共中央国务院关于推进安全生产领域改革发展的意见》《地方党政领导干部安全生产责任制规定》《生产安全事故报告和调查处理条例》《生产安全事故应急条例》《电力生产安全事故报告和调查处理条例》《国务院安委办安全生产"十五条"重要举措》《企业安全生产标准化基本规范》《国家电网公司全面强化安全责任落实 38 项措施》等法规制度的背景、意义和主要内容，介绍了国家对安全生产的总体要求、指导思想及具体举措。

一、安全生产法律

（一）《中华人民共和国安全生产法》（主席令第 88 号）2021 年修订部分解读

1. 修改的必要性

安全生产是关系人民群众生命财产安全的大事，是经济社会高质量发展的重要标志，是党和政府对人民利益高度负责的重要体现。党中央、国务院高度重视安全生产工作。习近平总书记多次作出重要指示，强调各级党委政府务必把安全生产摆到重要位置，统筹发展和安全，坚持人民至上、生命至上，树牢安全发展理念，严格落实安全生产责任制，强化风险防控，从根本上消除事故隐患，切实把确保人民生命安全放在第一位落到实处。李克强总理多次作出重要批示，要求压实各层级各环节责任，严格安全监管执法，强化安全风险防控和隐患排查治理，加强安全基础能力建设，坚决

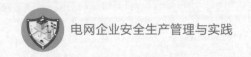

电网企业安全生产管理与实践

防范遏制重特大安全事故，保障人民群众生命财产安全。

《中华人民共和国安全生产法》（主席令第 88 号）（以下简称《安全生产法》）于 2002 年公布施行，2009 年和 2014 年进行了两次修正，对预防和减少生产安全事故，保障人民群众生命财产安全发挥了重要作用，但新发展阶段、新发展理念、新发展格局对安全生产提出了更高的要求，需要对《安全生产法》进行修改完善。一是习近平总书记对加强安全生产工作作出一系列重要指示批示，2016 年 12 月，中共中央、国务院印发《关于推进安全生产领域改革发展的意见》，对安全生产工作的指导思想、基本原则、制度措施等作出新的重大部署，需要通过修法进一步贯彻落实。二是我国安全生产仍处于爬坡过坎期，过去长期积累的隐患集中暴露，新的风险不断涌现，需要通过修法进一步压实各方安全生产责任，有效防范化解重大安全风险。三是根据 2018 年深化党和国家机构改革方案，原国家安监总局的职责划入应急部，其他有关部门和职责也作了调整，需要通过修法对原来的法定职责进行修改。

2019 年 1 月，应急部向国务院报送了《〈中华人民共和国安全生产法〉修正案（草案送审稿）》。2019 年 1 月和 2020 年 2 月司法部先后两次征求有关部门、省级政府和部分研究机构、行业协会、企业的意见，并会同应急部进一步开展了实地调研、专家座谈、沟通协调，反复修改完善，形成了《中华人民共和国安全生产法（修正草案）》。2021 年 6 月 10 日，中华人民共和国第十三届全国人民代表大会常务委员会第二十九次会议通过《全国人民代表大会常务委员会关于修改〈中华人民共和国安全生产法〉的决定》，予以公布，自 2021 年 9 月 1 日起施行。

2. 修改的主要内容

修改决定共 42 条，大约占原来条款的 1/3，主要包括以下几个方面的内容：

（1）进一步完善安全生产工作的原则要求。为加强党对安全生产工作的领导，贯彻党的十九届五中全会精神，落实习近平总书记提出的"三个必须"原则，对有关内容作了修改完善，将第三条修改为：安全生产工作坚持中国共产党的领导。安全生产工作应当以人为本，坚持人民至上、生命至上，把保护人民生命安全摆在首位，树牢安全发展理念，坚持安全第一、预防为主、综合治理的方针，从源头上防范化解重大安全风险。安全生产工作实行管行业必须管安全、管业务必须管安全、管生产经营必须管安全，强化和落实生产经营单位主体责任与政府监管责任，建立生产经营单位负责、职工参与、政府监管、行业自律和社会监督的机制。

（2）进一步强化和落实生产经营单位的主体责任。一是确保生产经营单位的安全生产责任制落实到位，将第四条修改为：生产经营单位必须遵守本法和其他有关安全生产的法律、法规，加强安全生产管理，建立健全全员安全生产责任制和安全生产规章制度，加大对安全生产资金、物资、技术、人员的投入保障力度，改善安全生产条件，加强安全生产标准化、信息化建设，构建安全风险分级管控和隐患排查治理双重预防机制，健全风险防范化解机制，提高安全生产水平，确保安全生产。平台经济等新兴行业、领域的生产经营单位应当根据本行业、领域的特点，建立健全并落实全员安全生产责任制，加强从业人员安全生产教育和培训，履行本法和其他法律、法规规定的有关安全生产义务。将第五条修改为：生产经营单位的主要负责人是本单位安全生产第一责任人，对本单位的安全生产工作全面负责。其他负责人对职责范围内的安全生产工作负责。二是强化预防措施，将第三十八条改为第四十一条，修改为：生产经营单位应当建立安全风险分级管控制度，按照安全风险分级采取相应的管控措施。生产经营单位应当建立健全并落实生产安全事故隐患排查治理制度，采取技术、管理措施，及时发现并消除事故隐患。事故隐患排查治理情况应当如实记录，并通过职工大会或者职工代表大会、信息公示栏等方式向从业人员通报。其中，重大事故隐患排查治理情况应当及时向负有安全生产监督管理职责的部门和职工大会或者职工代表大会报告。县级以上地方各级人民政府负有安全生产监督管理职责的部门应当将重大事故隐患纳入相关信息系统，建立健全重大事故隐患治理督办制度，督促生产经营单位消除重大事故隐患。三是加大对从业人员心理疏导、精神慰藉等人文关怀和保护力度，将第四十一条改为第四十四条，增加一款，作为第二款：生产经营单位应当关注从业人员的身体、心理状况和行为习惯，加强对从业人员的心理疏导、精神慰藉，严格落实岗位安全生产责任，防范从业人员行为异常导致事故发生。四是发挥市场机制的推动作用，将第四十八条改为第五十一条，第二款修改为：国家鼓励生产经营单位投保安全生产责任保险；属于国家规定的高危行业、领域的生产经营单位，应当投保安全生产责任保险。具体范围和实施办法由国务院应急管理部门会同国务院财政部门、国务院保险监督管理机构和相关行业主管部门制定。

（3）进一步明确地方政府和有关部门的安全生产监督管理职责。一是强化领导责任，将第八条改为两条，作为第八条、第九条，修改为：第八条 国务院和县级以上地方各级人民政府应当根据国民经济和社会发展规划制定安全生产规划，并组织实施。安全生产规划应当与国土空间规划等相关规划相衔接。各级人民政府应当加强安全生产基础设施建设和安全生产监管能力建设，所需经费列入本级预算。县级以上地方各级人民政府应当组织有关部门建立完善安全风险评估与论证机制，按照安全风险管控要求，进行产业规划和空间布局，并对位置相邻、行业相近、业态相似的生产经营单位实施重大安全风险联防联控。第九条 国务院和县级以上地方各级人民政府应当加强对安全生产工作的领导，建立健全安全生产工作协调机制，支持、督促各有关部门依法履行安全生产监督管理职责，及时协调、解决安全生产监督管理中存在的重大问题。乡镇人民政府和街道办事处，以及开发区、工业园区、港区、风景区等应当明确负责安全生产监督管理的有关工作机构及其职责，加强安全生产监管力量建设，按照职责对本行政区域或者管理区域内生产经营单位安全生产状况进行监督检查，协助人民政府有关部门或者按照授权依法履行安全生产监督管理职责。二是厘清有关部门在安全生产强制性国家标准方面的职责，将第九条改为第十条，修改为：国务院应急管理部门依照本法，对全国安全生产工作实施综合监督管理；县级以上地方各级人民政府应急管理部门依照本法，对本行政区域内安全生产工作实施综合监督管理。国务院交通运输、住房和城乡建设、水利、民航等有关部门依照本法和其他有关法律、行政法规的规定，在各自的职责范围内对有关行业、领域的安全生产工作实施监督管理；县级以上地方各级人民政府有关部门依照本法和其他有关法律、法规的规定，在各自的职责范围内对有关行业、领域的安全生产工作实施监督管理。对新兴行业、领域的安全生产监督管理职责不明确的，由县级以上地方各级人民政府按照业务相近的原则确定监督管理部门。应急管理部门和对有关行业、领域的安全生产工作实施监督管理的部门，统称负有安全生产监督管理职责的部门。负有安全生产监督管理职责的部门应当相互配合、齐抓共管、信息共享、资源共用，依法加强安全生产监督管理工作。三是提升安全生产监管的信息化、智能化水平，将第三十七条改为第四十条，第二款修改为：生产经营单位应当按照国家有关规定将本单位重大危险源及有关安全措施、应急措施报有关地方人民政府应急管理部门和有关部门备案。有关地方人民政府应急管理部门和有关部门应当通过相关信息系统实现信息共享。将第三十八条改为第四十一条，修改为：生产经营单位应当建立安全风险分级管控制度，按照安全风险分级采取相应的管控措施。生产经营单位应当建立健全并落实生产安全事故隐患排查治理制度，采取技术、管理措施，及时发现并消除事故隐患。事故隐患排查治理情况应当如实记录，并通过职工大会或者职工代表大会、信息公示栏等方式向从业人员通报。其中，重大事故隐患排查治理情况应当及时向负有安全生产监督管理职责的部门和职工大会或者职工代表大会报告。县级以上地方各级人民政府负有安全生产监督管理职责的部门应当将重大事故隐患纳入相关信息系统，建立健全重大事故隐患治理督办制度，督促生产经营单位消除重大事故隐患。将第七十六条改为第七十九条，修改为：国家加强生产安全事故应急能力建设，在重点行业、领域建立应急救援基地和应急救援队伍，并由国家安全生产应急救援机构统一协调指挥；鼓励生产经营单位和其他社会力量建立应急救援队伍，配备相应的应急救援装备和物资，提高应急救援的专业化水平。国务院应急管理部门牵头建立全国统一的生产安全事故应急救援信息系统，国务院交通运输、住房和城乡建设、水利、民航等有关部门和县级以上地方人民政府建立健全相关行业、领域、地区的生产安全事故应急救援信息系统，实现互联互通、信息共享，通过推行网上安全信息采集、安全监管和监测预警，提升监管的精准化、智能化水平。将第七十六条改为第七十九条，修改为：国家加强生产安全事故应急能力建设，在重点行业、领域建立应急救援基地和应急救援队伍，并由国家安全生产应急救援机构统一协调指挥；鼓励生产经营单位和其他社会力量建立应急救援队伍，配备相应的应急救援装备和物资，提高应急救援的专业化水平。国务院应急管理部门牵头建立全国统一的生产安全事故应急救援信息系统，国务院交通运输、住房和城乡建设、水利、民航等有关部门和县级以上地方人民政府建立健全相关行业、领域、地区的生产安全事故应急救援信息系统，实现互联互通、信息共享，通过推行网上安全信息采集、安全监管和监测预警，提升监管的精准化、智能化水平。

（4）进一步加大对生产经营单位及其负责人安全生产违法行为的处罚力度。一是在现行《安全生产法》规定的基础上，普遍提高了对违法行为的罚款数额。二是增加生产经营单位被责令改正且受到罚款处罚，增加一条，作为第一百一十二条：生产经营单位违反本法规定，被责令改正且受到罚款处罚，拒不改正的，负有安全生产监督管理职责的部门可以自作出责令改正之日的次日起，按照原处罚数额按日连续处罚。拒不改正的，监管部门可以按日连续处罚。三是针对安全生产领域"屡禁不止、屡罚不改"等问题，加大对违法行为恶劣的生产经营单位关闭力度，将第一百零八条改为第一百一十三条，修改为：生产经营单位存在下列情形之一的，负有安全生产监督管理职责的部门应当提请地方人民政府予以关闭，有关部门应当依法吊销其有关证照。生产经营单位主要负责人五年内不得担任任何生产经营单位的主要负责人；情节严重的，终身不得担任本行业生产经营单位的主要负责人。四是加大对违法失信行为的联合惩戒和公开力度，将第七十五条改为第七十八条，修改为：负有安全生产监督管理职责的部门应当建立安全生产违法行为信息库，如实记录生产经营单位及其有关从业人员的安全生产违法行为信息；对违法行为情节严重的生产经营单位及其有关从业人员，应当及时向社会公告，并通报行业主管部门、投资主管部门、自然资源主管部门、生态环境主管部门、证券监督管理机构以及有关金融机构。有关部门和机构应当对存在失信行为的生产经营单位及其有关从业人员采取加大执法检查频次、暂停项目审批、上调有关保险费率、行业或者职业禁入等联合惩戒措施，并向社会公示。

（二）《中华人民共和国突发事件应对法》（主席令第 69 号）重点内容解读

《中华人民共和国突发事件应对法》（主席令第 69 号）于 2007 年 8 月 30 日第十届全国人民代表大会常务委员会第二十九次会议通过，自 2007 年 11 月 1 日起实施，共 7 章 70 条，是一部规范突发事件应对工作原则和预防与应急准备、监测与预警、应急处置与救援、事后恢复与重建等内容的重要法律，能够预防和减少突发事件的发生，有效控制、减轻和消除突发事件引起的严重社会危害，维护国家安全、公共安全、环境安全和社会秩序。

1. 目的、意义、作用

为了提高社会各方面依法应对突发事件的能力，及时有效控制、减轻和消除突发事件引起的严重社会危害，保护人民生命财产安全，维护国家安全、公共安全、环境安全和社会秩序，迫切需要在认真总结我国应对突发事件经验教训、借鉴其他国家成功做法的基础上，根据宪法制定一部规范应对各类突发事件共同行为的法律。制定突发事件应对法、提高依法应对突发事件的能力，是政府全面履行职能、建设服务型政府的迫切需要，是贯彻落实依法治国方略、全面推进依法行政的客观要求，是构建社会主义和谐社会的重要举措。

2. 突发事件分类分级、应急管理体制、应对工作原则

（1）分类分级。

《中华人民共和国突发事件应对法》中把突发事件划分为自然灾害、事故灾难、公共卫生事件和社会安全事件等四大类。

《中华人民共和国突发事件应对法》规定，按照社会危害程度、影响范围等因素，自然灾害、事故灾难、公共卫生事件分为特别重大、重大、较大和一般四级。

（2）管理体制。

《中华人民共和国突发事件应对法》规定，国家建立统一领导、综合协调、分类管理、分级负责、属地管理为主的应急管理体制。

（3）应对工作原则。

突发事件应对工作实行预防为主、预防与应急相结合的原则。

国家建立重大突发事件风险评估体系，对可能发生的突发事件进行综合性评估，减少重大突发事件的发生，最大限度地减轻重大突发事件的影响。

3. 突发事件预防与应急准备工作、预警制度

（1）准备工作。主要包括建立健全突发事件应急预案体系、建设城乡应急基础设施和应急避难场所、排查和治理突发事件风险隐患、组建培训专兼职应急队伍、开展应急知识宣传普及活动和应急演练、建立应急物资储备保障制度等方面内容。

（2）预警制度。国家建立健全突发事件预警制度。可以预警的自然灾害、事故灾难和公共卫生事件的预警级别，按照突发事件发生的紧急程度、发展势态和可能造成的危害程度分为一级、二级、三级和四级，分别用红色、橙色、黄色和蓝色标示，一级为最高级别。

4. 人员密集场所应当采取有效措施

公共交通工具、公共场所和其他人员密集场所的经营单位或者管理单位应当制定具体应急预案，为交通工具和有关场所配备报警装置和必要的应急救援设备、设施，注明其使用方法，并显著标明安全撤离的通道、路线，保证安全通道、出口的畅通。有关单位应当定期检测、维护其报警装置和应急救援设备、设施，使其处于良好状态，确保正常使用。

5. 突发事件的应急处置与救援措施

（1）自然灾害、事故灾难、公共卫生事件发生后，有针对性地采取人员救助、事态控制、公共设施和公众基本生活保障等方面的措施。

（2）社会安全事件发生后，应当立即组织有关部门依法采取强制隔离当事人、封锁有关场所和道路、控制有关区域和设施、加强对核心机关和单位的警卫等措施。

（3）发生严重影响国民经济正常运行的突发事件后，国务院或者国务院授权的有关主管部门可以采取保障、控制等必要的应急措施。

6. 信息报告与发布

（1）信息报告。地方各级人民政府应当按照国家有关规定向上级人民政府报送突发事件信息。县级以上人民政府有关主管部门应当向本级人民政府相关部门通报突发事件信息。专业机构、监测网点和信息报告员应当及时向所在地人民政府及其有关主管部门报告突发事件信息。有关单位和人员报送、报告突发事件信息，应当做到及时、客观、真实，不得迟报、谎报、瞒报、漏报。

（2）信息发布。履行统一领导职责或者组织处置突发事件的人民政府，应当按照有关规定统一、准确、及时发布有关突发事件事态发展和应急处置工作的信息。

任何单位和个人不得编造、传播有关突发事件事态发展或者应急处置工作的虚假信息。

编造并传播有关突发事件事态发展或者应急处置工作的虚假信息，或者明知是有关突发事件事态发展或者应急处置工作的虚假信息而进行传播的，责令改正，给予警告；造成严重后果的，依法暂停其业务活动或者吊销其执业许可证；负有直接责任的人员是国家工作人员的，还应当对其依法给予处分；构成违反治安管理行为的，由公安机关依法给予处罚。

7. 自然灾害危害或突发事件的应对

受到自然灾害危害或者发生事故灾难、公共卫生事件的单位，应当立即组织本单位应急救援队伍和工作人员营救受害人员，疏散、撤离、安置受到威胁的人员，控制危险源，标明危险区域，封锁危险场所，并采取其他防止危害扩大的必要措施，同时向所在地县级人民政府报告；对因本单位的问题引发的或者主体是本单位人员的社会安全事件，有关单位应当按照规定上报情况，并迅速派出负责人赶赴现场开展劝解、疏导工作。

8. 公民应履行义务

突发事件发生地的公民应当服从人民政府、居民委员会、村民委员会或者所属单位的指挥和安排，配合人民政府采取的应急处置措施，积极参加应急救援工作，协助维护社会秩序。

9. 事后恢复与重建

一是采取或继续实施防止发生次生、衍生事件的必要措施；二是评估损失，制定恢复重建计划，修复公共设施，尽快恢复生产、生活、工作和社会秩序；三是上一级人民政府应当根据损失和实际情况，提供资金、物资支持和技术指导，组织其他地区

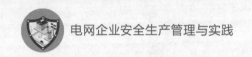

提供资金、物资和人力支援；四是受突发事件影响地区的人民政府应当根据本地区遭受损失的情况，制定善后工作计划并组织实施；五是查明原因，总结经验教训，制定改进措施，评估突发事件应对工作，并报上一级人民政府。

10. 应承担的责任

（1）不履行法定职责责任。

《突发事件应对法》规定，地方各级人民政府和县级以上各级人民政府有关部门违反本法规定，不履行法定职责的，由其上级行政机关或者监察机关责令改正。

根据情节，有下列行为之一的，对直接负责的主管人员和其他直接责任人员依法给予处分：未按规定采取预防措施，导致发生突发事件，或者未采取必要的防范措施，导致发生次生、衍生事件的；迟报、谎报、瞒报、漏报有关突发事件的信息，或者通报、报送、公布虚假信息，造成后果的；未按规定及时发布突发事件警报、采取预警期的措施，导致损害发生的；未按规定及时采取措施处置突发事件或者处置不当，造成后果的；不服从上级人民政府对突发事件应急处置工作的统一领导、指挥和协调的；未及时组织开展生产自救、恢复重建等善后工作的；截留、挪用、私分或者变相私分应急救援资金、物资的；不及时归还征用的单位和个人的财产，或者对被征用财产的单位和个人不按规定给予补偿的。

（2）单位或个人违反《突发事件应对法》责任。

单位或者个人违反《突发事件应对法》规定，不服从所在地人民政府及其有关部门发布的决定、命令或者不配合其依法采取的措施，构成违反治安管理行为的，由公安机关依法给予处罚；单位或者个人违反《突发事件应对法》规定，导致突发事件发生或者危害扩大，给他人人身、财产造成损害的，应当依法承担民事责任。

（三）《中华人民共和国刑法修正案（十一）》（主席令第66号）重点内容解读

（1）修改了强令违章冒险作业罪，增加了"明知存在重大事故隐患而不排除，仍冒险组织作业"的行为。修正案（十一）第三条，将刑法第一百三十四条第二款修改为："强令他人违章冒险作业，或者明知存在重大事故隐患而不排除，仍冒险组织作业，因而发生重大伤亡事故或者造成其他严重后果的，处五年以下有期徒刑或者拘役；情节特别恶劣的，处五年以上有期徒刑。"

（2）增加了关闭破坏生产安全设备设施和篡改、隐瞒、销毁数据信息的犯罪。修正案（十一）第四条第（一）项，在刑法第一百三十四条后增加一条，作为第一百三十四条之一："在生产、作业中违反有关安全管理的规定，有下列情形之一，具有发生重大伤亡事故或者其他严重后果的现实危险的，处一年以下有期徒刑、拘役或者管制。（一）关闭、破坏直接关系生产安全的监控、报警、防护、救生设备、设施，或者篡改、隐瞒、销毁其相关数据、信息的"。

（3）增加了拒不整改重大事故隐患犯罪。修正案（十一）第四条第（二）项，在刑法第一百三十四条后增加一条，作为第一百三十四条之一："在生产、作业中违反有关安全管理的规定，有下列情形之一，具有发生重大伤亡事故或者其他严重后果的现实危险的，处一年以下有期徒刑、拘役或者管制。（二）因存在重大事故隐患被依法责令停产停业、停止施工、停止使用有关设备、设施、场所或者立即采取排除危险的整改措施，而拒不执行的"。

（4）增加了擅自从事高危生产作业活动的犯罪。修正案（十一）第四条第（三）项，在刑法第一百三十四条后增加一条，作为第一百三十四条之一："在生产、作业中违反有关安全管理的规定，有下列情形之一，具有发生重大伤亡事故或者其他严重后果的现实危险的，处一年以下有期徒刑、拘役或者管制。（三）涉及安全生产的事项未经依法批准或者许可，擅自从事矿山开采、金属冶炼、建筑施工，以及危险物品生产、经营、储存等高度危险的生产作业活动的。"

（5）修改了提供虚假证明文件罪，增加了"保荐、安全评价、环境影响评价、环境监测等职责的中介组织的人员"为犯罪主体。修正案（十一）第二十五条第三项，将刑法第二百二十九条修改为："承担资产评估、验资、验证、会计、审计、法律服务、保荐、安全评价、环境影响评价、环境监测等职责的中介组织的人员故意提供虚假证明文件，情节严重的，处五年以下有期徒刑或者拘役，并处罚金；有下列情形之一的，处五年以上十年以下有期徒刑，并处罚金"。（三）在涉及公共安全的重大工程、项目中提供虚假的安全评价、环境影响评价证明文件，致使公众财产、国家和人民利益遭受特别重大损失的。

二、安全生产法规

（一）《生产安全事故报告和调查处理条例》（国务院第 493 号令）

1. 作用和意义

《生产安全事故报告和调查处理条例》（国务院第 493 号令）是《安全生产法》的重要配套行政法规。《生产安全事故报告和调查处理条例》在原国务院《特别重大事故调查程序暂行规定》和《企业职工伤亡事故报告和处理规定》的基础上，总结了多年事故调查处理的经验，对生产安全事故的报告和调查处理作出了全面、明确的法律规定，是各级人民政府、安全生产监管部门和负有安全生产监管职责的其他有关部门做好事故报告和调查处理工作的主要法律依据。《生产安全事故报告和调查处理条例》涵盖了生产安全事故报告和调查处理工作的原则、制度、机制、程序和法律责任等重大问题并作出了相应的法律规定，实现了事故报告和处理工作的法律化、制度化、规范化。《生产安全事故报告和调查处理条例》的颁布实施，对于做好安全生产工作具有重要而深远的意义。

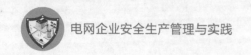

2. 主要内容

明确了事故分类：根据生产安全事故造成的人员伤亡或者直接经济损失，将事故分为特别重大事故、重大事故、较大事故、一般事故四个等级；规定事故报告要及时、准确、完整，不得迟报、漏报、谎报或者瞒报；确立了事故报告和调查处理工作坚持"政府领导、分级负责"的原则，由县级以上人民政府直接组织事故调查组进行调查，或者授权、委托有关部门组织事故调查组进行调查；强调了事故查处必须坚持"四不放过"的原则，应当及时、准确地查清事故经过、事故原因和事故损失，查明事故性质，认定事故责任，总结事故教训，提出整改措施；强化了事故责任追究力度，对事故发生单位及单位主要负责人和其他有关人员规定了行政处罚；作出了与相关立法的衔接性规定，强调了各相关执法部门之间的相互配合。

（1）根据生产安全事故（以下简称事故）造成的人员伤亡或者直接经济损失，事故一般分为以下等级：

1）特别重人事故，是指造成 30 人以上死亡，或者 100 人以上重伤（包括急性工业中毒，下同），或者 1 亿元以上直接经济损失的事故；

2）重大事故，是指造成 10 人以上 30 人以下死亡，或者 50 人以上 100 人以下重伤，或者 5000 万元以上 1 亿元以下直接经济损失的事故；

3）较大事故，是指造成 3 人以上 10 人以下死亡，或者 10 人以上 50 人以下重伤，或者 1000 万元以上 5000 万元以下直接经济损失的事故；

4）一般事故，是指造成 3 人以下死亡，或者 10 人以下重伤，或者 1000 万元以下直接经济损失的事故。

国务院安全生产监督管理部门可以会同国务院有关部门，制定事故等级划分的补充性规定。本条第一款所称的"以上"包括本数，所称的"以下"不包括本数。

（2）事故报告：应当及时、准确、完整，任何单位和个人对事故不得迟报、漏报、谎报或者瞒报。

1）事故发生后，事故现场有关人员应当立即向本单位负责人报告；单位负责人接到报告后，应当于 1 小时内向事故发生地县级以上人民政府安全生产监督管理部门和负有安全生产监督管理职责的有关部门报告。

情况紧急时，事故现场有关人员可以直接向事故发生地县级以上人民政府安全生产监督管理部门和负有安全生产监督管理职责的有关部门报告。

2）安全生产监督管理部门和负有安全生产监督管理职责的有关部门接到事故报告后，应当依照下列规定上报事故情况，并通知公安机关、劳动保障行政部门、工会和人民检察院：

特别重大事故、重大事故逐级上报至国务院安全生产监督管理部门和负有安全生产监督管理职责的有关部门；

较大事故逐级上报至省、自治区、直辖市人民政府安全生产监督管理部门和负有安全生产监督管理职责的有关部门；

一般事故上报至设区的市级人民政府安全生产监督管理部门和负有安全生产监督管理职责的有关部门。

安全生产监督管理部门和负有安全生产监督管理职责的有关部门依照前款规定上报事故情况，应当同时报告本级人民政府。国务院安全生产监督管理部门和负有安全生产监督管理职责的有关部门以及省级人民政府接到发生特别重大事故、重大事故的报告后，应当立即报告国务院。

必要时，安全生产监督管理部门和负有安全生产监督管理职责的有关部门可以越级上报事故情况。

3）安全生产监督管理部门和负有安全生产监督管理职责的有关部门逐级上报事故情况，每级上报的时间不得超过 2 小时。

4）报告事故应当包括下列内容：

事故发生单位概况；

事故发生的时间、地点以及事故现场情况；

事故的简要经过；

事故已经造成或者可能造成的伤亡人数（包括下落不明的人数）和初步估计的直接经济损失；

已经采取的措施；

5）事故报告后出现新情况的，应当及时补报。

自事故发生之日起 30 日内，事故造成的伤亡人数发生变化的，应当及时补报。道路交通事故、火灾事故自发生之日起 7 日内，事故造成的伤亡人数发生变化的，应当及时补报。

6）事故发生单位负责人接到事故报告后，应当立即启动事故相应应急预案，或者采取有效措施，组织抢救，防止事故扩大，减少人员伤亡和财产损失。

7）事故发生地有关地方人民政府、安全生产监督管理部门和负有安全生产监督管理职责的有关部门接到事故报告后，其负责人应当立即赶赴事故现场，组织事故救援。

8）事故发生后，有关单位和人员应当妥善保护事故现场以及相关证据，任何单位和个人不得破坏事故现场、毁灭相关证据。

因抢救人员、防止事故扩大以及疏通交通等原因，需要移动事故现场物件的，应当做出标志，绘制现场简图并做出书面记录，妥善保存现场重要痕迹、物证。

9）事故发生地公安机关根据事故的情况，对涉嫌犯罪的，应当依法立案侦查，采取强制措施和侦查措施。犯罪嫌疑人逃匿的，公安机关应当迅速追捕归案。

10）安全生产监督管理部门和负有安全生产监督管理职责的有关部门应当建立值

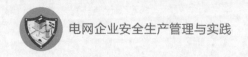

班制度，并向社会公布值班电话，受理事故报告和举报。

3．事故调查

（1）特别重大事故由国务院或者国务院授权有关部门组织事故调查组进行调查。

重大事故、较大事故、一般事故分别由事故发生地省级人民政府、设区的市级人民政府、县级人民政府负责调查。省级人民政府、设区的市级人民政府、县级人民政府可以直接组织事故调查组进行调查，也可以授权或者委托有关部门组织事故调查组进行调查。

未造成人员伤亡的一般事故，县级人民政府也可以委托事故发生单位组织事故调查组进行调查。

（2）上级人民政府认为必要时，可以调查由下级人民政府负责调查的事故。

自事故发生之日起 30 日内（道路交通事故、火灾事故自发生之日起 7 日内），因事故伤亡人数变化导致事故等级发生变化，依照本条例规定应当由上级人民政府负责调查的，上级人民政府可以另行组织事故调查组进行调查。

（3）特别重大事故以下等级事故，事故发生地与事故发生单位不在同一个县级以上行政区域的，由事故发生地人民政府负责调查，事故发生单位所在地人民政府应当派人参加。

（4）事故调查组的组成应当遵循精简、效能的原则。

根据事故的具体情况，事故调查组由有关人民政府、安全生产监督管理部门、负有安全生产监督管理职责的有关部门、监察机关、公安机关以及工会派人组成，并应当邀请人民检察院派人参加。

事故调查组可以聘请有关专家参与调查。

（5）事故调查组成员应当具有事故调查所需要的知识和专长，并与所调查的事故没有直接利害关系。

（6）事故调查组组长由负责事故调查的人民政府指定。事故调查组组长主持事故调查组的工作。

（7）事故调查组履行下列职责：

1）查明事故发生的经过、原因、人员伤亡情况及直接经济损失；

2）认定事故的性质和事故责任；

3）提出对事故责任者的处理建议；

4）总结事故教训，提出防范和整改措施；

5）提交事故调查报告。

（8）事故调查组有权向有关单位和个人了解与事故有关的情况，并要求其提供相关文件、资料，有关单位和个人不得拒绝。

事故发生单位的负责人和有关人员在事故调查期间不得擅离职守，并应当随时接受事故调查组的询问，如实提供有关情况。

事故调查中发现涉嫌犯罪的，事故调查组应当及时将有关材料或者其复印件移交司法机关处理。

（9）事故调查中需要进行技术鉴定的，事故调查组应当委托具有国家规定资质的单位进行技术鉴定。必要时，事故调查组可以直接组织专家进行技术鉴定。技术鉴定所需时间不计入事故调查期限。

（10）事故调查组成员在事故调查工作中应当诚信公正、恪尽职守，遵守事故调查组的纪律，保守事故调查的秘密。

未经事故调查组组长允许，事故调查组成员不得擅自发布有关事故的信息。

（11）事故调查组应当自事故发生之日起 60 日内提交事故调查报告；特殊情况下，经负责事故调查的人民政府批准，提交事故调查报告的期限可以适当延长，但延长的期限最长不超过 60 日。

（12）事故调查报告应当包括下列内容：

1）事故发生单位概况；

2）事故发生经过和事故救援情况；

3）事故造成的人员伤亡和直接经济损失；

4）事故发生的原因和事故性质；

5）事故责任的认定以及对事故责任者的处理建议；

6）事故防范和整改措施。

事故调查报告应当附具有关证据材料。事故调查组成员应当在事故调查报告上签名。

（13）事故调查报告报送负责事故调查的人民政府后，事故调查工作即告结束。事故调查的有关资料应当归档保存。

4. 事故处理

（1）重大事故、较大事故、一般事故，负责事故调查的人民政府应当自收到事故调查报告之日起 15 日内做出批复；特别重大事故，30 日内做出批复，特殊情况下，批复时间可以适当延长，但延长的时间最长不超过 30 日。

有关机关应当按照人民政府的批复，依照法律、行政法规规定的权限和程序，对事故发生单位和有关人员进行行政处罚，对负有事故责任的国家工作人员进行处分。

事故发生单位应当按照负责事故调查的人民政府的批复，对本单位负有事故责任的人员进行处理。

负有事故责任的人员涉嫌犯罪的，依法追究刑事责任。

（2）事故发生单位应当认真吸取事故教训，落实防范和整改措施，防止事故再次发生。防范和整改措施的落实情况应当接受工会和职工的监督。

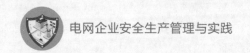
电网企业安全生产管理与实践

安全生产监督管理部门和负有安全生产监督管理职责的有关部门应当对事故发生单位落实防范和整改措施的情况进行监督检查。

（3）事故处理的情况由负责事故调查的人民政府或者其授权的有关部门、机构向社会公布，依法应当保密的除外。

5. 法律责任

（1）事故发生单位主要负责人有下列行为之一的，处上一年年收入 40%至 80%的罚款；属于国家工作人员的，并依法给予处分；构成犯罪的，依法追究刑事责任：

1）不立即组织事故抢救的；

2）迟报或者漏报事故的；

3）在事故调查处理期间擅离职守的。

（2）事故发生单位及其有关人员有下列行为之一的，对事故发生单位处 100 万元以上 500 万元以下的罚款；对主要负责人、直接负责的主管人员和其他直接责任人员处上一年年收入 60%至 100%的罚款；属于国家工作人员的，并依法给予处分；构成违反治安管理行为的，由公安机关依法给予治安管理处罚；构成犯罪的，依法追究刑事责任：

1）谎报或者瞒报事故的；

2）伪造或者故意破坏事故现场的；

3）转移、隐匿资金、财产，或者销毁有关证据、资料的；

4）拒绝接受调查或者拒绝提供有关情况和资料的；

5）在事故调查中作伪证或者指使他人作伪证的；

6）事故发生后逃匿的。

（3）事故发生单位对事故发生负有责任的，依照下列规定处以罚款：

1）发生一般事故的，处 10 万元以上 20 万元以下的罚款；

2）发生较大事故的，处 20 万元以上 50 万元以下的罚款；

3）发生重大事故的，处 50 万元以上 200 万元以下的罚款；

4）发生特别重大事故的，处 200 万元以上 500 万元以下的罚款。

（4）事故发生单位主要负责人未依法履行安全生产管理职责，导致事故发生的，依照下列规定处以罚款；属于国家工作人员的，并依法给予处分；构成犯罪的，依法追究刑事责任：

1）发生一般事故的，处上一年年收入 30%的罚款；

2）发生较大事故的，处上一年年收入 40%的罚款；

3）发生重大事故的，处上一年年收入 60%的罚款；

4）发生特别重大事故的，处上一年年收入 80%的罚款。

（5）有关地方人民政府、安全生产监督管理部门和负有安全生产监督管理职责的有关部门有下列行为之一的，对直接负责的主管人员和其他直接责任人员依法给予处分；构成犯罪的，依法追究刑事责任：

1）不立即组织事故抢救的；

2）迟报、漏报、谎报或者瞒报事故的；

3）阻碍、干涉事故调查工作的；

4）在事故调查中作伪证或者指使他人作伪证的。

（6）事故发生单位对事故发生负有责任的，由有关部门依法暂扣或者吊销其有关证照；对事故发生单位负有事故责任的有关人员，依法暂停或者撤销其与安全生产有关的执业资格、岗位证书；事故发生单位主要负责人受到刑事处罚或者撤职处分的，自刑罚执行完毕或者受处分之日起，5年内不得担任任何生产经营单位的主要负责人。

为发生事故的单位提供虚假证明的中介机构，由有关部门依法暂扣或者吊销其有关证照及其相关人员的执业资格；构成犯罪的，依法追究刑事责任。

（7）参与事故调查的人员在事故调查中有下列行为之一的，依法给予处分；构成犯罪的，依法追究刑事责任：

1）对事故调查工作不负责任，致使事故调查工作有重大疏漏的；

2）包庇、袒护负有事故责任的人员或者借机打击报复的。

（8）违反本条例规定，有关地方人民政府或者有关部门故意拖延或者拒绝落实经批复的对事故责任人的处理意见的，由监察机关对有关责任人员依法给予处分。

（9）本条例规定的罚款的行政处罚，由安全生产监督管理部门决定。

法律、行政法规对行政处罚的种类、幅度和决定机关另有规定的，依照其规定。

（二）《生产安全事故应急条例》（国务院第708号令）

《生产安全事故应急条例》（国务院第708号令）（以下简称《条例》）是为了规范生产安全事故应急工作，保障人民群众生命和财产安全，根据《中华人民共和国安全生产法》和《中华人民共和国突发事件应对法》而制定的法规。2019年2月17日，《生产安全事故应急条例》由国务院总理李克强签署通过，2019年3月1日公布，自2019年4月1日起施行。

1. 出台背景

党中央和国务院高度重视生产安全事故应急工作。党的十九大报告要求弘扬生命至上、安全第一的思想，健全公共安全体系。习近平总书记、李克强总理多次作出重要指示批示，要求加强生产安全事故应急能力建设。同时，《中共中央 国务院关于推进安全生产领域改革发展的意见》也对生产安全事故应急工作提出了明确要求。近年来，我国生产安全事故应急能力和水平不断提高，取得了显著成效，但实践中仍然存在应急预案流于形式、应急演练实效性不强、应急救援队伍不足、应急资源储备不充分、事故现场救援机制不够完善、救援程序和措施不够明确、救援指挥不够科学等问题。为此，有必要针对生产安全事故应急工作中存在的突出问题，制定专门的行政法规。

2. 工作机制

按照突发事件应对法规定的"统一领导、综合协调、分类管理、分级负责、属地管理为主"的应急体制，并结合安全生产监督管理的特点，《条例》规定了县级以上政府统一领导、行业监管部门分工负责、综合监管部门指导协调、基层政府及派出机关协助履职的生产安全事故应急工作体制。同时，《条例》规定了生产经营单位的应急工作责任制，生产经营单位的主要负责人对本单位的生产安全事故应急工作全面负责。

3. 主要内容

《条例》针对生产经营单位的事故应急工作，《条例》明确了三项制度、一个机制和四方面应急管理保障要求，即：应急预案制度、定期应急演练制度和应急值班制度，第一时间应急响应机制，人员、物资、科技、信息化等方面应急管理保障要求；同时，规定了应急工作违法行为的法律责任。

（1）应急救援预案制度。制修订应急救援预案是应急工作的重中之重。《条例》第五条规定生产经营单位应针对可能发生事故的特点和危害、危险源辨识和风险评价的结果编制应急救援预案；第六条要求应急救援预案应当符合有关法律、法规、规章和标准的规定，具有科学性、针对性和可操作性；在发生法律法规、机构职责、资源条件、重大风险或者其他变化时应当及时修订应急救援预案，同时第七条规定应急救援预案应到有关部门备案并依法向社会公布。

（2）应急演练制度。应急演练是确保及时、科学、高效、有效应急处置的一项重要工作。《条例》第八条规定，易燃易爆物品、危险化学品等危险物品的生产、经营、储存、运输单位，矿山、金属冶炼、城市轨道交通运营、建筑施工单位，以及宾馆、商场、娱乐场所、旅游景区等人员密集场所经营单位，应当至少每半年组织 1 次生产安全事故应急救援预案演练，同时规定有关部门抽查演练；第六条规定生产经营单位在演练中发现应急预案存在重大问题要及时修订。

（3）应急值班制度。当好党和人民的守夜人是新时代对应急管理工作者的要求。《条例》第十四条明确规定危险物品的生产、经营、储存、运输单位以及矿山、金属冶炼、城市轨道交通运营、建筑施工单位和应急救援队伍应当建立应急值班制度；规模较大、危险性较高的易燃易爆物品、危险化学品等危险物品的生产、经营、储存、运输单位应当成立应急处置技术组，实行 24 小时应急值班。

（4）第一时间应急响应机制。事故发生后，第一时间做出积极响应、采取有效措施是防止事故扩大、降低事故损失的关键一环。《条例》第十七条规定，事故发生后，生产经营单位应当立即启动应急预案，迅速控制危险源，抢救遇险人员，组织人员撤离，采取措施防止次生衍生灾害发生，维护好现场秩序，保护事故现场和相关证据。

同时，如果超出本单位应急能力，应及时向有关单位或者部门请求支援。

（5）应急管理保障要求。为了保障应急制度和机制的实施，《条例》提出了对人员、物资、科技、信息化等方面的应急保障要求。第四条规定，生产经营单位应建立健全事故应急责任制、主要负责人对事故应急工作全面负责。第十条规定，高危行业单位应当建立应急救援队伍，小型企业或者微型企业等规模较小的生产经营单位可以不建立应急救援队伍，但应当指定兼职的应急救援人员，并且可以与邻近的应急救援队伍签订应急救援协议。产业聚集区域内的单位可以联合建立应急救援队伍。第十一条明确了应急人员应当具备的条件。第十二条提出了应急救援队伍情况报送和公开要求。第十五条规定了生产经营单位对从业人员的应急教育职责。第十六条规定可以通过信息化手段办理应急预案备案、报送应急演练情况和应急救援队伍建设情况等信息化措施。第十九条明确了事故应急救援费用承担的原则。

（6）法律责任。生产经营单位是安全生产责任主体，应急预案制修订、应急演练、应急处置等事故应急工作，生产经营单位都负有主体责任。《条例》明确规定了违法追责的情形，比如第三十条明确了按照安全生产法规定追究法律责任的违法行为，第三十一条明确了按照突发事件应对法规定追究法律责任的违法行为，第三十二条明确了责令限期改正和处以罚款的违法行为，第三十三条规定构成违反治安管理行为的由公安机关依法给予处罚，构成犯罪的依法追究刑事责任。

（三）《电力生产安全事故报告和调查处理条例》（国务院第 599 号令）

《电力安全事故应急处置和调查处理条例》已经 2011 年 6 月 15 日国务院第 159 次常务会议通过，2011 年 7 月 7 日，温家宝总理签署国务院令，公布了《电力安全事故应急处置和调查处理条例》（国务院第 599 号令）（以下简称《条例》）。

1.《条例》的必要性

2007 年，国务院公布施行了《生产安全事故报告和调查处理条例》，这个条例对生产经营活动中发生的造成人身伤亡和直接经济损失的事故的报告和调查处理作了规定。电力生产和电网运行过程中发生的影响电力系统安全稳定运行或者影响电力正常供应，甚至造成电网大面积停电的电力安全事故，在事故等级划分、事故应急处置、事故调查处理等方面，都与《生产安全事故报告和调查处理条例》规定的生产安全事故有较大不同。比如，生产安全事故是以事故造成的人身伤亡和直接经济损失为依据划分事故等级的，而电力安全事故以事故影响电力系统安全稳定运行或者影响电力正常供应的程度为依据划分事故等级，需要考虑事故造成的电网减供负荷数量、供电用户停电户数、电厂对外停电以及发电机组非正常停运的时间等指标。在事故调查处理方面，由于电力运行具有网络性、系统性，电力安全事故的影响往往是跨行政区域的，同时电力安全监管实行中央垂直管理体制，电力安全事故的调查处理不宜完全按照属地原则，由事故发生地有关地方人民政府牵头负责。因此，电力安全事故难以完全适用《生产安全事故报告和调查处理条例》的规定，有必要制定专门的行政法规，对电力安全事故的应急处置和调查处理作出有针对性的规定。

2. 处理好《条例》的衔接

处理好本条例与《生产安全事故报告和调查处理条例》的衔接，是制定本条例首先要解决的问题。条例从几个层面对这个问题作了处理：

（1）根据电力生产和电网运行的特点，总结电力行业安全事故处理的实践经验，明确将本条例的适用范围界定为电力生产或者电网运行过程中发生的影响电力系统安全稳定运行或者影响电力正常供应的事故。电力生产或者电网运行过程中造成人身伤亡或者直接经济损失，但不影响电力系统安全稳定运行或者电力正常供应的事故，属于一般生产安全事故，依照《生产安全事故报告和调查处理条例》的规定调查处理。

（2）对于电力生产或者电网运行过程中发生的既影响电力系统安全稳定运行或者电力正常供应，同时又造成人员伤亡的事故，原则上依照本条例的规定调查处理，但事故造成人员伤亡，构成《生产安全事故报告和调查处理条例》规定的重大事故或者特别重大事故的，则依照该条例的规定，由有关地方政府牵头调查处理，这样更有利于对受害人的赔偿以及责任追究等复杂问题的解决。

（3）因发电或者输变电设备损坏造成直接经济损失，但不影响电力系统安全稳定运行和电力正常供应的事故，属于《生产安全事故报告和调查处理条例》规定的一般生产安全事故，但考虑到此类事故调查的专业性、技术性比较强，条例明确规定由电力监管机构依照《生产安全事故报告和调查处理条例》的规定组织调查处理。

（4）对电力安全事故责任者的法律责任，条例作了与《生产安全事故报告和调查处理条例》相衔接的规定。

3. 电力安全事故等级划分

表 1-2-1　　　　　　电 力 一 般 事 故 划 分

安全事故	事故情形 1	事故情形 2	事故情形 3	事故情形 4	事故情形 5
电力一般事故	区域性电网减供负荷4%以上7%以下； 电网负荷20000兆瓦以上的省、自治区电网，减供负荷5%以上10%以下； 电网负荷5000兆瓦以上20000兆瓦以下的省、自治区电网，减供负荷6%以上12%以下； 电网负荷1000兆瓦以上5000兆瓦以下的省、自治区电网，减供负荷10%以上20%以下； 电网负荷1000兆瓦以下的省、自治区电网，减供负荷25%以上40%以下； 直辖市电网减供负荷5%以上10%以下；	直辖市 10%以上15%以下供电用户停电； 省、自治区人民政府所在地城市15%以上30%以下供电用户停电； 其他设区的市30%以上50%以下供电用户停电； 县级市50%以上供电用户停电（电网负荷150兆瓦以上的，50%以上70%以下）	发电厂或者220千伏以上变电站因安全故障造成全厂（站）对外停电，导致周边电压监视控制点电压低于调度机构规定的电压曲线值5%以上10%以下并且持续时间2小时以上	发电机组因安全故障停止运行超过行业标准规定的小修时间两周，并导致电网减供负荷	供热机组装机容量200兆瓦以上的热电厂，在当地人民政府规定的采暖期内同时发生2台以上供热机组因安全故障停止运行，造成全厂对外停止供热并且持续时间24小时以上

续表

安全事故	事故情形 1	事故情形 2	事故情形 3	事故情形 4	事故情形 5
电力一般事故	省、自治区人民政府所在地城市电网减供负荷 10% 以上 20% 以下； 其他设区的市电网减供负荷 20% 以上 40% 以下； 县级市减供负荷 40% 以上（电网负荷 150 兆瓦以上的，减供负荷 40% 以上 60% 以下）				

注：1. 符合本表所列情形之一的，即构成相应等级的电力安全事故。

2. 本表中所称的"以上"包括本数，"以下"不包括本数。

3. 本表下列用语的含义：

（1）电网负荷，是指电力调度机构统一调度的电网在事故发生起始时刻的实际负荷；

（2）电网减供负荷，是指电力调度机构统一调度的电网在事故发生期间的实际负荷最大减少量；

（3）全厂对外停电，是指发电厂对外有功负荷降到零（虽电网经发电厂母线传送的负荷没有停止，仍视为全厂对外停电）；

（4）发电机组因安全故障停止运行，是指并网运行的发电机组（包括各种类型的电站锅炉、汽轮机、燃气轮机、水轮机、发电机和主变压器等主要发电设备），在未经电力调度机构允许的情况下，因安全故障需要停止运行的状态。

三、规范性文件

（一）《中共中央国务院关于推进安全生产领域改革发展的意见》（中发〔2016〕32号）

1. 通过时间

中共中央总书记、国家主席、中央军委主席、中央全面深化改革领导小组组长习近平于 2016 年 10 月 11 日下午主持召开中央全面深化改革领导小组第二十八次会议并发表重要讲话。会议审议通过了《关于推进安全生产领域改革发展的意见》，会议强调，推进安全生产领域改革发展，关键是要作出制度性安排，依靠严密的责任体系、严格的法治措施、有效的体制机制、有力的基础保障和完善的系统治理，解决好安全生产领域的突出问题，确保人民群众生命财产安全。各级党委和政府特别是领导干部要牢固树立安全生产的观念，正确处理安全和发展的关系，坚持发展决不能以牺牲安全为代价这条红线。

2. 出台意义

《中共中央国务院关于推进安全生产领域改革发展的意见》是新中国成立以来第一个以党中央、国务院名义出台的安全生产工作的纲领性文件，对推动我国安全生产工作具有里程碑式的重大意义。

意见提出，建立安全生产监管执法人员依法履行法定职责制度，对监管执法责任边界、履职内容、追责条件等作出明确规定，激励监管执法人员忠于职守、履职尽责、敢于担当、严格执法。

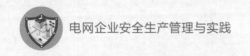

3. 出台背景

统计表明，90%以上的事故都是企业违法违规生产经营建设所致。但在日常安全生产监管工作中，对未引发事故的安全生产重大违法行为只能施以行政处罚。借鉴"醉驾入刑"的立法思路，意见提出研究修改刑法有关条款，将无证生产经营建设、拒不整改重大隐患、强令违章冒险作业、拒不执行安全监察执法指令等具有明显的主观故意、极易导致重大生产安全事故的违法行为纳入刑法调整范围，同时要求企业对本单位安全生产和职业健康工作负全面责任。

为落实企业安全生产责任，自 2006 年起我国实行安全生产风险抵押金制度。但在实施过程中，由于缴存标准不合理、事故赔偿能力不足，加之长期占压企业资金，实际缴存率、利用率偏低。安全生产责任保险制度具有风险转嫁能力强、事故预防能力突出、注重应急救援和第三者伤害补偿等特点，近年来一些地区积极推进并积累了成功经验。意见取消了安全生产风险抵押金制度，建立安全生产责任保险制度，调动各方积极性，共同化解安全风险。

一些重特大事故教训暴露出，项目建设初期把关不严，必然为后期安全生产埋下隐患。意见提出实行重大安全风险"一票否决"，明确要求高危项目必须进行安全风险评审，方可审批，城乡规划布局、设计、建设、管理等各项工作必须严把安全关，坚决做到不安全的规划不批、不安全的项目不建、不安全的企业不生产。同时将此规定落实情况纳入对省级政府的安全生产考核内容。

一些地区在事故调查结案后，对提出的整改措施跟踪不及时、落实不到位，致使同一地区、同一行业领域甚至同一企业类似事故反复发生。今后，我国将建立事故暴露问题整改督办制度，事故结案后一年内，负责事故调查的地方政府和国务院有关部门及时组织开展评估，对事故问题整改、防范措施落实、相关责任人处理等情况进行专项检查，结果向社会公开，对于履职不力、整改措施不落实、责任人追究不到位的，要依法依规严肃追究有关单位和人员责任，确保血的教训决不能再用鲜血去验证。

意见还提出，加强安全发展示范城市建设，加强对矿山、危险化学品、道路交通等重点行业领域工程治理，加强安全生产信息化建设。改革生产经营单位职业危害预防治理和安全生产国家标准制定发布机制，明确规定由国务院安全生产监督管理部门负责制定有关工作。设区的市可根据立法的立法精神，加强安全生产地方性法规建设，解决区域性安全生产突出问题。

4. 指导思想

全面贯彻党的十八大和十八届三中、四中、五中、六中全会精神，以邓小平理论、"三个代表"重要思想、科学发展观为指导，深入贯彻习近平总书记系列重要讲话精神和治国理政新理念新思想新战略，进一步增强"四个意识"，紧紧围绕统筹推进"五位一体"总体布局和协调推进"四个全面"战略布局，牢固树立新发展理念，坚持安全发展，坚守发展决不能以牺牲安全为代价这条不可逾越的红线，以防范遏制重特大生产安全事故为重点，坚持安全第一、预防为主、综合治理的方针，加强领导、改革创新、协调联动、齐抓共管，着力强化企业安全生产主体责任，着力堵塞监督管理漏洞，着力解决不遵守法律法规的问题，依靠严密的责任体系、严格的法治措施、有效的体制机制、有力的基础保障和完善的系统治理，切实增强安全防范治理能力，大力提升我国安全生产整体水平，确保人民群众安康幸福、共享改革发展和社会文明进步成果。

5. 基本原则

——坚持安全发展。贯彻以人民为中心的发展思想，始终把人的生命安全放在首位，正确处理安全与发展的关系，大力实施安全发展战略，为经济社会发展提供强有力的安全保障。

——坚持改革创新。不断推进安全生产理论创新、制度创新、体制机制创新、科技创新和文化创新，增强企业内生动力，激发全社会创新活力，破解安全生产难题，推动安全生产与经济社会协调发展。

——坚持依法监管。大力弘扬社会主义法治精神，运用法治思维和法治方式，深化安全生产监管执法体制改革，完善安全生产法律法规和标准体系，严格规范公正文明执法，增强监管执法效能，提高安全生产法治化水平。

——坚持源头防范。严格安全生产市场准入，经济社会发展要以安全为前提，把安全生产贯穿城乡规划布局、设计、建设、管理和企业生产经营活动全过程。构建风险分级管控和隐患排查治理双重预防工作机制，严防风险演变、隐患升级导致生产安全事故发生。

——坚持系统治理。严密层级治理和行业治理、政府治理、社会治理相结合的安全生产治理体系，组织动员各方面力量实施社会共治。综合运用法律、行政、经济、市场等手段，落实人防、技防、物防措施，提升全社会安全生产治理能力。

6. 目标任务

到 2020 年，安全生产监管体制机制基本成熟，法律制度基本完善，全国生产安全事故总量明显减少，职业病危害防治取得积极进展，重特大生产安全事故频发势头得到有效遏制，安全生产整体水平与全面建成小康社会目标相适应。到 2030 年，实现安全生产治理体系和治理能力现代化，全民安全文明素质全面提升，安全生产保障能力显著增强，为实现中华民族伟大复兴的中国梦奠定稳固可靠的安全生产基础。

7. 主要举措

强化落实安全生产责任，着力完善打通责任传导链条。按照"党政同责、一岗双责、齐抓共管、失职追责"和"管行业必须管安全、管业务必须管安全、管生产经营必须管安全"要求，从严格落实党委和政府领导责任、部门监管责任、企业主体责任以及健全安全生产履职监督机制等 4 个方面对健全安全生产责任制提出了明确要求。

强调党政主要负责人是本地区安全生产第一责任人，班子其他成员对分管范围内的安全生产工作负领导责任；党委明确相关负责人，统筹协调安全生产与平安建设工作；进一步厘清和明确各有关部门安全生产和职业健康工作职责，完善安全生产责任清单制度；企业对安全生产和职业健康工作负全面责任，企业法定代表人和实际控制人同为安全生产第一责任人。明确建立安全生产专委会、安全生产巡查、企业首席安全官、安全生产责任承诺、党政领导干部安全生产责任制等相关制度。

完善安全生产监管执法体系，大力提升依法治理能力。针对当前安全生产法规标准不健全、执法不严、存在监管薄弱环节等问题，从健全政策法规标准体系、严把安全准入关、强化监管执法力度、规范监管执法行为、健全事故调查处理机制、完善应急救援管理体制等 6 个方面进一步完善安全生产监管执法体系。提出各市根据当地实际，加快推动地方立法，解决区域性安全生产突出问题；加快推进行业领域安全生产地方性标准的制修订和整合，解决安全生产标准分散、不配套、不一致的问题；将各级安监部门列入政府行政执法机构，加强执法队伍建设；坚持强化监管与便民服务相结合原则，推进安全生产领域"最多跑一次"改革；总结 G20 杭州峰会安保经验，建立监管执法管控长效机制；顺应我省监察体制改革调整，完善事故调查组组长负责制，建立健全与监委的沟通协调机制。明确加强安全监管力量建设、建立招商引资和项目建设安全风险评估、安全生产事项企业"零上门"办理、监管执法人员依法履职、安全生产行政执法与刑事司法衔接、事故暴露问题整改督办等相关制度。

深化重点行业领域治理攻坚，坚决遏制重特大事故。坚持关口前移、源头治理，围绕有效防范较大社会影响事故、坚决遏制重特大事故，从加强安全风险规划控制、补齐公共安全基础设施建设短板、落实企业预防措施、加快安全生产信息化建设、强化安全生产整治、加强城市运行安全保障等 6 个方面构建风险分级管控、隐患排查治理双重预防机制。提出充分发挥安全标准的市场准入作用，将安全生产纳入"多规合一"，严格控制新增高危行业功能区的设立；加强重点地区、重大项目和大型企业的安全设施建设，将舟山绿色石化基地、国家战略石油储备基地、宁波舟山港等安全风险相对集中的区域打造成世界一流的安全发展示范区；推进企业安全生产标准化建设，加大风险管理、过程管理等先进管理手段的应用；构建安全生产和职业健康信息化"一张网"和高危行业领域安全风险运行监测体系，全面推进智慧安监建设，着力提升各类风险预测预警预防能力；完善安全生产综合整治责任落实机制，加强安全生产大整治的针对性、有效性。明确建立重大风险隐患排查日志制、重大隐患报告制、重大事故举一反三制、重大安全风险定期分析、重大隐患挂牌督办、城市安全风险点和危险源定期排查、企业全员安全管理等制度。

推进安全生产社会共治，强化安全生产治理整体性和协同性。按照系统治理的要求，在党和政府的领导下，建立全社会、全要素、全方位的共同治理体系，加大市场机制、社会力量、文化引领等作用的发挥。从健全社会化服务机制、实施安全生产责任保险制度、动员全社会参与安全生产工作等 3 个方面推进安全生产社会共治。提出将安全生产社会化服务纳入现代服务业发展规划，完善政府购买服务制度，支持发展安全生产专业化行业组织；取消安全生产风险抵押金制度，建立安全生产责任保险制度，并在矿山、危险化学品、烟花爆竹、交通运输、建筑施工、民用爆炸物品、金属冶炼、渔业生产等 8 个重点行业领域强制实施；健全安全宣传教育体系，推进安全文化建设，建立事故隐患有奖举报制度等。

加强安全生产基础保障能力建设，夯实筑牢安全生产基础。从完善安全投入机制、建立完善职业病防治体系、健全安全生产人才培养机制等 3 个方面对进一步加强安全基础保障能力建设提出要求。强调各级政府要加强安全生产保障能力建设，适应本地区重大风险防控的需要；建立健全安全生产监管执法经费保障机制，将监管执法经费纳入同级财政全额保障范围；制定相关优惠政策，建立企业增加安全投入的激励约束机制；鼓励引导金融机构支持安全产业发展，吸引社会资本加大投入；坚持管安全生产必须管职业健康的原则，将职业病防治纳入健康浙江和安全生产考核体系，建立安全生产与职业健康一体化监管执法机制；实施安全生产科技创新领军人才培养计划，建立安全生产人才培养激励机制等。

（二）《地方党政领导干部安全生产责任制规定》

1. 制定专项工作的党内法规的背景

党的十八大以来，以习近平同志为核心的党中央对安全生产高度重视，习近平总书记多次主持召开中央政治局常委会听取安全生产工作汇报，亲临有关事故现场指导事故救援，发表一系列重要讲话，多次作出重要指示批示，深刻回答了安全生产工作一系列方向性、全局性、战略性重大问题，形成了习近平总书记安全生产重要思想，为新时代安全生产工作提供了根本遵循。其中"党政同责、一岗双责、齐抓共管、失职追责""管行业必须管安全、管业务必须管安全、管生产经营必须管安全"等重要批示指示，对地方党政领导干部的安全生产责任提出了明确要求。制定下发《地方党政领导干部安全生产责任制规定》（以下简称《规定》），意在加强组织领导，强化属地管理，完善体制机制，是把习近平总书记安全生产重要思想落实到党内法规层面，作为推进安全生产领域改革发展的重要制度性安排，是新时代全面从严治党的重要举措。

2.《规定》的意义

当前安全生产形势比较稳定，但仍然严峻，重特大生产安全事故时有发生，安全生产仍然是经济社会发展的薄弱环节。而地方党政领导干部是安全生产工作的"关键少数"，他们安全生产红线意识强不强、责任清不清、落实严不严、问责到不到位，直接影响一个地区的安全生产形势是否稳定。《规定》准确抓住"关键少数"，压实领导

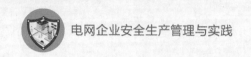

责任，推动落实"促一方发展、保一方平安"的政治责任。

对于刚刚组建的应急管理部来说，强化安全管理，做好事前预防，将突发事件苗头和隐患及时化解，就是对改革最有力的支持，也是最有效的应急管理。也正因如此，应急管理部的第一次全系统视频会议就是围绕强化安全生产召开，每周例会都要研究安全生产问题。当前出台这样一部党内法规，是新时代谋求高质量发展的必然选择，是习近平新时代中国特色社会主义思想的应有之义，是满足人民群众对美好生活向往、顺利实现"两个百年目标"的重要保障。

3. 明确了地方党政领导干部的安全生产责任

按照抓关键少数、权责对等原则，《规定》对地方党政领导干部的主要安全生产职责进行了明确界定，力求科学定位、合理分工、协同一体。

地方党政主要负责人是本地区安全生产第一责任人，要牵头抓总。在这一部分，《规定》首次提出，要把安全生产纳入党委议事日程和向全会报告工作的内容，纳入政府重点工作和政府工作报告的重要内容，要在政府有关工作部门"三定"规定中明确安全生产职责。

党政领导班子中分管安全生产的领导干部要坚持目标导向和问题导向相结合，加强对安全生产综合监管和直接监管工作的领导，履行好统筹协调责任，要抓组织落实、抓统筹协调、抓风险管控和依法治理、抓应急和事故处理、抓基础保障。

党政领导班子中其他领导干部则要按照职责分工承担支持保障责任和领导责任。要组织分管行业（领域）、部门（单位）健全和落实安全生产责任制，将安全生产工作与业务工作同时部署、同时组织实施、同时监督检查。要组织开展分管行业（领域）、部门（单位）安全生产专项整治、目标管理、应急管理、查处违法违规生产经营行为等工作，推动构建安全风险分级管控和隐患排查治理预防工作机制。

4. 《规定》考核考察

《规定》将安全生产绩效与履职评定、职务晋升、奖励惩处挂钩，制定了"三项制度"，实行"三个纳入"。"三项制度"分别是：巡查制度，要加强对下级党委和政府的安全生产巡查；考核制度，要对下级党委和政府安全生产工作情况进行全面评价，将考核结果与有关地方党政领导干部履职评定挂钩；公开制度，要求定期采取适当方式公布或通报地方党政领导干部安全生产工作考核结果。"三个纳入"分别是：纳入督查督办内容，要求把地方各级党政领导干部落实安全生产责任情况纳入党委和政府督查督办重要内容，一并进行督促检查；纳入相关考核内容，要求在年度考核、目标责任考核、绩效考核及其他考核中，应当考核其落实安全生产责任情况，并作为确定考核结果的重要参考；纳入干部考察内容，要求党委组织部门在考察地方党政领导干部拟任人选时，有关部门在推荐、评选地方党政领导干部作为奖励人选时，应当考察其履行安全生产工作职责情况。

5.《规定》在问责追责方面的新举措

《规定》除界定了问责情形、问责方式外，还提出了五种问责新举措：

一是"一票否决"，对因发生生产安全事故被追究领导责任的地方党政领导干部，在相关规定时限内，取消考核评优和评选各类先进的资格，不得晋升职务、级别或重用任职。二是从重追究，对工作不力导致生产安全事故人员伤亡和经济损失扩大，或造成严重社会影响负有主要领导责任的地方党政领导干部，应当从重追究责任。三是补救从轻，对主动采取补救措施，减少生产安全事故损失或挽回社会不良影响的地方党政领导干部，可以从轻、减轻追究责任。四是尽职免责，对职责范围内发生生产安全事故，经查实已经全面履行了规定职责，并全面落实了党委和政府有关工作部署的，不予追究相关地方党政领导干部的领导责任。五是终身问责，地方党政领导干部对发生生产安全事故负有领导责任且失职失责性质恶劣、后果严重的，不论是否已调离转岗、提拔或者退休，都应当严格追究责任。

6.《规定》列出的安全生产履职表彰奖励的条件

奖惩结合，是所有健全完善的责任制度的必要特征，制定表彰奖励条件，能够鼓励地方党政领导干部更高质量地履职尽责，加快推动安全生产工作开创新局面。这次《规定》明确了地方党政领导干部安全生产履职情况的两种奖励方式：一是及时奖励，也是专项奖励，对在加强安全生产工作、承担安全生产专项重要工作、参加抢险救护等方面作出显著成绩和重要贡献的地方党政领导干部，上级党委和政府应当按照有关规定给予表彰奖励；二是定期奖励，也是综合奖励，对在安全生产工作考核中成绩优秀的地方党政领导干部，上级党委和政府按照有关规定给予记功或嘉奖。这些表彰奖励，都将严格按照党和国家有关荣誉表彰条例进行。

7.《规定》的贯彻落实

压实地方党政领导干部责任，是安全生产责任体系的重要组成部分，但不是全部。制定出台《规定》，是为了充分发挥地方党政领导干部这一"关键少数"的作用，强化党对安全生产工作的领导，推进安全生产依法治理，最终促进企业落实安全生产主体责任。对于贯彻落实《规定》，应急管理部要求各级有关部门认真学习领会，在地方党委和政府的领导下更加积极地履职尽责，主动谋划、主动作为，当好参谋助手，推动安全生产工作迈上新台阶、开创新局面。

（三）国务院安委办安全生产"十五条"重要举措

1. 出台背景

安全生产是关系人民群众生命财产安全的大事，是经济社会协调健康发展的一个重要标志，是党和政府对人民利益高度负责的充分体现。党中央、国务院历来高度重视安全生产工作，特别是党的十八大以来，以习近平同志为核心的党中央作出一系列重大决策部署，推动安全生产工作取得历史性成就，全国安全生产形势保持了总体平稳，事故起数和死亡人数连续多年持续下降。同时，要清醒地看到，当前安全生产仍处于爬坡过坎的艰难阶段，各类事故隐患和安全风险交织叠加。特别是今年以来，受世纪疫情和复杂外部环境冲击等因素影响，交通、建筑、煤矿等方面安全事故多发，造成重大人员伤亡和财产损失，安全生产形势依然严峻复杂，统筹发展和安全面临很大挑战。

我们党始终坚持以人民为中心的发展思想，坚持"人民至上、生命至上"的价值理念。习近平总书记反复强调生命重于泰山，人民的生命安全高于一切。特别是今年将召开党的二十大，做好安全生产工作责任更大、要求更高；统筹发展和安全、实现稳中求进，也必须有一个国泰民安的社会环境。同时，新时代人民群众对美好生活的向往、对安全感的期待日益增长，如果安全工作都做不好，人民生命安全得不到保障，就谈不上让人民生活得更美好。

基于此，国务院安委会专门制定了关于进一步强化安全生产责任落实、坚决防范遏制重特大事故的十五条措施（以下简称《十五条措施》），这充分体现了以习近平同志为核心的党中央坚持以人民为中心的发展思想和"人民至上、生命至上"理念、对人民群众生命财产安全的高度负责，体现了对抓好安全生产工作、防范化解重大风险的高度重视。

2. 突出特点

这十五条措施有五个突出特点：一是突出责任落实。进一步强化党委政府的领导责任、部门的监管责任、企业的主体责任特别是企业主要负责人责任及追责问责。二是突出督查检查。强调要结合年度安全生产考核巡查和专项整治三年行动，立即在全国开展安全生产大检查，深入排查化解风险隐患。三是突出治理违法违规行为。强调对违法违规经营建设问题坚决整治，立即开展"打非治违"专项行动，同时对有关高危行业领域违法分包转包行为要严肃查处追责。四是突出源头治理。强调要牢牢守住项目审批安全红线，不能有丝毫疏漏；同时强调加强劳务派遣和灵活用工人员的安全管理。五是突出严格执法。重点从整治执法宽松软问题、严肃查处瞒报谎报事故行为、加强监管执法队伍建设等方面进一步提出明确要求，并强调要重奖安全生产隐患举报。

总的看，制定出台《十五条措施》，是近年来继《关于推进安全生产领域改革发展的意见》等中央重要文件和《全国安全生产专项整治三年行动计划》等重大部署之后，进一步推动和加强安全生产工作的又一重大综合性举措，每一条都很实很细很具体，有深度有硬度，是当前防范化解重大安全风险的迫切之需。

3.《十五条措施》提出了"坚持标本兼治、提升本质安全水平"的具体要求

分析近期事故多发频发的原因，既有复杂外部环境冲击、企业违法违规行为突出、监管执法不严不实的问题，也是安全生产深层矛盾的集中暴露。十五条措施针对当前比较突出的问题，提出了相应的措施办法。

比如，针对 2019 年江苏响水"3·21"爆炸后，化工产业从东部地区向中西部转移步伐明显加快，但一些地区安全把关不严，危化品事故明显增多；今年贵州"1·3"建筑滑坡等事故，暴露出重大项目"边审批、边设计、边施工"等问题，十五条措施明确要求，各级发展改革部门要建立完善安全风险评估与论证机制，严把项目审批安全关，高危项目不得以集中审批为名降低安全门槛，牢牢守住安全红线；产业转移要符合国家产业发展规划和地方规划，集中承接地省级政府要列出重点项目清单，组织市县集中检查，不达安全标准的不能上马和开工，已经运行的坚决整改。对地方政府违规审批、强行上马的不达标项目，造成事故的要终身追责。

针对近期交通、建筑、矿山等领域事故暴露出的违法分包转包、挂靠资质等违法行为和劳务派遣、灵活用工等存在的安全管理漏洞，十五条措施要求，严格资质管理，坚持"谁的资质谁负责、挂谁的牌子谁负责"，对发生事故的严格追究资质方的责任，遏制出借资质、无序扩张；国有企业特别是中央企业要发挥表率作用，企业集团总部加强对下属企业安全生产的指导、监督、考核和奖惩，不具备条件的不得盲目承接相关业务，对违法分包转包的行为，通报其上级主管部门及纪检监察部门，并依规依纪依法追究相关人员责任；生产经营单位要将接受其作业指令的劳务派遣人员、灵活用工人员纳入本单位统一管理，危险岗位要严格控制劳务派遣用工数量，未经安全知识培训合格的不能上岗，但不能以安全生产为名辞退农民工。

针对一些地方在应急管理体制改革中，转事不转编、转编不转人、转人不转专业的人，还有的简单撤并安全监管执法队伍，导致本就"人少质弱"安全监管执法队伍更加摊薄弱化等情况，十五条措施要求各地按照不同安全风险等级企业数量，配齐建强市县两级监管执法队伍，加强执法队伍专业化建设，配强领导班子、充实专业干部、培养执法骨干力量，加强专业执法装备配备，健全经费保障机制，尽快提高执法专业能力和保障水平。

4.《十五条措施》对统筹做好经济发展、疫情防控和安全生产工作提出了明确要求

安全是发展的前提，发展是安全的保障。统筹发展和安全，是以习近平同志为核心的党中央着眼"两个大局"、应对风险挑战、确保我国社会主义现代化事业顺利推进的重大战略部署。习近平总书记多次强调指出，要坚持统筹发展和安全，发展绝不能以牺牲安全为代价；要坚持发展和安全并重，实现高质量发展和高水平安全的良性互动。

当前，新冠肺炎疫情仍在持续，国内经济下行压力依然很大，更加复杂的外部环境影响持续向安全生产领域延伸传导。面对这种严峻复杂的局面，要求各地各部门特别是各级领导干部要保持清醒的头脑，深刻地认识到，当前做好经济发展、疫情防控和安全生产这三项工作，都是"国之大者"、是一个整体，决不能割裂开来、不能搞"单

打一"，必须始终把人民生命安全放在第一位，"弹好钢琴"、统筹推进。要注意调动各方面积极性，处理好各方面的关系，提倡相互协助、相互尊重、齐心合力，共同解决好面对的问题。要善于把安全生产贯穿于经济发展、疫情防控全过程和各方面，一同谋划、一同部署、一同推进，积极塑造有利于经济发展、疫情防控的安全环境。

针对在实际工作中，一些地方要么重发展轻安全，尤其在发展压力大的时候，往往放松安全监管、弃守安全底线；要么重安全轻发展，对存在问题的企业一关了之、一停了之，甚至一个企业出事故就关停一片，十五条措施对精准做好安全监管工作也提出了专门要求。各级监管部门要切实提高从经济社会发展全局考虑问题的自觉性，注意从实际出发，提高监管执法的精准性、有效性，处理好"红灯""绿灯"和"黄灯"之间的关系，使得各项工作协调有序推进，引导形成良好的市场预期，决不能动辄一个区域、一个领域停产等"简单化""一刀切"，决不能只亮"红灯"、不给"绿灯"，真正实现以高水平安全服务高质量发展。

四、国家标准和行业要求

（一）企业安全生产标准化基本规范（GB/T 33000—2016）

1. 企业安全生产标准化定义

企业通过落实安全生产主体责任，全员全过程参与，建立并保持安全生产管理体系，全面管控生产经营活动各环节的安全生产与职业卫生工作，实现安全健康管理系统化、岗位操作行为规范化、设备设施本质安全化、作业环境器具定置化，并持续改进。

2. 企业安全生产标准化核心要求

目标与职责、制度化管理、教育培训、现场管理、安全风险管控及隐患排查治理、应急管理、事故管理和持续改进。

3. 安全风险评估

确定风险是否予以接受；

对安全风险进行分析，确定其可能性与严重程度，并对现有管控措施的可靠性、充分性进行评估。

4. 安全风险管理

达到改善安全生产条件，减少和避免安全事故的发生；

根据安全风险评估的结果，确定安全风险控制的优先顺序和安全风险控制措施。

5. 开展安全生产标准化工作的原则

目的：保障人身安全健康，保证生产经营的有序进行。

路径：遵循"安全第一、预防为主、综合治理"的方针，建立安全生产标准化管理体系，以安全生产责任制为核心，落实企业主体责任；以安全风险管理、隐患排查治理、职业病危害防治为基础，通过全员全过程参与，持续改进安全生产工作，全面提升安全管理水平，不断提升安全管理绩效，最终预防和减少事故的发生。

6. 目标与职责

（1）安全文化建设。

企业应确立本企业的安全生产和职业病危害防治理念及行为准则，并教育、引导全体从业人员贯彻执行。

安全生产信息系统的建设：企业应根据自身实际情况，利用信息化手段加强安全生产管理工作，开展安全生产电子台账管理、重大危险源监控、职业病危害防治、应急管理、安全风险管控和隐患自查自报、安全生产预测预警等信息系统的建设。

（2）制度化管理。

企业应建立安全生产和职业卫生法律法规、标准规范的管理制度，明确主管部门，确定获取的渠道、方式，及时识别和获取适用、有效的法律法规、标准规范，建立安全生产和职业卫生法律法规、标准规范清单和文本数据库。

企业应将适用的安全生产和职业卫生法律法规、标准规范的相关要求及时转化为本单位的规章制度、操作规程，并及时传达给相关从业人员，确保相关要求落实到位。

企业应按照有关规定，结合本企业生产工艺、作业任务特点以及岗位作业安全风险与职业病防护要求，编制齐全适用的岗位安全生产和职业卫生操作规程，发放到相关岗位员工，并严格执行。

企业应确保从业人员参与岗位安全生产和职业卫生操作规程的编制和修订工作。

企业应在新技术、新材料、新工艺、新设备设施投入使用前，组织制修订相应的安全生产和职业卫生操作规程，确保其适宜性和有效性。

企业应建立文件和记录管理制度，明确安全生产和职业卫生规章制度、操作规程的编制、评审、发布、使用、修订、作废以及文件和记录管理的职责、程序和要求。

企业应建立健全主要安全生产和职业卫生过程与结果的记录，并建立和保存有关记录的电子档案，支持查询和检索，便于自身管理使用和行业主管部门调取检查。

应每年至少评估一次安全生产和职业卫生法律法规、标准规范、规章制度、操作规程的适用性、有效性和执行情况。应根据评估结果、安全检查情况、自评结果、评审情况、事故情况等，及时修订安全生产和职业卫生规章制度、操作规程。

（3）教育培训。

涉及主要负责人、管理人员、从业人员、外来人员四类人员的培训与教育。有行业与学时的专门规定。具体专项论述。

（4）现场管理。

设备设施管理。企业应建立设备设施检维修管理制度，制定综合检维修计划，加强日常检维修和定期检维修管理，落实"五定"原则，即定检维修方案、定检维修人员、定安全措施、定检维修质量、定检维修进度，并做好记录。

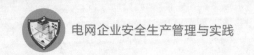

检维修方案应包含作业安全风险分析、控制措施、应急处置措施及安全验收标准。检维修过程中应执行安全控制措施，隔离能量和危险物质，并进行监督检查，检维修后应进行安全确认。

1）作业安全。作业许可应包含安全风险分析、安全及职业病危害防护措施、应急处置等内容。作业许可实行闭环管理。

2）许可规定范围：企业应对临近高压输电线路作业、危险场所动火作业、有（受）限空间作业、临时用电作业、爆破作业、封道作业等危险性较大的作业活动，实施作业许可管理，严格履行作业许可审批手续。

3）作业行为。三违行为：违规作业、违章指挥、违法劳动纪律。

4）职业病危害告知：设置公告栏，公布危害因素检测结果，可能的事故以及应急救援措施，和防治的操作规程、规章制度的逻辑顺序。对存在危害设置警示标识和中文警示说明，有毒场所设置黄色区域警示线、警示标识和中文警示说明；高毒场所设置红色区域警示线，警示标识和中文警示说明，并设置通信报警设备。

5）职业病危害检测与评价。一年一次的检测，3年一次的现状评价。

6）安全警示标志和职业病危害警示标识：标明安全风险内容与危险程度、应急措施、安全距离、防控办法等；

7）重大隐患的工作场所与设备设施设置安全警示标志：应急措施、治理期限及责任；

岗位告知卡：有害因素及后果，事故应急措施与预防方法、报告电话等。

（5）安全风险管控及隐患排查治理。

1）安全风险辨识方法：覆盖所有区域与所有活动。对比正常、异常和紧急三种存在状态，以现在状况、追溯过去和预测将来三种时态下的不同时态，形成对风险的完整辨识的方法。

2）安全风险评估。企业应建立安全风险评估管理制度，明确安全风险评估的目的、范围、频次、准则和工作程序等。

企业应选择合适的安全风险评估方法，定期对所辨识出的存在安全风险的作业活动、设备设施、物料等进行评估。在进行安全风险评估时，至少应从影响人、财产和环境三个方面的可能性和严重程度进行分析。

3）安全生产控制措施。企业应选择工程技术措施、管理控制措施、个体防护措施等，对安全风险进行控制。

4）隐患排查治理。企业应建立隐患排查治理制度，逐渐建立并落实从主要负责人到每位从业人员的隐患排查治理和防控责任制。并按照有关规定组织开展隐患排查治理工作，及时发现并消除隐患，实行隐患闭环管理。

企业应根据有关法律法规、标准规范等，组织制定各部门、岗位、场所、设备设施的隐患排查治理标准或排查清单，明确隐患排查的时限、范围、内容、频次和要求，并组织开展相应的培训。隐患排查的范围应包括所有与生产经营相关的场所、人员、设备设施和活动，包括承包商和供应商等相关服务范围。

企业应按照有关规定，结合安全生产的需要和特点，采用综合检查、专业检查、季节性检查、节假日检查、日常检查等不同方式进行隐患排查。对排查出的隐患，按照隐患的等级进行记录，建立隐患信息档案，并按照职责分工实施监控治理。组织有关专业技术人员对本企业可能存在的重大隐患做出认定，并按照有关规定进行管理。

企业应将相关方排查出的隐患统一纳入本企业隐患管理。

（6）应急管理。

应急处置的内容：

发生事故后，企业应根据预案要求，立即启动应急响应程序，按照有关规定报告事故情况，并开展先期处置：

发出警报，在不危及人身安全时，现场人员采取阻断或隔离事故源、危险源等措施；严重危及人身安全时，迅速停止现场作业，现场人员采取必要的或可能的应急措施后撤离危险区域。

立即按照有关规定和程序报告本企业有关负责人，有关负责人应立即将事故发生的时间、地点、当前状态等简要信息向所在地县级以上地方人民政府负有安全生产监督管理职责的有关部门报告，并按照有关规定及时补报、续报有关情况；情况紧急时，事故现场有关人员可以直接向有关部门报告；对可能引发次生事故灾害的，应及时报告相关主管部门。

研判事故危害及发展趋势，将可能危及周边生命、财产、环境安全的危险性和防护措施等告知相关单位与人员；遇有重大紧急情况时，应立即封闭事故现场，通知本单位从业人员和周边人员疏散，采取转移重要物资、避免或减轻环境危害等措施。

请求周边应急救援队伍参加事故救援，维护事故现场秩序，保护事故现场证据。准备事故救援技术资料，做好向所在地人民政府及其负有安全生产监督管理职责的部门移交救援工作指挥权的各项准备。

（7）事故管理。

企业应建立事故报告程序，明确事故内外部报告的责任人、时限、内容等，并教育、指导从业人员严格按照有关规定的程序报告发生的生产安全事故。

企业应妥善保护事故现场以及相关证据。

事故报告后出现新情况的，应当及时补报。

企业应建立内部事故调查和处理制度，按照有关规定、行业标准和国际通行做法，将造成人员伤亡（轻伤、重伤、死亡等人身伤害和急性中毒）和财产损失的事故纳入事故调查和处理范畴。

企业发生事故后，应及时成立事故调查组，明确其职责与权限，进行事故调查。事故调查应查明事故发生的时间、经过、原因、波及范围、人员伤亡情况及直接经济损失等。

事故调查组应根据有关证据、资料，分析事故的直接、间接原因和事故责任，提出应吸取的教训、整改措施和处理建议，编制事故调查报告。

企业应开展事故案例警示教育活动，认真吸取事故教训，落实防范和整改措施，防止类似事故再次发生。

企业应根据事故等级，积极配合有关人民政府开展事故调查。

（8）持续改进。

1）绩效评定。

企业每年至少应对安全生产标准化管理体系的运行情况进行一次自评，验证各项安全生产制度措施的适宜性、充分性和有效性，检查安全生产和职业卫生管理目标、指标的完成情况。

企业主要负责人应全面负责组织自评工作，并将自评结果向本企业所有部门、单位和从业人员通报。自评结果应形成正式文件，并作为年度安全绩效考评的重要依据。

企业应落实安全生产报告制度，定期向业绩考核等有关部门报告安全生产情况，并向社会公示。

企业发生生产安全责任死亡事故，应重新进行安全绩效评定，全面查找安全生产标准化管理体系中存在的缺陷。

2）持续改进。

企业应根据安全生产标准化管理体系的自评结果和安全生产预测预警系统所反映的趋势，以及绩效评定情况，客观分析企业安全生产标准化管理体系的运行质量，及时调整完善相关制度文件和过程管控，持续改进，不断提高安全生产绩效。

（二）国家电网公司全面强化安全责任落实 38 项措施

为深入学习贯彻习近平总书记重要指示精神，不折不扣执行国务院安委会"十五条"重要举措，公司结合实际，研究制定了 38 项具体措施，全面强化安全责任落实，坚决防范遏制重特大事故，全力确保安全生产稳定。具体如下：

1. 严格落实各级党委安全生产责任

（1）坚持"人民至上、生命至上"，各级单位要严格落实安全生产主体责任，坚决守牢电网安全"生命线"和民生用电"底线"。各级党委理论学习中心组要系统学习习近平总书记关于安全生产的重要论述，树牢安全发展理念，真正做到"两个至上"入脑入心，把学习成果转化为确保安全稳定的实际行动。

（2）各级党委要严格落实"党政同责、一岗双责、齐抓共管、失职追责"要求，组织实施"党建+安全"工程，及时贯彻落实安全生产要求部署，强化组织领导，坚决把各项措施落实到岗位、穿透到基层、执行到一线。

2. 企业主要负责人必须严格履行第一责任人责任

（1）各单位主要负责同志是安全生产第一责任人，在安全生产上要做到亲力亲为、靠前指挥，推动安全生产责任制、安全管理体系、双重预防机制和标准化建设，对本单位电网、建设、产业等各领域重大风险隐患必须心中有数，组织研究年度电网运行方式重大风险，保障安全生产投入。

（2）主要负责同志要带头落实国家安全生产法律法规和公司规章制度，强化安委会实体化运行，亲自主持会议，主动协调跨专业、跨领域安全生产工作，及时研究解决重大问题。

3. 严格落实各级领导安全管理责任

（1）各级领导班子成员必须严格落实"三管三必须"，切实履行分管领域安全第一责任人职责，掌握风险隐患和薄弱环节，将安全与业务工作同计划、同布置、同检查、同评价、同考核，定期组织安全分析，研究解决存在问题。

（2）各级领导干部严格执行安全生产责任和年度工作"两个清单"，任务要层层分解、层层承接、层层落实，定期开展落实情况督办和检查评价，年终进行安全述职。

4. 严格落实专业安全管理责任和全员安全责任

（1）各级专业管理部门要严格依法履行业务范围内安全管理责任，常态化开展安全风险管控、隐患排查治理、反违章等工作，消除安全薄弱环节，完善规程标准。各级安监部门要"理直气壮"严格安全监督检查，严肃考核评价本级部门和下级单位安全工作，督导落实安全责任。

（2）全体员工要严格落实安全生产责任制规定，对照安全责任清单，定期检查安全履责情况。各级单位要在教育培训、风险隐患、督察巡查、反违章、责任追究中，强化责任清单应用，照单履职免责、失职照单追责。

（3）严格落实"谁主管谁牵头、谁为主谁牵头、谁靠近谁牵头"原则，对于职能交叉、新兴产业、合资公司和新业务新业态等，相关部门要主动靠前，各级安委办要加强分析协调，杜绝责任盲区。

（4）严格开展安全生产领域"放管服"事项梳理和评估，对基层接不住、管理跟不上、难以保证安全的，要采取措施予以纠正，必要时收回。

（5）严格执行国家安全生产费用要求，保障安全投入到位。大力推广新装备、新工法、新技术，积极布局安全风险管控、设备智能运检等科技项目攻关，畅通安全生产应急科技项目立项"绿色通道"。

5. 严肃追究领导责任和管理责任

（1）严格执行公司安全奖惩规定，对事故和责任事件实行"一票否决"，对不履行职责造成五级及以上事件，追究直接责任和相关地市级单位领导干部、省公司管理部门管理责任；对较大及以上事故要追究省公司主要领导、分管领导管理责任。

（2）严格各级管理人员安全履责评价考核，严肃安全管理评价和月度点评，规范专业部门、各单位安全管理。实行业绩考核安全指标动态评价，严肃考核安全不履责、专项整治不到位等9项安全管理违规情形。

（3）严格执行安全警示约谈，运用提醒、问询、纠错、问责"四种形态"，严肃纠正问题隐患整改不彻底、风险管控不到位、发生严重违章等安全管理违规行为，以及安全生产苗头性问题、安全局面不稳等情况。

6. 深入扎实开展安全生产大检查

（1）严格执行隐患排查治理管理办法，扎实开展安全隐患大排查大整治，排查结果纳入安全生产专项整治一并管控，杜绝隐患演变为事故。各级安委会要在每年二季度将隐患排查作为主要任务进行布置，安委办加强过程监督和督察检查，确保6月底前完成年度排查，纳入闭环整改。

（2）抓紧抓实安全生产专项整治，切实贯彻两个专题要求，牢牢盯住九个专项，进一步强化网络、消防、施工、通航、交通、燃气、危化品等重点领域，滚动更新"两个清单"，强化问题整改、隐患销号。对重大风险、隐患严格挂牌督办，未彻底治理前必须落实可靠的风险管控措施。

（3）严格执行安全风险管理办法，按照"谁管理谁负责，谁组织谁负责"原则落实管控责任，重大风险要由副总师以上领导牵头审核，专业部门要对措施落实情况进行检查指导，安监部门要加强督察检查。涉及多单位、多专业的综合性作业风险，要成立由上级单位领导任组长，相关部门、单位参加的风险管控协调组，常驻现场协调督导。

（4）各级安委会要及时研究解决排查整治中的难题和困难，各级安委办要加强督察检查，对工作不力的严肃通报问责，并纳入业绩考核。对于因责任不落实、措施不到位、排查整治流于形式导致事故事件的，要顶格处理，追究管理责任和领导责任。

7. 牢牢守住项目审批安全红线

（1）各级规划设计、建设部门要管住源头，严格执行各项反措要求，及时完善相关标准，加大差异化设计，严防前端环节产生和遗留安全隐患。

（2）严把项目审批安全关，严禁"边审批、边设计、边施工"，严禁降低安全门槛，必须将安全风险评估作为拓展新业务、投资新项目的前置条件，严控存在重大风险的建设项目审批。新建储能电站坚决做到"安全风险不可控不投资、审批手续未办理不建设、验收手续不齐全不投运"，在建在运电站存在十类重大隐患的坚决停建停运，经省级公司验收合格方可恢复。

8. 严厉查处违法分包转包和挂靠资质行为

（1）严格工程项目承发包合规管理，严禁技改工程、电网建设、抽蓄工程、融资租赁、小型基建等各领域违法分包转包、资质借用挂靠等行为。严格公司施工、产业、科研等单位业务承包管理，不具备条件、承载能力不足、专业能力不够的，严禁承接相关业务。

（2）严厉打击违法分包转包行为，各级建设、设备、营销、产业、后勤等专业部门要落实把关责任，有关行为列入严重违章，一经发现严肃追究发包方、承包方安全责任。坚持"谁的资质谁负责，谁挂的牌子谁负责"，对发生安全事故的，严肃追究资质方责任，纳入负面清单和黑名单。

（3）严格"同质化"安全管理要求，省管产业安全机构设置、人员配置标准要与主业一致，承揽工程项目安全指标和管理要求要与主业一致。严格输变电工程建设风险辨识评估，从设计方案等前端环节压降施工安全风险。

9. 切实加强劳务派遣等各类人员安全管理

（1）严格队伍人员"双准入"管理，强化外包队伍安全评估，严格企业资信、能力审查和准入考试，用人单位、专业部门要严格履行安全培训、风险告知、现场监护等责任，严禁劳务分包人员担任工作负责人等关键岗位、自带安全工器具、独立从事高风险作业。

（2）严格生产核心业务管理，严禁二次核心业务外包外委，逐步提高自主实施能力。严格执行基建施工成建制骨干班组自有人员、核心分包人员、一般分包人员配置要求，严控危险岗位、高风险作业劳务派遣工数量。

10. 重拳出击整治"违规违章"

（1）严格执行国家执法要求，对政府明令禁止和关停的违法矿山、违法建筑、非法运营企业等，坚决落实停电、断电要求。加强政企、警企联合，严厉打击窃电、破坏电力设施等违法行为。

（2）强化各级安全巡查和督察，开展安全管理合规性检查，追根溯源追查领导层、管理层安全履责缺失缺位问题。严肃巡查"回头看"，对整改不到位、责任不落实、同类问题重发等严肃约谈问责，对拒不整改、走形式甚至弄虚作假的严肃追责考核。

（3）坚持"违章就是隐患、违章就是事故"，一般违章严肃通报曝光，严重违章对照事件顶格处理，重复严重违章纳入业绩考核，多次重复严重违章加倍业绩考核。严格违章根源追溯，对责任不落实、管理不到位的管理人员严肃追责，屡禁不止的从重处罚。

11. 坚决整治监督管理宽松软问题

（1）严格安全监督工作月度评价考核，各级安监部门人员、安管督查队伍严格履行监督职责，加大安全巡查、"四不两直"督察、交叉互查和违章查处力度，对违章、事故事件严格考核、严肃追责，形成严抓严管氛围。

（2）规范"四不两直"、远程视频督察，强化风险管控平台、移动作业 App 等数字化监督管控手段应用，实行违章查处、记录、审核、申诉线上透明管理。加强违章查纠记录仪配置使用，强化违章查纠全过程记录。

12. 着力加强安全监督管理队伍建设

依法依规配置安全管理机构和人员，规范省地县三级安管督查队伍建设，配强人员力量，配齐督查装备，实现作业现场安全监督分级全覆盖。规范专业部门、工区班组安全员设置，保障岗位待遇。

13. 加强安全生产重奖激励

（1）对制止严重违章、发现重大风险隐患、及时有效处置突发事件的人员及时表扬、予以重奖。设置安全管理举报信箱，收集安全管理、风险隐患、事故事件等举报信息，经核实查证属实，及时督促处理并对举报人给予奖励。

（2）发挥无违章班组和个人创建活动激励作用，以落实全员安全责任制、规范员工作业行为为核心，选树一批安全生产无违章班组、党员身边无违章先进典型，营造全员自觉遵章守纪氛围。

14. 严肃查处瞒报、谎报、迟报、漏报事故行为

严格事故事件即时报告，对隐瞒不报、谎报或者推延不报的，向上级党委严肃检讨，依规追究直接责任人和上级管理部门责任，涉嫌瞒报的一律按规定提级追责处理。发生迟报、漏报、谎报、瞒报，严格业绩考核扣分。

15. 统筹做好电力保供、疫情防控和安全生产工作

（1）严格落实疫情防控责任，动态调整电力调度、设备运维、营销服务、信息通信等值班安排，严格作业现场、基建施工等生产一线疫情防控，维护正常安全生产秩序。

（2）全力确保党政机关、医疗单位等重要用户供电保障，保障方舱医院、临时医疗场所电源接入和可靠供电。发挥集团合力，做好疫情严重地区跨省区支援工作。

（3）科学组织电网运行、检修预试、基建工程、水电施工等各类安全生产业务，严格作业计划安排，规范开展风险评估，落实针对性措施，严禁盲目赶工期、拼进度。

（4）全力做好电力保供工作，抓实抓细保供机制建设，加强电力电量平衡、一次能源供应、电力交易组织、电网迎峰度夏（冬）和应急演习等工作，确保电力可靠供应。

【思考与练习】

1.《中共中央国务院关于推进安全生产领域改革发展的意见》的基本原则有哪些？

【参考答案】

——坚持安全发展。

——坚持改革创新。

——坚持依法监管。

——坚持源头防范。

——坚持系统治理。

2. 如何理解企业主要负责人必须严格履行第一责任人的责任?

【参考答案】企业法人代表、实际控制人、实际负责人要严格履行安全生产第一责任人的责任,对本单位安全生产工作全面负责。发生事故,要直接追究集团公司主要负责人、分管负责人的责任。要严格落实重大风险源安全包保责任制、矿长带班下井等制度,对弄虚作假、挂名矿长逃避责任的依法追究,对重特大事故负有主要责任的,在追究刑事责任的同时,明确终身不得担任本行业、本单位主要负责人。

3. 简述国务院安委办安全生产"十五条"重要举措的主要特点?

【参考答案】一是突出责任落实。进一步强化党委政府的领导责任、部门的监管责任、企业的主体责任特别是企业主要负责人责任及追责问责。二是突出督查检查。强调要结合年度安全生产考核巡查和专项整治三年行动,立即在全国开展安全生产大检查,深入排查化解风险隐患。三是突出治理违法违规行为。强调对违法违规经营建设问题坚决整治,立即开展"打非治违"专项行动,同时对有关高危行业领域违法分包转包行为要严肃查处追责。四是突出源头治理。强调要牢牢守住项目审批安全红线,不能有丝毫疏漏;同时强调加强劳务派遣和灵活用工人员的安全管理。五是突出严格执法。重点从整治执法宽松软问题、严肃查处瞒报谎报事故行为、加强监管执法队伍建设等方面进一步提出明确要求,并强调要重奖安全生产隐患举报。

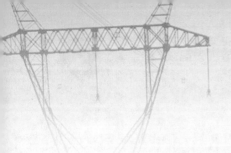

第二章 安全生产基本理论

【本章概述】安全生产管理不仅具有一般管理的规律和特点，还具有自身的特殊范畴和方法。在管理安全问题上，找到事故的致因，明确不安全行为，正确处理人–机–环–管问题，这是预防和处理事故的一个重要环节。本章介绍了安全生产管理的基本概念、管理理论、安全原理、事故致因理论、安全心理与行为，为读者建立了安全生产基本理论框架。

第一节　安全生产管理基本概念

【本节描述】本节主要介绍了安全生产中相关专业词汇的表述意思，从而进一步概括安全生产管理基本概念。

一、安全

安全泛指没有危险、不出事故的状态。《韦氏大词典》对安全定义为"没有伤害、损伤或危险，不遭受危害或损害的威胁，或免除了危害、伤害或损失的威胁"。

生产过程中的安全，即安全生产，指的是"不发生工伤事故、职业病、设备或财产损失"。工程上的安全性，是用概率表示的近似客观量，用以衡量安全的程度。

系统工程中的安全概念，认为世界上没有绝对安全的事物，任何事物中都包含有不安全因素，具有一定的危险性。安全是一个相对的概念，危险性是对安全性的隶属度；当危险性低于某种程度时，人们就认为是安全的。安全工作贯穿于系统整个寿命期间。

（一）安全生产

根据现代系统安全工程的观点，一般意义上讲，安全生产是指在社会生产活动中，通过人、机、物料、环境的和谐运作，使生产过程中潜在的各种事故风险和伤害因素始终处于有效控制状态，切实保护劳动者的生命安全和身体健康。秉着"以人为本，安全发展"的理念，《中华人民共和国安全生产法》（以下简称《安全生产法》）将"安全第一、预防为主、综合治理"确定为安全生产工作的基本方针。

（二）安全生产管理

所谓安全生产管理，就是针对人们在生产过程中的安全问题，运用有效的资源，发挥人们的智慧，通过人们的努力，进行有关决策、计划、组织和控制等活动，实现生产过程中人与机器设备、物料、环境的和谐，达到安全生产的目标，其管理的基本对象是企业的员工（企业中的所有人员）、设备设施、物料、环境、财务、信息等各个方面。安全生产管理包括安全生产法制管理、行政管理、监督检查、工艺技术管理、设备设施管理、作业环境和条件管理等方面。安全生产管理目标是减少和控制危害和事故，尽量避免生产过程中所造成的人身伤害、财产损失、环境污染以及其他损失。

二、危险、危险源、重大危险源

（一）危险

根据系统安全工程的观点，危险是指系统中存在导致发生不期望后果的可能性超过了人们的承受程度。从危险的概念可以看出，危险是人们对事物的具体认识，必须指明具体对象，如危险环境、危险条件、危险状态、危险物质、危险场所、危险人员、危险因素等。

一般用风险度来表示危险的程度。在安全生产管理中，风险用生产系统中事故发生的可能性与严重性的结合给出，即

$$R = f(F, C) \tag{2-1-1}$$

式中　R——风险；

　　　F——发生事故的可能性；

　　　C——发生事故的严重性。

从广义来说，风险可分为自然风险、社会风险、经济风险、技术风险和健康风险5类。而对于安全生产的日常管理，可分为人、机、环境、管理4类风险。

（二）危险源

从安全生产角度解释，危险源是指可能造成人员伤害和疾病、财产损失、作业环境破坏或其他损失的根源或状态。

根据危险源在事故发生、发展中的作用，一般把危险源划分为两大类，即第一类危险源和第二类危险源。

第一类危险源是指生产过程中存在的，可能发生意外释放的能量，包括生产过程中各种能量源、能量载体或危险物质。第一类危险源决定了事故后果的严重程度，它具有的能量越多，发生事故的后果越严重。例如，炸药、旋转的飞轮等属于第一类危险源。

第二类危险源是指导致能量或危险物质约束或限制措施破坏或失效的各种因素广义上包括物的故障、人的失误、环境不良以及管理缺陷等因素。第二类危险源决定了

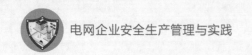

事故发生的可能性，它出现得越频繁，发生事故的可能性越大。例如，冒险进入危险场所等。

在企业安全管理工作中，第一类危险源客观上已经存在并且在设计、建设时已经采取了必要的控制措施，因此，企业安全工作重点是第二类危险源的控制问题。

从上述意义上讲，危险源可以是一次事故、一种环境、一种状态的载体，也可以是可能产生不期望后果的人或物。液化石油气在生产、储存、运输和使用过程中，可能发生泄漏，引起中毒、火灾或爆炸事故，因此，充装了液化石油气的储罐是危险源；原油储罐的呼吸阀已经损坏，当储罐储存了原油后，有可能因呼吸阀损坏而发生事故，因此，损坏的原油储罐呼吸阀是危险源；一个携带了 SARS 病毒的人，可能造成与其有过接触的人患上 SARS，因此，携带 SARS 病毒的人是危险源；操作过程中，没有完善的操作规程，可能使员工出现不安全行为，因此，没有操作规程是危险源。

（三）重大危险源

为了对危险源进行分级管理，防止重大事故发生，提出了重大危险源的概念。广义上说，可能导致重大事故发生的危险源就是重大危险源。

《安全生产法》第一百一十七条对重大危险源的解释是：长期地或临时地生产、搬运、使用或者储存危险物品，且危险物品的数量等于或者超过临界值的单位（包括场所和设施）。

危险化学品重大危险源辨识（GB 18218—2018）中对危险化学品重大危险源的定义是：长期或临时地生产、储存、使用和经营危险化学品，且危险化学品的数量等于或超过临界量的单元。

当单元中有多种物质时，如果各类物质的量满足下式，就是重大危险源：

$$\sum_{i=1}^{N}\frac{q_i}{Q_i}\geqslant 1 \qquad (2-1-2)$$

式中　　q_i——单元中物质的实际存在量；

　　　　Q_i——物质 i 的临界量；

　　　　N——单元中物质的种类数。

三、事故隐患

原国家安全生产监督管理总局颁布的第 16 号令《安全生产事故隐患排查治理暂行规定》，将"安全生产事故隐患"定义为："生产经营单位违反安全生产法律、法规、规章、标准、规程和安全生产管理制度的规定，或因其他因素在生产经营活动中存在可能导致事故发生的物的危险状态、人的不安全行为和管理上的缺陷。"

《国家电网有限公司安全隐患排查治理管理办法》（安监一〔2022〕5 号）将隐患定义为在生产经营活动中，违反国家和电力行业安全生产法律法规、规程标准以及公司安全生产规章制度，或因其他因素可能导致安全事故（事件）发生的物的不安全状态、人的不安全行为、场所的不安全因素和安全管理方面的缺失等。

企业应树立"隐患就是事故"的理念，坚持"谁主管、谁负责"和"全面排查、分级管理、闭环管控"的原则，逐级建立排查标准，实行分级管理，做到全过程闭环管控。

隐患分为一般隐患、较大隐患和重大隐患。

一般隐患主要是指七至八级人身、电网、设备事件；八级信息系统事件；违反省公司级单位安全生产管理规定的管理问题。

较大隐患主要是指五至六级人身、电网、设备事件；六至七级信息系统事件；其他对社会及公司造成较大影响的事件；违章省级地方性安全生产法规和公司安全生产管理规定的管理问题。

重大隐患是指一至四级人身、电网、设备事件；五级信息系统事件；水电站大坝溃决、漫坝事件；一般及以上火宅事件；违反国家、行业安全生产法律法规的管理问题。

四、违章

违章通常是指生产作业中违章指挥、违规作业、违反劳动纪律这三种现象。违章指挥主要是指生产经营单位的生产经营管理人员违反安全生产方针、政策、法律、条例、规程、制度和有关规定指挥生产的行为。违规作业主要是指工人违反劳动生产岗位的安全规章和制度的作业行为。

按照《国家电网公司反违章工作管理办法（修订）》中对违章定义描述，违章分为行为违章、装置违章和管理违章三类。

行为违章是指现场作业人员在电力建设、运行、检修等生产活动过程中，违反保证安全的规程、规定、制度、反事故措施等的不安全行为。

装置违章是指生产设备、设施、环境和作业使用的工器具及安全防护用品不满足规程、规定、标准、反事故措施等的要求，不能可靠保证人身和设备安全的不安全状态。

管理违章是指各级领导、管理人员不履行岗位安全职责，不落实安全管理要求，不执行安全规章制度等的各种不安全作为。

五、事故

《现代汉语词典》对"事故"的解释是：多指生产、工作上发生的意外损失或灾祸。

在国际劳工组织制定的一些指导性文件，如《职业事故和职业病记录与通报实用规程》中，将"职业事故"定义为："由工作引起或者在工作过程中发生的事件，并导

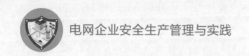

致致命或非致命的职业伤害。"《生产安全事故报告和调查处理条例》（国务院令第493号）将"生产安全事故"定义为：生产经营活动中发生的造成人身伤亡或者直接经济损失的事件。我国事故的分类方法有多种。

1. 依据《企业职工伤亡事故分类》（GB 6441），综合考虑起因物、引起事故的诱导性原因、致害物、伤害方式等，将企业工伤事故分为20类：物体打击、车辆伤害、机械伤害、起重伤害、触电、淹溺、灼烫、火灾、高处坠落、坍塌、冒顶片帮、透水、放炮、火药爆炸、瓦斯爆炸、锅炉爆炸、容器爆炸、其他爆炸、中毒和窒息及其他伤害。

2. 依据《生产安全事故报告和调查处理条例》（国务院令第493号），根据生产安全事故造成的人员伤亡或者直接经济损失，事故一般分为特别重大事故、重大事故、较大事故、一般事故4个等级，具体划分如下：

（1）特别重大事故，是指造成30人以上死亡，或者100人以上重伤（包括急性工业中毒，下同），或者1亿元以上直接经济损失的事故。

（2）重大事故，是指造成10人以上30人以下死亡，或者50人以上100人以下重伤，或者5000万元以上1亿元以下直接经济损失的事故。

（3）较大事故，是指造成3人以上10人以下死亡，或者10人以上50人以下重伤，或者1000万元以上5000万元以下直接经济损失的事故。

（4）一般事故，是指造成3人以下死亡，或者10人以下重伤，或者1000万元以下直接经济损失的事故。

注：该等级标准中所称的"以上"包括本数，所称的"以下"不包括本数。在衡量一个事故等级时按照最严重的标准进行划分。

根据《国网公司安全事故调查规程》（国家电网安监〔2011〕2024）中定义程安全事故由人身、电网、设备和信息系统四类事故组成，分为一至八级事件，其中一至四级事件对应国家相关法规定义的特别重大事故、重大事故、较大事故和一般事故。

1. 人身事故

（1）特别重大人身事故（一级人身事件）。

一次事故造成30人以上死亡，或者100人以上重伤者。

（2）重大人身事故（二级人身事件）。

一次事故造成10人以上30人以下死亡，或者50人以上100人以下重伤者。

（3）较大人身事故（三级人身事件）。

一次事故造成3人以上10人以下死亡，或者10人以上50人以下重伤者。

（4）一般人身事故（四级人身事件）。

一次事故造成3人以下死亡，或者10人以下重伤者。

2. 电网事故

（1）特别重大电网事故（一级电网事件）。

有下列情形之一者，为特别重大电网事故（一级电网事件）：

造成区域性电网减供负荷30%以上者；

造成电网负荷20000兆瓦以上的省（自治区）电网减供负荷30%以上者；

造成电网负荷5000兆瓦以上20000兆瓦以下的省（自治区）电网减供负荷40%以上者；

造成直辖市电网减供负荷50%以上，或者60%以上供电用户停电者；

造成电网负荷2000兆瓦以上的省（自治区）人民政府所在地城市电网减供负荷60%以上、或者70%以上供电用户停电者。

（2）重大电网事故（二级电网事件）。

有下列情形之一者，为重大电网事故（二级电网事件）：

造成区域性电网减供负荷10%以上30%以下者；

造成电网负荷20000兆瓦以上的省（自治区）电网减供负荷13%以上30%以下者；

造成电网负荷5000兆瓦以上20000兆瓦以下的省（自治区）电网减供负荷16%以上40%以下者；

造成电网负荷1000兆瓦以上5000兆瓦以下的省（自治区）电网减供负荷50%以上者；

造成直辖市电网减供负荷20%以上50%以下、或者30%以上60%以下的供电用户停电者；

造成电网负荷2000兆瓦以上的省（自治区）人民政府所在地城市电网减供负荷40%以上60%以下、或者50%以上70%以下供电用户停电者；

造成电网负荷2000兆瓦以下的省（自治区）人民政府所在地城市电网减供负荷40%以上、或者50%以上供电用户停电者；

造成电网负荷600兆瓦以上的其他设区的市电网减供负荷60%以上、或者70%以上供电用户停电者。

（3）较大电网事故（三级电网事件）。

有下列情形之一者，为较大电网事故（三级电网事件）：

造成区域性电网减供负荷7%以上10%以下者；

造成电网负荷20000兆瓦以上的省（自治区）电网减供负荷10%以上13%以下者；

造成电网负荷5000兆瓦以上20000兆瓦以下的省（自治区）电网减供负荷12%以上16%以下者；

造成电网负荷1000兆瓦以上5000兆瓦以下的省（自治区）电网减供负荷20%以上50%以下者；

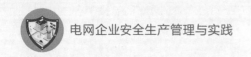

造成电网负荷 1000 兆瓦以下的省（自治区）电网减供负荷 40%以上者；

造成直辖市电网减供负荷达到 10%以上 20%以下、或者 15%以上 30%以下供电用户停电者；

造成省（自治区）人民政府所在地城市电网减供负荷 20%以上 40%以下、或者 30%以上 50%以下供电用户停电者；

造成电网负荷 600 兆瓦以上的其他设区的市电网减供负荷 40%以上 60%以下、或者 50%以上 70%以下供电用户停电者；

造成电网负荷 600 兆瓦以下的其他设区的市电网减供负荷 40%以上、或者 50%以上供电用户停电者；

造成电网负荷 150 兆瓦以上的县级市电网减供负荷 60%以上、或者 70%以上供电用户停电者；

发电厂或者 220 千伏以上变电站因安全故障造成全厂（站）对外停电，导致周边电压监视控制点电压低于调度机构规定的电压曲线值 20%并且持续时间 30 分钟以上，或者导致周边电压监视控制点电压低于调度机构规定的电压曲线值 10%并且持续时间 1 小时以上者。

发电机组因安全故障停止运行超过行业标准规定的大修时间两周，并导致电网减供负荷者。

（4）有下列情形之一者，为一般电网事故（四级电网事件）：

造成区域性电网减供负荷 4%以上 7%以下者；

造成电网负荷 20000 兆瓦以上的省（自治区）电网减供负荷 5%以上 10%以下者；

造成电网负荷 5000 兆瓦以上 20000 兆瓦以下的省（自治区）电网减供负荷 6%以上 12%以下者；

造成电网负荷 1000 兆瓦以上 5000 兆瓦以下的省（自治区）电网减供负荷 10%以上 20%以下者；

造成电网负荷 1000 兆瓦以下的省（自治区）电网减供负荷 25%以上 40%以下者；

造成直辖市电网减供负荷 5%以上 10%以下，或者 10%以上 15%以下供电用户停电者；

造成省（自治区）人民政府所在地城市电网减供负荷 10%以上 20%以下，或者 15%以上 30%以下供电用户停电者；

造成其他设区的市电网减供负荷 20%以上 40%以下，或者 30%以上 50%以下供电用户停电者；

造成电网负荷 150 兆瓦以上的县级市电网减供负荷 40%以上 60%以下，或者 50%以上 70%以下供电用户停电者；

造成电网负荷 150 兆瓦以下的县级市电网减供负荷 40%以上，或者 50%以上供电用户停电者；

发电厂或者 220 千伏以上变电站因安全故障造成全厂（站）对外停电，导致周边电压监视控制点电压低于调度机构规定的电压曲线值 5%以上 10%以下并且持续时间 2 小时以上者；

发电机组因安全故障停止运行超过行业标准规定的小修时间两周，并导致电网减供负荷者。

3. 设备事故

（1）特别重大设备事故（一级设备事件）。

有下列情形之一者，为特别重大设备事故（一级设备事件）：

造成 1 亿元以上直接经济损失者；

600 兆瓦以上锅炉爆炸者；

压力容器、压力管道有毒介质泄漏，造成 15 万人以上转移者。

（2）重大设备事故（二级设备事件）。

有下列情形之一者，为重大设备事故（二级设备事件）：

造成 5000 万元以上 1 亿元以下直接经济损失者；

600 兆瓦以上锅炉因安全故障中断运行 240 小时以上者；

压力容器、压力管道有毒介质泄漏，造成 5 万人以上 15 万人以下转移者。

（3）较大设备事故（三级设备事件）。

有下列情形之一者，为较大设备事故（三级设备事件）：

造成 1000 万元以上 5000 万元以下直接经济损失者；

锅炉、压力容器、压力管道爆炸者；

压力容器、压力管道有毒介质泄漏，造成 1 万人以上 5 万人以下转移者；

起重机械整体倾覆者；

供热机组装机容量 200 兆瓦以上的热电厂，在当地人民政府规定的采暖期内同时发生 2 台以上供热机组因安全故障停止运行，造成全厂对外停止供热并且持续时间 48 小时以上者。

（4）一般设备事故（四级设备事件）。

有下列情形之一者，为一般设备事故（四级设备事件）：

造成 100 万元以上 1000 万元以下直接经济损失者；

特种设备事故造成 1 万元以上 1000 万元以下直接经济损失者；

压力容器、压力管道有毒介质泄漏，造成 500 人以上 1 万人以下转移者；

电梯轿厢滞留人员 2 小时以上者；

起重机械主要受力结构件折断或者起升机构坠落者；

供热机组装机容量 200 兆瓦以上的热电厂，在当地人民政府规定的采暖期内同时

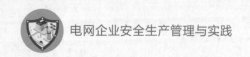

发生 2 台以上供热机组因安全故障停止运行，造成全厂对外停止供热并且持续时间 24 小时以上者。

【思考与练习】

1. 请简述事故的四种等级具体划分依据？

【参考答案】

（1）特别重大事故，是指造成 30 人以上死亡，或者 100 人以上重伤（包括急性工业中毒，下同），或者 1 亿元以上直接经济损失的事故。

（2）重大事故，是指造成 10 人以上 30 人以下死亡，或者 50 人以上 100 人以下重伤，或者 5000 万元以上 1 亿元以下直接经济损失的事故。

（3）较大事故，是指造成 3 人以上 10 人以下死亡，或者 10 人以上 50 人以下重伤，或者 1000 万元以上 5000 万元以下直接经济损失的事故。

（4）一般事故，是指造成 3 人以下死亡，或者 10 人以下重伤，或者 1000 万元以下直接经济损失的事故。

2. 危险源一般划分为哪两大类？

【参考答案】

第一类危险源是指生产过程中存在的，可能发生意外释放的能量，包括生产过程中各种能量源、能量载体或危险物质。第一类危险源决定了事故后果的严重程度，它具有的能量越多，发生事故的后果越严重。例如，炸药、旋转的飞轮等属于第一类危险源。

第二类危险源是指导致能量或危险物质约束或限制措施破坏或失效的各种因素——广义上包括物的故障、人的失误、环境不良以及管理缺陷等因素。第二类危险源决定了事故发生的可能性，它出现得越频繁，发生事故的可能性越大。例如，冒险进入危险场所等。

第二节　安全生产管理理论

【本节描述】本节主要讲述安全生产管理理论，包含本质安全、安全风险管控观、安全发展观、安全文化观。

一、本质安全理论

本质安全是指通过设计等手段使生产设备或生产系统本身具有安全性，即使在误操作或发生故障的情况下也不会造成事故。具体包括两方面的内容：

失误-安全功能，指操作者即使操作失误，也不会发生事故或伤害，或者说设备设施和技术工艺本身具有自动防止人的不安全行为的功能。

故障－安全功能，指设备设施或生产工艺发生故障或损坏时，还能暂时维持正常工作或自动转变为安全状态。

上述两种安全功能应该是设备设施和技术工艺本身固有的，即在其规划设计阶段就被纳入其中，而不是事后补偿的。

本质安全是生产中"预防为主"的根本体现，也是安全生产的最高境界。实际上，由于技术、资金和人们对事故的认识等原因，目前还很难做到本质安全，只能作为追求的目标。

传统的本质安全化（狭义的本质安全化）一般是指机器、设备本身所具有的安全性能，是指机器、设备等物的方面和物质条件能够自动防止操作失误或引发事故。在这种条件下，即使一般水平的操作人员发生人为的失误或操作不当等不安全行为，也能够保障人身、设备和财产的安全。

系统的本质安全化（广义的本质安全化）是指包括人－机－环境－管理这一系统表现出的安全性能。通过优化资源配置和提高其完整性，使得人－机－环境－管理系统在本质上具有最佳的安全品质。这种最佳的安全品质体现在系统具有相当的安全可靠性，具有完善的预防和保护功能，通过全面的安全管理，使得事故降低到规定的目标或者可以接受的程度。系统的本质安全是针对整个人机系统的，它具有如下特征：一是人的安全可靠性，二是物的安全可靠性，三是系统的安全可靠性，四是管理规范和持续改进。

系统的本质安全化包括人的本质安全化、物（机械设备）的本质安全化、环境的本质安全化、（人－机－环境系统）管理的本质安全化等。

（一）人的本质安全化

人的不安全行为对事故发生往往起着决定性的作用，人的不安全行为主要受到人的生理素质、心理素质、技术素质、安全文化素质因素的影响。

人的本质安全化就是指提高这几个方面与系统的安全匹配能力。实现人的本质安全化，就是通过对人整体安全素质（包括文化素质、安全知识和能力、安全价值观、心理和生理等）的全面提升，最大限度地消除人的不安全行为，从而减少事故的发生。提升人的安全素质最直接、最有效的办法是从人的安全意识、安全知识、安全技能（包括识险避险的能力、按安全规程操作的技能、应急处理的能力等）最核心的三个层面入手不断提高。

（二）物的本质安全化（设备、工艺等）

最优秀的操作人员，也不能保证一直适应机器的要求；再好的管理，也不能避免人员的失误。一个好的设计会使"物"（机器），从本质上更加安全。从"物"的安全的角度出发，消灭或减少机器的危险将会达到事半功倍的效果。

物的本质安全化主要体现在三个方面：一是生产设备的本质安全化，对于与其接

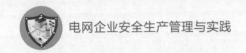

触的人不存在危险，是安全的；二是工艺过程的本质安全化，采用本质的、被动的、主动的或程序性的风险控制策略消除或降低风险；三是设备控制过程的本质安全化。

（三）环境的本质安全化

在人、机、环境系统中，对系统产生影响的一般环境因素主要有热环境、照明、噪声、振动、粉尘以及有毒物质等。如果在系统设计的各个阶段，尽可能排除各种环境因素对人体的不良影响，使人具有"舒适"的作业环境，这样不仅有利于保护劳动者的健康和安全，还有利于最大限度地提高系统的综合效能，实现作业环境的本质安全化。

（四）管理的本质安全化

管理的本质安全化是控制事故的决定性和起主导作用的关键措施。就目前而言，设备和器具的本质安全化受科技、经济等诸多因素制约，本质安全化程度和发展在不同行业、不同企业不均衡；作业环境的本质安全化受成本、观念等因素的影响变数很大；人的本质安全化受职工的文化程度、技术等影响较大，不同企业更不相同。依靠管理的本质安全化，可以弥补以上要素的不足，实现对生产的组织、指挥和协调，对人、财、物的全面调度，保证人、机、环境系统安全可靠的运行。

换句话说，系统的本质安全化思想就是追求生产系统中的相关要素达到"思想无懈怠、制度无漏洞、工艺无缺陷、设备无隐患、行为无差错"的状态。

二、安全风险管控观

有什么样的安全观或安全理念，就有什么样的安全意识；有什么样的安全意识，就有什么样的安全行为；有什么样的安全行为，就有什么样的安全结果。安全理念不同，其安全结果也会不同，只有秉持积极的、正确的安全理念，才能够获得期望的安全结果。

人们普遍存在着"安全是相对的，危险是绝对的""安全事故不可防范，不以人的意志转移"等认识，即存在有生产安全事故的宿命论观念。但是随着安全生产科技发展和对事故规律的深入认识，应该建立起"事故可预防，人祸本可防"的观念。根据对事故特性的研究分析，可认识到事故如下的内在性质：

1. 事故存在的因果性

工业事故的因果性是指事故是相互联系的多种因素共同作用的结果。引起事故的原因是多方面的，在伤亡事故调查分析过程中应弄清事故发生的因果关系，找到事故发生的主要原因，才能对症下药，有效地防范。

2. 事故随机性中的必然性

事故的随机性是指事故发生的时间、地点、事故后果的严重性是偶然的。这说明事故的预防具有一定的难度。但是，事故这种随机性在一定范畴内也遵循统计规律。

从事故的统计资料中可以找到事故发生的规律性。因而，事故统计分析对制定正确的预防措施有重大的意义。

3. 事故的潜伏性

表面上，事故是一种突发事件，但是事故发生之前有一段潜伏期。在事故发生前，人、机、环等系统所处的这种状态是不稳定的，也就是说系统存在事故隐患，具有危险性。如果这时有一触发因素出现，就会导致事故的发生。在工业生产活动中，企业较长时间内未发生事故，如麻痹大意，就是忽视了事故的潜伏期，这是工业生产中的思想隐患，是应予克服的。掌握了事故潜伏性对有效预防事故发生起到关键作用。

4. 事故的可预防性

现代工业系统是人造系统，这种客观实际给预防事故提供了基本的前提。所以说，任何事故从理论和客观上讲都是可预防的。认识这一特性，对坚定信念、防止事故发生有促进作用。因此，应该通过各种合理的对策和努力，从根本上消除事故发生的隐患，把事故的发生降低到最小限度。

三、安全发展观

（一）安全发展观的提出

党和政府历来高度重视安全生产工作，为促进安全生产、保障人民群众生命财产安全和健康进行了长期努力，做了大量工作。进入 21 世纪以后，伴随着经济、社会结构的巨变，我国安全生产形势及社会形态都出现了新特征，传统的安全生产管理模式面临重大挑战。随着经济的高速发展，工业化、城镇化快速推进，在人们的思想认识中，先后提出了"先生产、后生活""生产第一、质量第二、安全第三""安全为了生产""安全第一、预防为主"等发展理念。

党中央、国务院深刻认识到在全面建设小康社会的进程中，做好安全生产工作的极端重要性，提出了安全生产发展目标，要持续降低事故总量和死亡人数，坚决遏制重特大事故发生，到 2020 年使我国安全生产状况得到根本好转。同时，准确分析和把握我国安全生产阶段性特征，全面总结新中国成立以来安全生产的实践经验，积极借鉴世界各国工业化进程中的经验教训和吸收人类文明进步的新成果。在这样的背景下，党中央、国务院审时度势，围绕安全生产工作，逐步提出和完善了安全发展的思想理念，大力实施安全发展战略。

2005 年 8 月，胡锦涛总书记在讲话中首次提出安全发展的理念，随后，在党的十六届五中全会通过的《中共中央关于制定国民经济和社会发展第十一个五年规划的建议》中，将"安全发展"写入其中。

2006 年 3 月，在《中华人民共和国国民经济和社会发展"十一五"规划纲要》中，写入要"坚持节约发展、清洁发展、安全发展，实现可持续发展"。

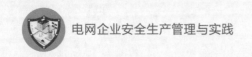

2007 年 10 月，在党的十七大报告中明确提出要坚持安全发展。

2008 年 10 月，在党的十七届三中全会上强调，能不能实现安全发展，是对我们党执政能力的一个重大考验。

2010 年 7 月，《国务院关于进一步加强企业安全生产工作的通知》中，强调要坚持以人为本，牢固树立安全发展的理念。

2011 年 11 月，《国务院关于坚持科学发展安全发展促进安全生产形势持续稳定好转的意见》中，将安全发展上升到国家战略高度，提出要始终把保障人民群众生命财产安全放在首位，大力实施安全发展战略。

2012 年 3 月，温家宝总理在政府工作报告中强调，要实施安全发展战略，加强安全生产监管，防止重特大事故发生。

2014 年 1 月，习近平总书记讲话强调，要大力实施安全发展战略，坚持标本兼治、重在治本，加快建立安全生产长效机制。

2014 年 8 月，新修订的《安全生产法》中，明确提出安全生产工作应当以人为本，坚持安全发展的要求。

2021 年 9 月，新《安全生产法》确定了"安全生产工作应当以人为本，坚持人民至上、生命至上，把保护人民生命安全摆在首位，树牢安全发展理念，坚持安全第一、预防为主、综合治理的方针，从源头上防范化解重大安全风险"。

从"安全生产"到"安全发展"，从"安全发展理念"到确定为"安全发展战略"，充分体现了党中央、国务院以人为本、保障民生的执政理念，体现了党和政府对科学发展观认识的不断深化、对经济社会发展客观规律的科学总结，体现了安全与经济社会发展协调运行的现实要求，安全发展观已经成为我国全面建成小康社会的重要理念和指导思想。

（二）安全发展的重大意义

安全发展作为一种发展理念，具有科学性、战略性、实践性等特征，是经济与社会发展的重要指导原则，贯彻实施好安全发展战略，对于促进经济与社会健康发展，实现安全生产形势根本好转，意义重大而深远。

1. 安全发展的内涵及根本任务

安全发展是指发展要建立在安全保障能力不断增强、安全生产状况持续改善、劳动者生命安全和健康权益得到切实保障的基础之上，做到安全生产与经济社会发展各项工作同步规划、同步部署、同步推进，实现有安全保障下的可持续发展，实现广大人民群众的生命安全与生产发展、生活富裕、生态良好的有机统一。

安全发展的根本任务是安全生产。安全生产工作既具有科技与管理等物质形态的含义，也具有公共服务等社会形态的含义，是一个涉及经济建设、政治建设、文化建设、社会建设等诸多方面的特殊领域，具有综合性、长期性、全局性和复杂性等特点。

因此，一个局部的、微观的安全生产问题，一旦失控，就有可能引发宏观的、全局性的问题。只有把安全生产置于经济社会发展全局的高度加以推进，把安全生产工作视野拓展到经济、政治、文化、社会等的各个层面，综合运用法律、经济、行政等手段，调动社会各种资源，统筹规划，增强对安全生产工作的主动性和预见性，才能形成推进安全生产工作的强大合力，实现安全生产状况的根本好转，从而保证经济社会的安全发展。

2. 安全发展的重要工作内容

（1）构建社会主义和谐社会必须要解决好安全生产问题。当前，构建和谐社会，主要是解决人民群众最现实、最关心、最直接的问题。而安全生产就是人民群众最现实、最关心、最直接的问题之一，它既是热点难点，又是构建社会主义和谐社会的切入点和着力点。和谐社会要民主法治，搞好安全生产必须依法治安；和谐社会要公平正义，首先必须保障每个人都有劳动的权利、生存的权利；和谐社会要诚信友善、充满活力、安定有序，只有保障人民的生命财产安全，大家的积极性才能调动起来，社会才能充满活力，家庭才能幸福安康；和谐社会要求人与自然和谐相处，人类生产活动必须遵循自然规律，违背了就要受到惩罚。因此，做好安全生产工作，百姓才能平安幸福，国家才能富强安宁，社会才能和谐安全。

（2）把安全发展贯穿到经济社会发展的全过程和各个方面，建设安全保障型社会。建设安全保障型社会是安全发展指导原则的实践载体，也是安全发展理念的实现途径。建立全体社会成员共同致力于不断提升安全生产保障水平的社会运行机制，形成齐抓共管的格局，要把安全发展理念纳入地方经济社会发展总体战略，制定安全生产规划，使安全生产与经济社会各项工作同步规划、同步部署、同步推进。

（3）打造本质安全型企业，强化安全发展的微观基础。建设本质安全型企业，着力全面提升企业素质，加强基础管理工作。更加注重科技进步和科学管理，加大科技投入，大幅度提升企业技术装备水平；健全完善并落实好企业内部安全生产的各项规章制度，建立、健全企业各级各类人员安全责任制跟踪、考核、奖惩等制度，扎实推进基础管理；强化企业文化建设，不断增强从业人员的安全意识和技能；学习借鉴国内外先进的安全生产管理理念和方法，建立持续改进的安全生产长效机制。

（4）着力加强安全文化建设，实施"全民安全素质工程"。安全文化建设是安全发展的基础性工作。安全文化是人的安全素质、安全技能、安全行为以及与安全相关的物质产品和精神产品的总和，对于安全生产起着引领方向、提升水平、彰显形象的重要作用。要把实施全民安全素质工程纳入社会主义精神文明创建活动中，积极构建与安全发展要求相适应的由学校专业教育、职业教育、企业教育和社会化教育构成的全方位安全文化教育体系，使安全素质教育进工厂、进农村、进学校、进社区，大力提升全民族安全素质，促进全体社会成员安全意识和素质的不断提高。

（5）加快完善安全法制，依法治安。国内外经验证明，健全的法制是从根本上解决安全生产问题的必由之路。加强安全生产、促进安全发展，必须加强安全法制建设。要进一步健全完善安全生产方针、政策、法规、标准体系，建立安全生产工作有法可依、有法必依、违法必究、执法必严的法治氛围，形成依法治安的局面。

（6）大力推进安全科技，用科技创新引领和支撑安全发展。安全科技创新是建设创新型国家的重要内容，是调整经济结构、转变增长方式的重要支撑，是保证安全生产、促进安全发展的有力保障。要通过原始创新、集成创新、引进消化吸收再创新，开发先进的技术装备，为隐患治理和安全技术改造提供技术支撑。加快推广先进、适用技术和装备，提升安全技术装备水平。加强安全科技人才队伍建设，积极参与国际交流与合作，尽快把我国安全科技提高到一个新水平。

四、安全文化观

安全文化在企业中的应用即所谓的企业安全文化，企业安全文化是安全文化最重要的组成部分。企业只要有安全生产工作存在，就会有相应的企业安全文化存在。为了更好地促进我国企业安全文化的建设，把企业安全文化落到实处，有必要探讨企业安全文化的评价体系。企业安全文化本身尽管看不见、摸不着，但是却一定会通过一定形态表现出来，这种表现出来的形态有人称其为"安全氛围"或"安全气候"。

（一）基本要素

企业安全文化建设的基本要素有七个，即安全承诺、行为规范与程序、安全行为激励、安全信息传播与沟通、自主学习与改进、安全事务参与、审核与评估。

（二）评价

为了对一个企业安全文化的状况进行评价，首先应该确定评价的因素集合，然后给出各因素的评价等级，再对照企业的现状，给出企业安全文化当前所处的状态或发展阶段。

对企业安全文化进行评价首先要确定从哪些方面对安全文化进行衡量，每一个衡量的方面可看成一个因素，一个因素应该代表安全文化的一个特征。

1. 组织承诺

组织承诺是企业组织的高层管理者对安全所表明的态度。组织高层领导对安全的承诺不应该口是心非，而是组织高层领导将安全视作组织的核心价值和指导原则。因此，这种承诺也能反映出高层管理者始终积极地向更高的安全目标前进的态度，以及有效激发全体员工持续改善安全的能力。只有高层管理者做出安全承诺，才会提供足够的资源并支持安全活动的开展和实施。

2. 管理参与

管理参与是指高层和中层管理者亲自积极参与组织内部的关键性安全活动。高层和中层管理者通过每时每刻参加安全的运作，与一般员工交流注重安全的理念，表明自己对安全重视的态度，这将会在很大程度上促使员工自觉遵守安全操作规程。

3. 员工授权

员工授权是指组织有一个"良好的"授权于员工的安全文化，并且确信员工十分明确自己在改进安全方面所起的关键作用。授权就是将高层管理者的职责和权力以下级员工的个人行为、观念或态度表现出来。在组织内部，失误可以发生在任何层次的管理者身上，然而，第一线员工常常是防止这些失误的最后屏障，从而防止伤亡事故发生。授权的文化可以带来员工不断增加的改变现状的积极性，这种积极性可能超出了个人职责的要求，但是为了确保组织的安全而主动承担责任。根据安全文化的含义，员工授权意味着员工在安全决策上有充分的发言权，可以发起并实施对安全的改进，为了自己和他人的安全对自己的行为负责，并且为自己的组织的安全绩效感到骄傲。

4. 奖惩系统

奖惩系统是指组织需要建立一个公正的评价和奖惩系统，以促进安全行为，抑制或改正不安全行为。一个组织的安全文化的重要组成部分，是其内部所建立的一种行为准则，在这个准则之下，安全和不安全行为均被评价，并且按照评价结果给予公平一致的奖励或惩罚。因此，一个组织用于强化安全行为、抑制或改正不安全行为的奖惩系统，可以反映出该组织安全文化的情况。但是，一个组织的奖惩系统并不等同于安全文化或安全文化的一部分，从文化的角度说，奖惩系统是否被正式文件化，奖惩政策是否稳定、是否传达到全体员工和被全体员工所理解等才更属于文化的范畴。

5. 报告系统

报告系统是指组织内部所建立的，能够有效地对安全管理上存在的薄弱环节在事故发生之前就被识别并由员工向管理者报告的系统。有人认为，一个真正的安全文化要建立在"报告文化"的基础之上，有效的报告系统是安全文化的中流砥柱。一个组织在工伤事故发生之前，就能积极有效地通过意外事件和险肇事故取得经验并改正自己的运作，这对于提高安全来说，是至关重要的。一个良好的"报告文化"的重要性还体现在对安全问题可以自愿地、不受约束地向上级报告，可导致员工在日常的工作中对安全问题的关注。需注意的是，员工不能因为反映问题而遭受报复或其他负面影响；另外要有一个反馈系统告诉员工他们的建议或关注的问题是否被处理，同时告诉员工应该如何去做以帮助自己解决问题。总之，一个具有良好安全文化的组织应该建立一个正式的报告系统，并且该系统能够被员工积极地使用，同时向员工反馈必要的信息。

6. 培训教育

安全文化所指的培训教育，既包括培训教育的内容和形式，也包括安全培训教育在企业重视的程度、参与的主动性和广泛性以及员工在工作中通过传帮带自觉传递安

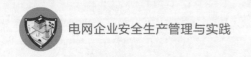

全知识和技能的状况等。

（三）途径

1. 以坚持强化现场管理为基础

一个企业是否安全，首先表现在生产现场，现场管理是安全管理的出发点和落脚点。员工在企业生产过程中不仅要同自然环境和机械设备等作斗争，而且还要同自己的不良行为作斗争。因此，必须加强现场管理，搞好环境建设，确保机械设备安全运行。同时要加强员工的行为控制，健全安全监督检查机制，使员工在安全、良好的作业环境和严密的监督监控管理中，没有违章的条件。为此，要搞好现场文明生产、文明施工、文明检修的标准化工作，保证作业环境整洁、安全。规范岗位作业标准化，预防"人"的不安全因素，使员工干标准活、放心活、完美活。

2. 坚持安全管理规范化

人的行为的养成，一靠教育，二靠约束。约束就必须有标准，有制度，建立健全一整套安全管理制度和安全管理机制，是搞好企业安全生产的有效途径。

（1）健全安全管理法规，让员工明白什么是对的，什么是错的，应该做什么，不应该做什么，违反规定应该受到什么样的惩罚，使安全管理有法可依，有据可查。对管理人员、操作人员，特别是关键岗位、特殊工种人员，要进行强制性的安全意识教育和安全技能培训，使员工真正懂得违章的危害及严重的后果，提高员工的安全意识和技术素质。解决生产过程中的安全问题，关键在于落实各级干部、管理人员和每个员工的安全责任制。

（2）在管理上实施行之有效的措施，从公司到车间、班组建立一套层层检查、鉴定、整改的预防体系，公司成立由各专业的专家组成的安全检查鉴定委员会，每季度对公司重点装置进行一次检查，并对各厂提出的安全隐患项目进行鉴定，分公司级、厂级整改项目进行归口及时整改。各分厂也相应成立安全检查鉴定组织机构，每月对所管辖的区域进行安全检查，并对各车间上报的安全隐患项目进行鉴定，分厂级、车间级整改项目，落实责任人进行及时整改。车间成立安全检查小组，每周对管辖的装置（区域）进行一次详细的检查，能整改的立即整改，不能整改的上报分厂安全检查鉴定委员会，由上级部门鉴定进行协调处理。同时，重奖在工作中发现和避免重大隐患的员工，调动每一名员工的积极性，形成一个从上到下的安全预防体系，从而堵塞安全漏洞，防止事故的发生。

3. 坚持不断提高员工整体素质

人是企业财富的创造者，是企业发展的动力和源泉。只有高素质的人才、高质量的管理、切合企业实际的经营战略，才能在激烈的市场竞争中立于不败之地。因此，企业安全文化建设，要在提高人的素质上下功夫。加强安全宣传，向员工灌输"以人为本，安全第一""安全就是效益、安全创造效益""行为源于认识，预防胜于处罚，责任重于泰山""安全不是为了别人，而是为了你自己"等安全观，树立"不做没有把握的事"的安全理念，增强员工的安全意识，形成人人重视安全，人人为安全尽责的良好氛围。

4. 坚持开展丰富多彩的安全文化活动

企业要增强凝聚力，当然要靠经营上的高效益和职工生活水平的提高，但心灵的认可、感情的交融、共同的价值取向也必不可少。开展丰富多彩的安全文化活动，是增强员工凝聚力，培养安全意识的一种好形式。因此，要广泛地开展认同性活动、娱乐活动、激励性活动、教育活动；张贴安全标语、提合理化建议；举办安全论文研讨、安全知识竞赛、安全演讲、事故安全展览；建立光荣台、违章人员曝光台；评选最佳班组、先进个人；开展安全竞赛活动，实行安全考核，一票否决制。通过各种活动方式向员工灌输和渗透企业安全观，取得广大员工的认同。对开展的"安全生产年""百日安全无事故""创建平安企业"等一系列活动，都要与实际相结合，活动最根本的落脚点都要放在基层车间和班组，只有基层认真的按照活动要求结合自身实际，制定切实可行的实施方案，扎扎实实地开展，不走过场才会收到实效，才能使安全文化建设更加尽善尽美。

5. 坚持树立大安全观

企业发生事故，绝大部分是职工的安全意识淡薄造成的，因此，以预防人的不安全行为生产为目的，从安全文化的角度要求人们建立安全新观念。比如上级组织安全检查是帮助下级查处安全隐患，预防事故，这本是好事，可是下级往往是百般应付，恐怕查出什么问题，就是真的查出问题也总是想通过走关系，大事化小、小事化了；又如安监人员巡视现场本应该是安全生产的"保护神"，可是现场管理者和操作人员利用"你来我停，你走我干"的游击战术来对付安监人员。我们应利用一切宣传媒介和手段，有效地传播、教育和影响公众，建立大安全观，通过宣传教育途径，使人人都具有科学的安全观、职业伦理道德、安全行为规范，掌握自救、互救应急的防护技术。

（四）安全文化建设要求

1. 加强领导，提高各级领导的安全文化素质

领导者好比种子，通过他们把安全价值观言传身教播种到每一名员工的心里，进而通过细致的工作和努力的实践不断进行培育，就能有效地加快安全文化建设速度，从而形成良好的安全文化氛围。

2. 紧紧围绕企业实际，推进安全文化建设

在安全文化推进过程中，各单位要注重与本单位实际相结合。可以按照"先简单后复杂、先启动后完善、先见效后提高"的要求，统一规划，分步实施，切实抓好企业安全文化建设。

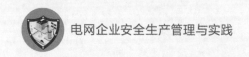

3. 不断创新安全文化的培育手段和方式

在坚持已有的行之有效的管理制度和措施的同时，要根据企业的发展和生产情况以及员工的思想状况，及时地创新工作方法和机制，吸收国内外先进的管理理念，吸收职业安全健康管理体系思想，有针对性地加强对员工安全意识、安全知识和安全技能的培训。人的文化行为要靠文化来影响，安全文化也是这样。我们要利用一切的宣传和教育形式传播安全文化，充分发挥安全文化建设的渗透力和影响力，达到启发人、教育人、约束人的目的。

4. 利用一切手段和设施，加大对安全文化的传播

要把对安全文化的宣传摆在与生产管理同等重要、甚至比其更重要的位置来宣传。抓好安全文化建设，有助于改变人的精神风貌，有助于改进和加强企业的安全管理。文化的积淀不是一朝一夕，但一旦形成，则具有陶冶人的功能。

5. 不断加大投入，发挥硬件的保证作用

企业要预防事故，除了抓好安全文化建设外，还需要不断加大投入，依靠技术进步和技术改造，采用新技术、新产品、新装备来不断提高安全化的程度，即保证工艺过程的本质安全（主要指对生产操作、质量等方面的控制过程），保证设备控制过程的本质安全（加强对生产设备、安全防护设施的管理），保证整体环境的本质安全（主要是为作业环境创造安全、良好的条件）。生产场所中都有不同程度的风险，应将其控制在规定的标准范围之内，使人、机、环境处于良好的状态。

【思考与练习】

1. 新修订的《安全生产法》中，明确提出安全生产工作应当_____，坚持安全发展的要求。

【参考答案】以人为本

2. 2014年1月，习近平总书记讲话强调，要大力实施安全发展战略_____，加快建立安全生产长效机制。

【参考答案】坚持标本兼治、重在治本

第三节 安 全 原 理

【本节描述】本节主要从系统原理、人本原理、预防原理、强制原理四方面描述安全原理。

一、系统原理

（一）系统原理的含义

系统原理是现代管理学的一个最基本原理。它是指人们在从事管理工作时，运用

系统理论、观点和方法，对管理活动进行充分的系统分析，以达到管理的优化目标，即用系统论的观点、理论和方法来认识和处理管理中出现的问题。

所谓系统，是由相互作用和相互依赖的若干部分组成的有机整体。任何管理对象都可以作为一个系统。系统可以分为若干个子系统，子系统可以分为若干个要素，即系统是由要素组成的。按照系统的观点，管理系统具有 6 个特征，即集合性、相关性、目的性、整体性、层次性和适应性。

安全生产管理系统是生产管理的一个子系统，包括各级安全管理人员、安全防护设备与设施、安全管理规章制度、安全生产操作规范和规程以及安全生产管理信息等。安全贯穿于生产活动的方方面面，安全生产管理是全方位、全天候且涉及全体人员的管理。

（二）运用系统原理的原则

（1）动态相关性原则。动态相关性原则告诉我们，构成管理系统的各要素是运动和发展的、它们相互联系又相互制约。显然，如果管理系统的要素都处于静止状态，就不会发生事故。

（2）整分合原则。高效的现代安全生产管理必须在整体规划下明确分工，在分工基础上有效综合，这就是整分合原则。运用该原则，要求企业管理者在制定整体目标和进行宏观决策时，必须将安全生产纳入其中，在考虑资金、人员和体系时，都必须将安全生产作为一项重要内容考虑。

（3）反馈原则。反馈是控制过程中对控制机构的反作用。成功、高效的管理，离不开灵活、准确、快速的反馈。企业生产的内部条件和外部环境在不断变化，所以必须及时捕获、反馈各种安全生产信息，以便及时采取行动。

（4）封闭原则。在任何一个管理系统内部，管理手段、管理过程等必须构成一个连续封闭的回路，才能形成有效的管理活动，这就是封闭原则。封闭原则告诉我们，在企业安全生产中，各管理机构之间、各种管理制度和方法之间，必须具有紧密的联系，形成相互制约的回路，才能有效。

二、人本原理

（一）人本原理的含义

在管理中必须把人的因素放在首位，体现以人为本的指导思想，这就是人本原理。以人为本有两层含义：一是一切管理活动都是以人为本展开的，人既是管理的主体，又是管理的客体，每个人都处在一定的管理层面上，离开人就无所谓管理；二是管理活动中，作为管理对象的要素和管理系统各环节，都是需要人掌管、运作、推动和实施。

（二）运用人本原理的原则

（1）动力原则。推动管理活动的基本力量是人，管理必须有能够激发人的工作能

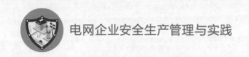
的动力，这就是动力原则。对于管理系统，有三种动力，即物质动力、精神动力和信息动力。

（2）能力原则。管理认为，单位和个人都具有一定的能量，并且可以按照能的大小顺序排列，形成管理的能级，就像原子中电子的能级一样。在管理系统中，建立一套合理能级，根据单位和个人能量的大小安排其工作，发挥不同能级的能量，保证结构稳定性和管理的有效性，这就是能级原则。

（3）激励原则。管理中的激励就是利用某种外部诱因的刺激，调动人的积极性和创造性。以科学的手段激发人的内在潜力，使其充分发挥积极性、主动性和创造性，这就是激励原则。人的工作动力来源于内在动力、外部压力和工作吸引力。例如车间主任和员建立良好的人际关系，并为他们营造个人进取机会，大大激励了他们的工作热情。

（4）行为原则。需要与动机是人的行为的基础，人类的行为规律是需要决定动机，动机产生行为，行为指向目标，目标完成需要得到满足，于是又产生新的需要、动机、行为，以实现新的目标。安全生产工作重点是防治人的不安全行为。

三、预防原理

（一）预防原理的含义

安全生产管理工作应该做到预防为主，通过有效的管理和技术手段，减少和防止人的不安全行为和物的不安全状态，从而使事故发生的概率降到最低，这就是预防原理。在可能发生人身伤害、设备或设施损坏以及环境破坏的场合，事先采取措施，防止事故发生。

（二）运用预防原理的原则

（1）偶然损失原则。事故后果以及后果的严重程度，都是随机的、难以预测的。反复发生的同类事故，并不一定产生完全相同的后果，这就是事故损失的偶然性。偶然损失原则告诉我们，无论事故损失的大小，都必须做好预防工作。如爆炸事故，爆炸时伤亡人数、伤亡部位、被破坏的设备种类、爆炸程度以及事后是否有火灾发生都是偶然的，无法预测的。

（2）因果关系原则。事故的发生许多因素互为因果连续发生的最终结果，只要诱发事故的因素存在，发生事故是必然的，只是时间或迟或早而已，这就是因果关系原则。

（3）"3E"原则。造成人的不安全行为和物的不安全状态的原因可归结为 4 个方面：技术原因、教育原因、身体和态度原因以及管理原因。针对这 4 方面的原因，可以采取 3 种防止对策，即工程技术（Engineering）对策、教育（Education）对策和法制（Enforcement）对策，即所谓"3E"原则。

（4）本质安全化原则。本质安全化原则是指从一开始和从本质上实现安全化，从根本上消除事故发生的可能性，从而达到预防事故发生的目的。本质安全化原则不仅可以应用于设备设施，还可以应用于建设项目。

四、强制原理

（一）强制原理的含义

采取强制管理的手段控制人的意愿和行为，使个人的活动、行为等受到安全生产管理要求的约束，从而实现有效的安全生产管理，这就是强制原理。所谓强制就是绝对服从。不必经被管理者同意便可采取控制行动。

（二）运用强制原理的原则

（1）安全第一原则。安全第一就是要求在进行生产和其他工作时把安全工作放在一切工作的首要位置。当生产和其他工作与安全发生矛盾时，要以安全为主，生产和其他工作要服从于安全，这就是安全第一原则。

（2）监督原则。监督原则是指在安全工作中，为了使安全生产法律法规得到落实，必须明确安全生产监督职责，对企业生产中的守法和执法情况进行监督。

【思考与练习】

运用预防原理的"3E"原则为：_____、_____、_____。

【参考答案】工程技术（Engineering）对策、教育（Education）对策和法制（Enforcement）对策

第四节 事故致因理论

【本节描述】本节主要从事故频发倾向理论、事故因果连锁理论、能量意外释放理论、系统安全理论、轨迹交叉理论五个方面讲述事故致因理论。

一、事故频发倾向理论

1919 年，格林伍德和伍兹对许多工厂里伤害事故发生次数资料按如下三种统计分布进行另外统计检验。

（一）泊松分布

当员工发生事故的概率不存在个体差异时，即不存在事故频发倾向者时，一定时间内事故发生次数服从泊松分布。在这种情况下，事故的发生是由于工厂里的生产条件、机械设备方面的问题，以及一些其他偶然因素引起的。

（二）偏倚分布

一些工人由于存在着精神或心理方面的问题，如果在生产操作过程中发生过一次事故，则会造成胆怯或神经过敏，当再继续操作时，就有重复发生第二次、第三次事

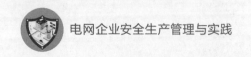

故的倾向。造成这种统计分布的是人员中存在少数有精神或心理缺陷的人。

（三）非均等分布

当工厂中存在许多特别容易发生事故的人时，发生不同次数事故的人数服从非均等分布，即每个人发生事故的概率不相同。在这种情况下，事故的发生主要是由于人的因素引起的。为了检验事故频发倾向的稳定性，他们还计算了被调查工厂中同一个人在前三个月和后三个月里发生事故次数的相关系数，结果发现，工厂中存在着事故频发倾向者，并且前、后三个月事故次数的相关系数变化在 0.37±0.12 到 0.72±0.07 之间，皆为正相关。

1939 年，事故频发倾向的概念由法默和查姆勃等人提出。事故频发倾向是指个别容易发生事故的稳定的个人内在倾向。工业事故发生的主要原因是事故频发倾向者的存在，即少数具有事故频发倾向的员工是事故频发倾向者，他们的存在是工业事故发生的主要原因。若企业中减少了事故频发倾向者，就可以减少发生工业事故。

事故频发倾向者的性格特征：感情冲动，容易兴奋；脾气暴躁；厌倦工作、没有耐心；慌慌张张、不沉着；动作生硬，工作效率低；喜怒无常、感情多变；理解能力低，判断和思考能力差；极度喜悦和悲伤；缺乏自制力；处理问题轻率、冒失；运动神经迟钝，动作不灵活。

预防措施为进行人员职业适应性分析，进行人事调整等。

二、事故因果连锁理论

（一）海因里希事故因果连锁理论

1931 年，美国海因里希在《工业事故预防》（Industrial Accident Prevention）一书中，阐述了根据当时的工业安全实践总结出来的工业安全理论，事故因果连锁理论是其中重要组成部分。

海因里希第一次提出了事故因果连锁理论，阐述了导致伤亡事故的各种因素间及与伤害间的关系，认为伤亡事故的发生不是一个孤立的事件，尽管伤害可能在某瞬间突然发生，却是一系列原因事件相继发生的结果。

1. 伤害事故连锁构成

海因里希把工业伤害事故的发生发展过程描述为具有一定因果关系的事件的连锁：

（1）人员伤亡的发生是事故的结果。

（2）事故的发生原因是人的不安全行为或物的不安全状态。

（3）人的不安全行为或物的不安全状态是由于人的缺点造成的。

（4）人的缺点是由于不良环境诱发或者是由先天的遗传因素造成的。

2. 事故连锁过程影响因素

海因里希将事故连锁过程影响因素概括为以下 5 个：

（1）遗传及社会环境（M）。遗传及社会环境是造成人的性格上缺点的原因。遗传因素可能造成鲁莽、固执等不良性格；社会环境可能妨碍教育，助长性格的缺点发展。

（2）人的缺点（P）。人的缺点是使人产生不安全行为或造成机械、物质不安全状态的原因，它包括鲁莽、固执、过激、神经质、轻率等性格上的先天缺点，以及缺乏安全生产知识和技术等后天的缺点。

（3）人的不安全行为或物的不安全状态（H）。人的不安全行为或物的不安全状态是指那些曾经引起过事故，可能再次引起事故的人的行为或机械、物质的状态，它们是造成事故的直接原因。

（4）事故（D）。事故是由于物体、物质、人或放射线的作用或反作用，使人员受到伤害或可能受到伤害的，出乎意料的、失去控制的事件。

（5）伤害（A）。伤害是由于事故直接产生的人身伤害。事故发生是一连串事件按照一定顺序，互为因果依次发生的结果。

海因里希把工业伤害事故的发生发展过程描述为具有一定因果关系事件的连锁，即人员伤亡的发生是事故的结果，事故的发生原因是人的不安全行为或物的不安全状态，人的不安全行为或物的不安全状态是由于人的缺点造成的，人的缺点是由于不良环境诱发或者是由先天的遗传因素造成的。

在该理论中，海因里希借助于多米诺骨牌形象地描述了事故的因果连锁关系，即事故的发生是一连串事件按一定顺序互为因果依次发生的结果。如一块骨牌倒下，则将发生连锁反应，使后面的骨牌依次倒下。海因里希模型如图2-4-1所示。

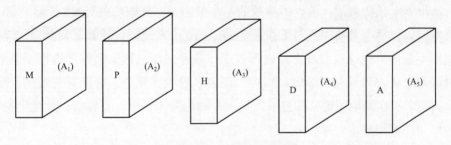

图2-4-1　海因里希模型

海因里希认为，企业安全工作的中心就是防止人的不安全行为，消除机械的或物质的不安全状态，中断事故连锁的进程，从而避免事故的发生。

海因里希的事故因果连锁论，提出了人的不安全行为和物的不安全状态是导致事故的直接原因，这是工业安全中最重要、最基本的问题。但是，海因里希理论也和事故频发倾向理论一样，把大多数工业事故的责任都归因于人的缺点等，表现出时代的局限性。

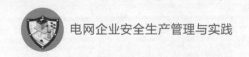

（二）现代因果连锁理论

博德在海因里希事故因果连锁理论的基础上，提出了与现代安全观点更加吻合的事故因果连锁理论。

博德的事故因果连锁过程也为 5 个因素，但与海因里希的有所不同。博德事故因果连锁理论认为，事故的直接原因是人的不安全行为、物的不安全状态；间接原因包括个人因素及与工作有关的因素。根本原因是管理的缺陷，即管理上存在的问题或缺陷是导致间接原因存在的原因，间接原因的存在又导致直接原因存在，最终导致事故发生。

1. 根本原因——控制不足/管理缺陷

事故因果连锁中一个最重要的因素是安全管理。控制是管理机能（计划、组织、指导、协调及控制）中的一种机能。安全管理中的控制主要是损失控制，其中包括对人的不安全行为、物的不安全状态的控制。它是安全管理工作的核心。

在安全管理工作中，企业领导者的安全方针、政策及决策占有十分重要的位置，包括生产和安全的目标，资料的利用，职员的配备，职工的选择、培训、安排、指导及监督，责任与职权范围的划分，信息传递，设备、器材及装置的采购、维修保养及设计，正常及异常时的操作规程等。

由于管理上的缺陷，就能够使导致事故的基本原因出现。企业管理者应认识到，只要生产没有实现本质安全化，就有发生事故及伤害的可能性。因此，安全管理是企业管理的重要环节。

2. 基本原因——起源论

为从根本上预防事故，应查明事故的基本原因，并采取相关对策。

基本原因包括个人原因及与工作有关的原因。个人原因包括缺乏安全知识或技能，行为动机不正确，生理或心理有问题等。工作条件原因包括安全操作规程不健全，设备、材料不合格，以及存在温度、压力、湿度、粉尘、静电、有毒有害气体、噪声、通风、照明、工作场地状况（如打滑的地面、障碍物、不可靠支撑物、有危险的物体）等有害作业环境因素。

这方面的原因是由于管理缺陷造成的，只有找出并控制这些原因，才能有效地防止后续原因的发生，从而防止事故的发生。

所谓起源论，是在于找出问题的基本的、背后的原因，而不仅停留在表面的现象上。

3. 直接原因——征兆

人的不安全行为或物的不安全状态是事故的直接原因。这种原因是安全管理中必须重点加以追究的原因。但是，直接原因只是一种表面的现象，是深层次原因的征兆。在实际工作中，如果只抓住了作为表面现象的直接原因而不深究其背后隐藏的深层原因，就永远不能从根本上杜绝事故的发生。企业要追究其背后隐藏的管理上的缺陷原因，并采取有效的控制措施，从根本上杜绝事故的发生。

作为安全管理人员，应该能够预测及发现这些作为管理缺陷的征兆的直接原因，采取适当的改善措施；同时，为了在经济上、实际上可能的情况下采取长期的控制对策，必须找出基本原因。

4. 事故接触

从实用的目的出发，越来越多的人员从能量的观点把事故看作是人的身体、构筑物、设备与超过其阈值的能量的接触，或人体与妨碍正常生理活动的物质的接触。

因此，防止事故就是防止接触。为了防止接触，可以通过改进装置、材料及设施防止能量释放，通过训练提高工人识别危险的能力、佩戴个人保护用品等来实现。

5. 伤害/损坏——损失

事故后果包括人员伤害和财物损坏，二者统称为损失。人员伤害包括工伤、职业病和精神创伤等。博德模型的伤害，包括工伤、职业病，也包括人员精神方面、神经方面或全身性的不利影响。

在许多情况下，可以采取恰当的措施使事故造成的损失最大限度地减少。例如：对受伤人员的迅速抢救以减少伤亡；对设备进行抢修以减少损失；加强对人员的培训和应急训练以提高人员对事故和事件的应对能力等。

三、能量意外释放理论

调查伤亡事故原因发现，大多数伤亡事故都是因为过量的能量，或干扰人体与外界正常能量交换的风险物质的意外释放引起的，并且这种过量能量或风险物质的释放都是由人的不安全行为或物的不安全状态造成的。

（一）能量意外释放理论的提出

1961年，吉布森提出"事故是一种不正常的或不希望的能量释放，各种形式的能量成为构成伤害的直接原因"。因此，为了预防伤害事故应控制能量或控制作为能量达及人体媒介的能量载体。

1966年，哈登在能量意外释放理论的基础上，提出"人受伤害的原因只能是某种能量的转移"，将伤害分为两类：

（1）第一类伤害，因施加了局部或全身性损伤阈值的能量引起的伤害；

（2）第二类伤害，因影响了局部或全身性能量交换引起的伤害，主要指冻伤和中毒窒息。

哈登认为，在一定条件下，某种形式的能量能否产生造成人员伤亡事故的伤害，取决于接触能量的时间和频率，能量大小以及集中程度。根据能量意外释放论，为了防止事故的发生，可以采用各种屏蔽来防止意外的能量转移。

（二）事故致因和表现

1. 事故致因

能量在生产过程中是必不可少的，人类利用能量做功来实现生产目的。利用能量做功时，就必须控制能量。生产过程中，能量为按照人类的意志流动、转换和做功，因此受到各种约束和限制。若能量因某种原因失去了控制，超出约束或限制而意外发生逸出或释放，势必会造成伤害事故。

失去控制的、意外释放的能量，如果达及人体，且能量的作用超出了人体的承受范围，人体肯定会受到伤害。

根据能量意外释放理论，伤害事故原因为：

（1）接触了某种形式的过量的能量，且此能量超出了机体组织（或结构）的抵抗范围。

（2）机体组织（或结构）与周围环境的正常能量交换受到干扰（如淹溺、窒息等）。

因此，各种形式的能量是构成伤害的直接原因。为了预防伤害事故，应常常控制能量，或控制达及人体媒介的能量载体。

2. 能量转移造成事故的表现

可能导致人员伤害的能量有机械能、热能、电能、化学能、电离及非电离辐射、声能和生物能等形式的能量。其中，引起伤害最为常见的能量为机械能、热能、电能、化学能。

造成工业伤害事故的主要能量形式是意外释放的机械能。如势能意外释放产生的伤害，处于高处的人员或物体具有较高的势能，当人员具有的势能意外释放时，易发生坠落或跌落事故；当物体具有的势能意外释放时，易发生物体打击等事故。

另外，机械能的另一种行为——动能，对于各种运输车辆或机械设备的运动部分具有较大的动能，人员意外接触时，易发生车辆伤害或机械伤害事故。

热能在工业生产中广泛利用，热能的来源有可燃物燃烧释放出的，以及生产中利用的电能、机械能或化学能可以转变的。在热能的作用下，人体可能会遭受烧灼或发生烫伤。

电能在现代化工业生产中广泛利用，若人员意外接近或接触带电体时，易发生触电事故。化学能引起的典型伤害事故为，有毒有害的化学物质导致人员中毒事故。

当人体与某种形式的能量接触时，是否产生伤害以及产生伤害的严重程度，主要取决于作用于人体的能量的大小（能量越大，产生严重伤害的可能性越大）。同时，影响伤害严重程度的因素有人体接触能量的时间和频率、能量的集中程度以及身体接触能量的部位等。

3. 事故防范对策

从能量意外释放理论的角度来看，预防伤害事故就是防止能量或危险物质的意外释放，防止人体与过量的能量或危险物质接触。

哈登认为，可采用屏蔽防护系统来预防能量转移至人体。广义的屏蔽是指，约束限制能量，防止人体与能量接触的措施。哈登认为，屏蔽设置得越早，效果越好。根据屏蔽的能量大小，可设置单一屏蔽或多重的冗余屏蔽。

在工业生产中，通常采用的屏蔽措施有：

（1）用安全的能源代替不安全的能源。

例如：在易发生触电的作业场所，用压缩空气动力代替电力，用水力采煤代替火药爆破等。

缺陷：会产生新的危害，如压缩空气管的破裂、脱落软管的抽打等。

（2）限制能量。

措施：限制能量的大小、速度；规定安全极限量；尽量采用低能量的工艺或设备。

例如：采用低电压设备预防电击，限制设备运转速度预防机械伤害，限制露天爆破装药量预防个别飞石伤人等。

（3）防止能量蓄积。

措施：及时泄放多余能量，防止能量大量蓄积后突然释放。

例如：采用低高度位能，采用接地泄放静电，采用避雷针放电，控制爆炸性气体浓度等。

（4）控制能量释放。

例如：为防止高势能地下水突然涌出，可建立水闸墙。

（5）缓慢释放能量。

目的：降低单位时间内释放的能量，从而减轻能量对人体的作用。

例如：对于高压气体可采用安全阀、逸出阀进行控制；利用减振装置吸收冲击能量等。

（6）设置释放能量的渠道。

例如：采用安全接地来防止触电。

（7）设置屏蔽设施。

屏蔽设施：防止人员与能量接触的物理实体。

设置方式：设置在能源上（如机械转动部分外围的防护罩）；设置在人员与能源之间（如安全围栏）；设置在人员身上（如防护用品）。

（8）在人、物与能源之间设置屏障，在时间或空间上把能量与人隔离。

应用情形：两种及以上能量相互作用产生的事故。

设置两组屏蔽设施：在两种能量之间设置屏蔽设施，防止相互作用；在能量与人之间设置屏蔽措施，如防火密闭、防火门等。

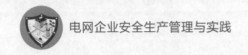

（9）提高防护标准。

例如：高压作业时采用双重绝缘工具；瓦斯采用连续监测和遥控遥测；增强对伤害的抵抗能力。

（10）改变工艺流程。

例如：把不安全工艺流程改为安全工艺流程；把剧毒有害物质改为无毒少毒物质。

（11）修复或急救。

措施：治疗、矫正；恢复原有功能；做好紧急救护，加强自救教育；控制灾害范围，预防事态扩大。

四、系统安全理论

（一）系统安全理论的主要观点

（1）避免事故的措施发生改变。从只注重操作人员的不安全行为，到开始通过改善物的系统可靠性来提高复杂系统的安全性。

（2）任何事物都存在危险因素，没有任何一种事物是绝对安全的。一般认为的安全或危险是一种主观的判断。危险源是指能够造成事故的潜在危险因素，危险是指某种危险源造成人员或物质损伤的可能性。

（3）根除一切危险源和危险是不可能的，可以减少来自现有危险源的危险性，相对于消除个别特定的危险，最好是减少总的危险性。

（4）因为人类有限的认识能力，不能完全认识危险源及其风险，而且会产生新的危险源。不能根除全部危险源，只能把危险尽量转变为可接受的危险。

（二）系统安全中的人失误

系统安全中的"人失误"与以往工业安全中"人的不安全行为"不同。

里格比认为，人失误是人的行为产生的结果超出了系统的某种可接受的限度。或者说，人失误是人在生产操作过程中实际实现的功能与被要求的功能之间发生的偏差，可能以某种形式给系统带来不良影响。

人失误产生的原因有：

（1）工作条件设计不当，即可接受的限度不合理。

（2）人员的不恰当行为。

人失误涉及范围比以往工业安全中"人的不安全行为"更深入、更广泛。包括生产操作过程中的人失误，设计失误、制造失误、维修失误及运输保管失误等。

五、轨迹交叉理论

随着生产技术的提高以及事故致因理论的发展完善，人们对人和物两种因素在事故致因中的地位的认识发生了很大变化。一方面是在生产技术进步的同时，生产装置、生产条件不安全的问题越来越引起了人们的重视；另一方面是人们对人的因素研究的深入，能够正确地区分人的不安全行为和物的不安全状态。

约翰逊（W.G. Johnson）认为，判断到底是不安全行为还是不安全状态，受研究者主观因素的影响，取决于他认识问题的深刻程度，许多人由于缺乏有关失误方面的知识，把由于人失误造成的不安全状态看做不安全行为。一起伤亡事故的发生，除了人的不安全行为之外，一定存在着某种不安全状态，并且不安全状态对事故发生作用更大些。

斯奇巴（Skiba）提出，生产操作人员与机械设备两种因素都对事故的发生有影响并且机械设备的危险状态对事故的发生作用更大些，只有当两种因素同时出现，才能发生事故。

上述理论被称为轨迹交叉理论，该理论的主要观点是：在事故发展进程中，人的因素运动轨迹与物的因素运动轨迹的交点就是事故发生的时间和空间，即人的不安全行为和物的不安全状态发生于同一时间、同一空间，或者说人的不安全行为与物的不安全状态相遇，则将在此时间、空间发生事故。

轨迹交叉理论作为一种事故致因理论，强调人的因素和物的因素在事故致因中占有同样重要的地位。按照该理论，可以通过避免人与物两种因素运动轨迹交叉，即避免人的不安全行为和物的不安全状态同时、同地出现，来预防事故的发生。

当人的不安全行为和物的不安全状态在各自发展过程中，在人的运动轨迹与物的运动轨迹发生意外交叉，导致事故发生。因此，不让人的运动轨迹与物的运动轨迹相交，就可以避免事故发生（如图2-4-2所示）。

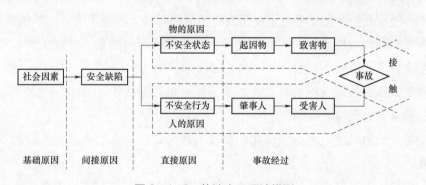

图2-4-2 轨迹交叉理论模型

【思考与练习】

1.【单选题】某市一建筑施工企业为了能够按工期要求完工，向施工项目部增派劳动力。其中，刘某和李某为临时招用人员，未经培训立即上岗。现场塔吊吊装大型模板时，刘某指挥塔吊作业，李某在高处搭设脚手架且未系安全带，现场无安全管理人员巡查。由于塔吊运行起高度不够且运行速度较快，运行过程中吊物撞击脚手架，导

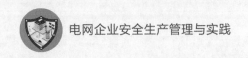

致李某坠落死亡。关于此次事故原因的说法，错误的是（　　　）。

A. 刘某和李某未经培训直接上岗为间接原因

B. 李某未系安全带为间接原因

C. 刘某违章指挥为直接原因

D. 项目部安全管理人员未进行现场检查为间接原因

【参考答案】B

2.【多选题】美国铁路列车安装自动连接器之前，每年都有数百名铁路工人因工作时精力不集中死于车辆连接作业，而装上自动连接器后，虽然偶尔有伤人事件发生，但死亡人数大幅下降。根据轨迹交叉事故致因理论，自动连接器的应用消除了（　　　）。

A. 设计上的缺陷　　　　B. 人的行为缺陷　　　　C. 作业环境的缺陷

D. 管理上的缺陷　　　　E. 使用上的缺陷

【参考答案】AE

第五节　安全心理与行为

【本节描述】本节主要介绍心理概述、事故原因中的心理因素、环境与心理因素、安全心理与行为的协调四部分内容。

一、心理概述

（一）心理的实质

对于心理，唯物主义与唯心主义历来有不同的解释。唯物主义心理学的观点认为，人的心理是同物质相联系的，起源于物质，是物质活动的结果。唯物主义心理学是辩证唯物主义哲学，特别是它的认识论的主要科学基础之一。

心理学是研究心理规律的科学。心理规律是指人的认识、情感、意志等心理过程和能力、性格等心理特征的规律。

心理是人脑的机能，是客观现实的反映。换句话说，人的心理是人脑对于客观现实的反映。

人的各种心理现象都是对客观外界的"复写、摄影和反映"。它首先由于人的一切心理活动产生的客观现实引起的，客观现实是心理产生的原因，没有外界刺激就没有人的心理。其次在于人的一切心理活动按其内容都近似于客观现实，人的心理反应常有主观性的个性特征，所以，对同一客观事物，不同的人反映是可能大不相同的。

综上所述，人的心理按其生理机制来说，是在脑的活动中产生的，是脑的机能；按其内容来说，是对客观现实的反映。实践活动是人的心理发展的重要条件。人的心理作为对现实的反映既是客观的又是主观的，是主观与客观的统一。

（二）人的心理过程

1. 感觉和知觉

客观世界中的各种事物都具有一些个别属性，感觉是直接作用于感觉器官的事物的个别属性在人脑中的反映。颜色、声音、气味等个别属性直接作用于感觉器官时，大脑就反映了这些属性，产生了颜色、声音、气味等感觉。

人的感觉器官有五种，即视、听、嗅、味、触；人的社会活动是利用这些感觉器官所具有的机能和特征，巧妙地加以利用，而从自然界中接收信息——物理能，并由中枢神经系统加以处理，再由其发出行为指令，通过行为器官去发言或劳动。

人在社会实践中使用最多的是视觉，听觉次之，味觉和嗅觉在特殊场合下才使用。在眼和耳承受负担过重的情况下可以有效地利用触觉。黑暗场合下作业时不得不使用触觉。

人们通过五感而认识事物，实验证明，视觉占 75%，听觉占 13%，味觉占 3%，嗅觉占 3%。

2. 兴趣和注意

兴趣是认识某种事物，从事某种活动的倾向。由于这种倾向，就使一个人的注意经常集中和趋向于某种事物。兴趣是在需要的基础上、在生活实践中形成和发展起来的。

兴趣可分为直接兴趣和间接兴趣两种。前者是由于对事物本身感到需要而产生的兴趣；后者是对事物未来的结果感到需要而产生的兴趣。兴趣的持久性即为兴趣的稳定程度。一个人必须有持久的固定的兴趣，养成坚持到底的踏实的性格。主动的兴趣才能使人克服困难，增加信心。

注意是指人的心理活动对客体的指向和集中。指向性是心理活动的选择性，由于这种选择性，人在同一时间内只反映客观事物中某些事物；集中性指心理活动深入于某些事物而撇开其他事物。由于注意，可以使事物在人脑中获得最清晰和最完整的反映。

注意与动机、兴趣关系极为密切，凡是与动机、兴趣有关的事物都能引起注意。注意分为无意注意和有意注意。

凡无自觉的目的，无须任何努力的注意称为无意注意。有意注意是指有自觉的目的，必要时还需一定努力的注意。

注意的品质包括：注意的稳定性（持久性）、注意的范围（广度）、注意的分配、注意的转移。

由于注意的微弱性和狭隘性而产生的不注意称为分心。

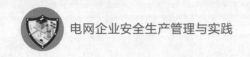

3. 情感和意识

情感是人对客观事物与人的需要之间的关系的反映。例如，满意与厌恶、喜爱与憎恨、愉快与悲伤、兴奋与宁静、热忱与冷漠、进取与颓废、决心与灰心等都是情感，它们是两极成对，积极与消极的组合。

情感的分类。

（1）激情，是一种强烈的、迅速爆发而短暂的情感。如狂欢、愤怒、恐惧、绝望等。

（2）心境，是一种微弱而持久的情感。如精神舒畅或闷闷不乐等。同一事物，对不同的人可能导致不同的心境，制约人的心境的根本原因在于人的观点、信念。

（3）热情，是一种肯定的、强有力的、稳定而深厚的情感。它由人的世界观、人生观、事业感、意志力所影响。

意志是自觉地确定目的，并根据目的来支配和调节自己的行动，克服各种困难，从而实现目的的心理过程。意志表现于人的行动中。

意志行动的三个特征：意志行动是自觉的确定目的的行动，是与克服困难相联系的行动，是以随意动作为基础。

意志的品质：自觉性、果断性、坚持性和自制性。

（三）个人的心理特征

人人都具有认识、情感、意识等心理过程，但每个人的心理特征各不相同。具体内容如下：

（1）能力，是指能够顺利地完成某种活动所必须具备的心理特征。能力的个别差异表现在感觉能力、观察力、记忆力、思维力、语言的感知、理解力、表达力、想象力、注意力等。

（2）性格，是一个人重要的最显著的个性心理特征。不良的性格会促成不安全行为和不安全动作，从而导致伤亡事故。安全心理学就是要深入研究、挖掘和发展劳动者的良好性格。

（3）气质，是表现在人的情感和活动发生的速度、强度方面的心理特征，它是神经活动类型的外部表现。

二、事故原因中的心理因素

（一）事故与心理因素的关系

在生产实践中，我们常常在分析事故时说某责任者"注意力不集中""脑袋发热""瞎胡闹"等，其实这正是分析事故原因中的心理因素。任何事故都是由人、机、环境三个方面的原因导致的，其中人的因素中包括心理因素和生理因素。如胆汁质类型的人易激动、暴躁、爱任性，这种人极易在受到强刺激时，产生激情，任性而做出冒险盲干的不安全动作来，此时，他的头脑中已经不存在什么"安全""规章制度"等，造成事故后，就会后悔，甚至失声痛哭。

人的气质与性格又是紧密相连的，胆汁质类型的气质与鲁莽，抑郁质类型的气质与怯懦，多血质类型的气质与嬉戏，黏液质类型的气质与懒惰都是不可分的。因此，许多事故不仅要分析物质方面的原因，还要分析人的不安全行为和导致不安全行为的心理因素，才能找出预防人为原因导致的事故重复发生的关键。

（二）人的不安全行为

1. 概念

能造成事故的人为错误，称为不安全行为。在分析事故原因中的心理因素时，我们有必要掌握不安全行为的种类，从而进一步分析心理活动的过程，找出发生事故的次要原因。

2. 分类

不安全行为的分类，如表 2-5-1 所示。

表 2-5-1　　　　　　　　　　不 安 全 行 为 的 分 类

分类号	不安全行为	分类号	不安全行为
01	操作错误、忽视安全、忽视警告	01-15	用压缩空气吹铁屑
01-1	漏挂接地线或漏合接地刀闸	01-16	擅自倾倒、堆放、丢弃或遗撒危险化学品
01-2	线路设备停电后，未经验电即挂设接地线	01-17	作业人员擅自穿、跨越安全围栏、安全警戒线
01-3	擅自开启高压开关柜门、检修小窗，擅自移动绝缘挡板	01-18	特种设备作业人员、特种作业人员、危险化学品从业人员未依法取得资格证书
01-4	超允许起重重量起吊	01-19	开断电缆时扶绝缘柄的人未戴绝缘手套
01-5	作业安全距离不够且未采取有效措施	01-20	电缆耐压试验前，另一端上杆的或是开断电缆处，未派人看守
01-6	倒闸操作中不按规定检查设备实际位置	01-21	其他
01-7	作业安全距离不够且未采取有效措施	02	物体（指成品、半成品、材料、工具、切屑和生产用品等）使用不当
01-8	操作项目缺漏，顺序颠倒	02-1	用近电报警装置代替验电器验电
01-9	放线、紧线，遇导、地线有卡、挂住现象，未松线后处理，操作人员用手直接拉、推导线	02-2	高压验电时，绝缘棒未拉到位，手握位置超过护环
01-10	带电作业使用非绝缘绳索	02-3	装设接地线接触不良好，连接不可靠
01-11	酒后作业	02-4	装卸高压熔断器，未戴护目镜和绝缘手套
01-12	客货混载	02-5	未经安全监察人员允许，进入油罐或井中
01-13	乘坐船舶或水上作业超载，或不使用救生装备	02-6	在带电线路（变电设备）附近起吊作业，吊车未可靠接地
01-14	作业现场违规存放民用爆炸物品	02-7	配电线路和设备停电验电，验电未逐相分别进行

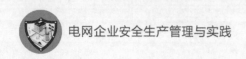

续表

分类号	不安全行为	分类号	不安全行为
02-8	高空抛物	03-3	执行未经逐级审批的"三措"
02-9	人在梯子上时移动梯子	03-4	工作票空白栏目未填写"无"
02-10	未戴护目镜或面罩、未戴安全帽	03-5	现场勘察记录中单位不正确、编号不连续、重号、勘察人员本人未签名
02-11	未戴防护手套、未穿安全鞋	03-6	应制定"三措"而未编制
03	材料管理不当	03-7	承发包双方未依法签订安全协议，未明确双方应承担的安全责任
03-1	现场勘察记录未附图具体说明	03-8	无票（包括作业票、工作票及分票、操作票、动火票等）工作、无令操作
03-2	工作票签发时间早于现场勘察时间	03-9	其他

（三）心理因素与不安全行为的对应分析

表 2-5-1 所列的不安全行为，基本包括了职工在生产劳动过程中的不安全行为。仔细分析这些不安全行为，我们可以看出，它与人的心理因素如能力、情感、性格、气质等有较为密切的联系。

表 2-5-1 所列的不安全行为中，很多与人的心理活动和个性特征有关：

（1）激情、冲动、喜冒险。具有这种心理的人大多属于胆汁质类型的气质。这种人好奇心强，只要有人在语言上、情感上挑逗，就易产生冲动，置规章制度于不顾，在自己不懂、不会、不熟练的情况下，冒险开动他人的设备，或做出其他冒险的事。

（2）训练、教育不够、无上进心。这类人在性格上较懒惰，不愿学习，属抑郁质型气质。他们和其他工人一齐进厂、培训，但学习上不求进取，动作不熟练，头脑与手脚配合不灵，遇事易慌张，会导致本来可以避免的事故发生、发展，甚至造成严重后果。

（3）智能低、无耐心、缺乏自卫心、无安全感。这种人对外界事物的反应慢，动作迟缓，大多属于黏液质类型。他们在工作中接受新事物慢，墨守成规，极易习惯性违章作业。

（4）涉及家庭原因，心境不好。人是生活在社会生活中的，因而，一些抑郁质类型的人受到家庭、朋友之间交往方面的影响和打击，不轻易向他人吐露情感，闷在心里，造成心境不佳，而在工作中顾虑这些琐事，造成忽视安全，忽视警告信号的不安全行为，导致事故发生。

（5）恐惧、顽固、报复或身心有缺陷。造成这种心理状态或情感上的畸形，不仅与人的性格有关，也与社会因素有关。有的人长期在家庭环境不正常的气氛中，或在政治上、社会关系上受到歧视，会产生心理畸变，在工作中以假设敌为对象发泄自己的愤慨，这种人可能会有意无意地造成设备损坏或人身伤害。

（6）工作单调，或单调的业余生活。具有多血质类型的人喜爱新奇的事物，追求刺激，这类人不宜在长期、无休止的单调作业中生活。但现在的大生产往往分工较细，简单的工作、单调的作业环境会使这类人感到苦闷，他们要求有新的、未知的东西刺激神经，激发新的热情，否则，就会做出与工作程序不相干的不安全行为。

综上所述，各类不安全行为与人的心理因素总是有着相对应的关系，作为一个生产管理者，则应该不断分析本班组职工的心理状态、性格和个人心理特征，以便在工作中巧妙地进行疏导和利用，在保证安全的前提下，安排好生产。

三、环境与心理因素

（一）环境温度与环境湿度

1. 环境温度

环境温度是指工人作业时所处的局部空间里的空气的冷热程度。空气的冷热程度用巨竟计量，它反映了空气分子热运动的激烈程度。

2. 环境湿度

环境湿度是指工人作业时所处的局部空间里的空气中水蒸气的含量。在一定的压力下，空气中的水蒸气含量与空气的温度有关。空气温度越高，在空气中可容纳的水蒸气就越多；温度越低，可容纳的水蒸气就越少。在一定的温度与压力下，空气不能再多容纳水蒸气时所呈的状态称为饱和状态，此时的空气称为饱和空气。进入饱和空气中的水蒸气会自其中凝结出来。一般情况下空气不呈饱和状态。

空气的湿度的表示方式有：

（1）绝对湿度。在标准状态下，$1m^3$湿空气中所含水蒸气的质量称为空气的绝对湿度。

（2）含湿量。湿空气中与 1kg 干空气同时存在的水蒸气的质量称为含湿量，由于数量不大，通常用"g"表示。

（3）相对湿度。空气内所含水蒸气的质量与同温度下使空气达到饱和时的水蒸气质量之比称为空气的相对湿度。

（二）温度与湿度对心理状态的影响

一般说来，作业环境的温度和湿度是随季节的变化而变化的，夏季炎热，冬季寒冷。根据有关研究及生产实践得知，随着温度和湿度的变化，生产上事故的发生频率也在变化。

每年的 7 月、8 月、9 月，因气候炎热，事故起数增加；进入冬季后，事故频率也大量上升。分析其原因是：随着气温的升高，湿度也增加，并逐渐接近饱和状态，使汗液从皮肤表面蒸发的比例减少，使人体产生不舒适的感觉，在心理上引起烦躁、焦虑；当温度更高时，还会引起视觉障碍，易激动，自持力降低，这就容易使工人在心理上产生错误，致使事故发生的可能性增大。温度的升高，给人的生理机能带来影响，结果影响到人的心理状态，从而使思维分析和判断错误随之增多，出现一些不安全行为。冬季的严寒，因空气温度下降，湿度降低，空气干燥，也会使人的皮肤出现干燥、粗糙、发生瘙痒，甚至使人的生理机能产生紊乱，引起心理上的畏缩，萎靡不振，给操作上造成动作不准确或懒于动作，出现事故的概率也就增大。

四、安全心理与行为的协调

（一）熟悉、掌握班组工人的思想和心理状态

俗话说，一把钥匙开一把锁，要想引导工人有正确的心理活动，就必须对其家庭、本人受教育情况、个人性格特征、兴趣和爱好、社会接触面等情况有所了解，这种了解可以通过接触、交谈、共同劳动得到。每一个管理者都应有一本记录或思想记忆稿。现实中有的班组长对本班组的工人的家庭情况了如指掌，能说出家庭成员的姓名、年龄、工作或学习情况，这就有利于及时掌握其心理状况，便于安排工作。

利用各种性格的人员的个性特征，适当安排其工作，是一门艺术。有的班组长在安排生产任务时，把不需要细致作业或责任性不强的工作交给性格粗鲁、急躁的人去干，把需精雕细琢的工作交给内向性格的人去做，可以取得较好效果。把一粗一细两种性格的人搭配在一起结合成联保对子，可以避免粗枝大叶的人发生事故；把年轻人和年龄大的人安排在一起工作，也可以时时提醒他们注意安全；在许多男青年中安插几个女青年也会改变沉闷的气氛。这些都有利于工作，有利于安全，提高工人的工作情绪。总之，适当的劳动组合应产生在对工人的心理或思想状况了解的基础上。

（二）善于找出产生不安全行为的心理因素

找出产生不安全行为的心理因素，需要分析工人操作中的不安全行为，多问几个为什么，再联系各方面的社会因素，如果没有社会生活中的因素影响，则再分析工人的工作环境中干扰生理或心理状况的因素，如环境中的温度是否过高或过低、操作面的照明够不够、色调是否令人厌恶、噪声对其有无影响等，造成工人注意力不集中的原因是复杂的，也可能是一种或几种因素共同促成了不安全行为的发生。

（三）为工人创造良好的工作环境

工作环境包括温度、湿度、照明、色调和噪声等方面，那么作为生产管理者则应在这些方面创造条件。过去，在创造文明班组的活动中，往往只注意把休息室布置的富丽堂皇，而忽视了岗位的文明，这是片面的。工人每天在岗位上的时间最长，如果我们在明亮、色调柔和、温湿度适宜、噪声低的环境中工作，会令人心情舒畅，干劲倍增，从而使员工热爱自己的岗位和工作，乐意遵章守纪，减少不安全行为，避免事故的发生。

　　当然，对于事故的发生，人的因素在"人-机-环境"整个系统中占有一定的比例，但也不能忽视机器设备的重要因素，也就是"机"的本质安全。很多时候即使工人有了不安全行为，设备本身的安全保护系统也可以避免事故的发生。但并不意味着与人的心理状态没有直接关系，特别是在当前市场经济中，我国的物质文明建设尚未达到高科技的水平时，强调人的心理因素与不安全行为之间的必然联系，仍然是至关重要、不可忽视的。

【思考与练习】

简述温度与湿度对心理状态的影响。

【参考答案】

　　一般说来，作业环境的温度和湿度是随季节的变化而变化的，夏季炎热，冬季寒冷。根据有关研究及生产实践得知，随着温度和湿度的变化，生产上事故的发生频率也在变化。

　　每年的 7 月、8 月、9 月，因气候炎热，事故起数增加；进入冬季后，事故频率也大量上升。分析其原因是：随着气温的升高，湿度也增加，并逐渐接近饱和状态，使汗液从皮肤表面蒸发的比例减少，使人体产生不舒适的感觉，在心理上引起烦躁、焦虑；当温度更高时，还会引起视觉障碍，易激动，自持力降低，这就容易使工人在心理上产生错误，致使事故发生的可能性增大。温度的升高，给人的生理机能带来影响，结果影响到人的心理状态，从而使思维分析和判断错误随之增多，出现一些不安全行为。冬季的严寒，因空气温度下降，湿度降低，空气干燥，也会使人的皮肤出现干燥、粗糙、发生瘙痒，甚至使人的生理机能产生紊乱，引起心理上的畏缩，萎靡不振，给操作上造成动作不准确或懒于动作，出现事故的概率也就增大。

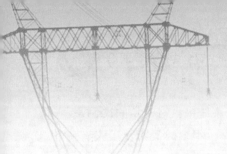

第三章　安全生产责任制

【本章概述】安全生产责任制是经长期的安全生产、劳动保护管理实践证明的成功制度与措施。这一制度与措施最早见于国务院 1963 年 3 月 30 日颁布的《关于加强企业生产中安全工作的几项规定》(即《五项规定》)。《五项规定》中要求，企业的各级领导、职能部门、有关工程技术人员和生产工人，各自在生产过程中应负的安全责任，必须加以明确的规定，提高安全生产责任意识，落实安全生产责任，有效预防控制各类生产安全事故的发生。本章主要指导安全生产从业人员学习安全生产责任制具体事项，包含"党政同责、一岗双责""三管三必须""全员安全责任制"三部分内容。

第一节　党政同责、一岗双责

【本节描述】本节主要介绍实行安全生产"党政同责、一岗双责、齐抓共管、失职追责"制度、建立完善安全生产"党政同责、一岗双责、齐抓共管、失职追责"责任体系、建立健全"党政同责、一岗双责、齐抓共管、失职追责"落实保障机制三部分内容。

一、指导思想

安全生产"党政同责"，是指地方各级党委和政府主要负责人是本地区安全生产第一责任人，班子其他成员对分管范围内的安全生产工作负领导责任。"一岗双责"，是指党政领导干部在履行岗位业务工作职责的同时，按照"谁主管，谁负责""谁发证，谁负责""谁检查，谁负责""管行业必须管安全、管业务必须管安全、管生产经营必须管安全"的原则，履行安全生产工作职责。"失职追责"，是指党政主要负责人和有关负责人执行"党政同责、一岗双责"规定不力，导致安全生产事故且造成人员伤亡或者重大经济损失等严重后果的，按照"科学严谨、依法依规、实事求是、注重实效"的原则，调查分析原因，划清领导责任，并依法依纪予以问责。

二、基本原则

安全生产关系人民群众生命财产安全，关系改革发展和社会稳定大局，搞好安全生产，领导重视是关键。实行安全生产"党政同责、一岗双责、失职追责"制度是新时期安全生产工作的迫切需要，也是进一步加强安全生产工作的重要抓手，更是落实科学发展观、实现安全发展、科学发展的一项重大举措。"党政同责、一岗双责、失职追责"制度的实施有利于使安全管理纵向到底、横向到边，责任明确，形成"党政统一领导、部门依法监管、企业落实主体责任、群众参与监督、全社会广泛支持"的安全生产工作新格局，有利于建立"关口前移、重心下移"的安全生产管理新机制，是实现全员、全层次、全过程、全方位安全生产管理模式的需要。

三、完善责任体系

（一）强化各级党政组织对安全生产工作的组织领导

实行地方党政领导干部安全生产责任制，必须以习近平新时代中国特色社会主义思想为指导，切实增强政治意识、大局意识、核心意识、看齐意识，牢固树立发展决不能以牺牲安全为代价的红线意识，按照高质量发展要求，坚持安全发展、依法治理，综合运用巡查督查、考核考察、激励惩戒等措施，加强组织领导，强化属地管理，完善体制机制，有效防范安全生产风险，坚决遏制重特大生产安全事故，促使地方各级党政领导干部切实承担起"促一方发展、保一方平安"的政治责任，为统筹推进"五位一体"总体布局和协调推进"四个全面"战略布局营造良好稳定的安全生产环境。

（二）落实各级党政领导干部安全生产工作责任

各单位党政主要负责人同为安全生产工作第一责任人，对本单位安全生产工作负总责。分管安全生产工作的负责人对本单位安全生产负综合监管领导责任，协助主要负责人承担安全生产综合协调、督查指导工作。班子其他成员对分管领域和部门的安全生产工作负监管领导责任，按照"一岗双责"的要求，做好分管领域和部门的安全生产工作。

（三）进一步明确各级安委会的工作责任

各单位需明确各级职责，定期组织召开安全生产委员会研究安排本单位安全生产工作，提出解决安全生产工作中重大问题的措施意见，做好本单位安全生产监管工作。各级安委会要及时研究解决排查整治中的难题和困难，各级安委办要加强督察检查，对工作不力的严肃通报问责，并纳入业绩考核。对于因责任不落实、措施不到位、排查整治流于形式导致事故事件的，要顶格处理，追究管理责任和领导责任。

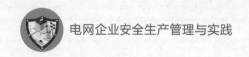

四、落实保障机制

（一）构建安全生产"齐抓共管"工作格局

各单位、各部门、各级党政领导干部必须牢固树立齐心协力、同抓共管、共同担当意识，共同建立机制，加大综合监管力度，落实监管责任，落实主体责任，构建"齐抓共管"的工作格局，确保安全生产各项工作的顺利推进。

（二）建立健全安全生产"党政同责、一岗双责、齐抓共管、失职追责"考核制度

把安全生产"党政同责、一岗双责、齐抓共管、失职追责"落实情况纳入安全生产考核之中，考核结果要作为评价各单位领导班子和领导干部实绩的重要内容，作为干部选拔任用、培训教育、奖励惩戒的重要依据。对在安全生产工作中成效显著、做出突出贡献的，按照有关规定予以表彰奖励。

（三）实行安全生产履职报告制度

各级党政领导干部在年度述职报告中，按照"党政同责、一岗双责、齐抓共管、失职追责"的要求，对职责范围内的安全生产履职情况进行述职。

（四）实行安全生产工作约谈制度

对一般事故多发、发生较大以上生产安全事故，或者出现严重违规行为、重大隐患整改不力、重大危险源监控不力等情形的，由安委会组织约谈有关单位负责人、分管负责人、有关生产经营单位主要负责人。

【思考与练习】

请简要描述各级领导干部安全生产工作责任。

【参考答案】各单位党政主要负责人同为安全生产工作第一责任人，对本单位安全生产工作负总责。分管安全生产工作的负责人对本单位安全生产负综合监管领导责任，协助主要负责人承担安全生产综合协调、督查指导工作。班子其他成员对分管领域和部门的安全生产工作负监管领导责任，按照"一岗双责"的要求，做好分管领域和部门的安全生产工作。

第二节　三管三必须

【本节描述】本节主要介绍管行业必须管安全、管业务必须管安全、管生产经营必须管安全和新业态的安全生产监管四部分内容。

一、管行业必须管安全

管行业必须管安全，就是要求政府有关部门，必须对其行业管理职责范围内的安

全生产工作实施监管。

管行业必须管安全是各行业管理部门的法定职责。《安全生产法》第 10 条对行业监管部门的安全监管职责作出了明确规定：政府有关部门在各自的职责范围内对有关的安全生产工作实施监督管理。有关行政法规、地方性法规也对行业管理部门的安全生产监管职责作了进一步明确。《国务院关于进一步加强企业安全生产工作的通知》强调全面落实公安、交通、国土资源、建设、工商、质检等部门的安全生产监督管理及工业主管部门的安全生产指导职责，许多地方政府也制定发布了一系列明确行业管理部门安全监管职责的规范性文件。管行业管安全，管生产经营管安全，是行业管理部门的法定职责。

管行业必须管安全是健全安全生产监管责任体系的必然要求。各级政府是安全监管的责任主体，行业管理部门是政府的组成部分，因此行业管理部门管安全责无旁贷。各行业管理部门只有在政府的统一领导下，与其他部门各负其责，密切协作，才能形成横向到边、纵向到底、条块结合、齐抓共管安全生产监管责任体系，才能从根本上消除安全监管责任盲区，切实提升政府安全监管工作效能和水平。

管行业必须管安全是推动企业主体责任落实的有效举措。行业管理部门直接管理行业和企业，熟悉行业和企业发展实际，管行业必须管安全，积极采取有效措施加强对企业安全生产工作的监督检查，将促使企业加强组织领导、加大安全投入、健全规章制度、完善安全设施、规范操作规程，把安全生产责任落实到岗位、落实到人头，使安全生产逐步成为企业的自觉行为，夯实企业本质安全基础。

近年来，各行业管理部门依照《安全生产法》等有关法律法规、国务院及各级政府有关文件规定要求，认真履行安全生产监管职责，落实安全生产监管责任，为推动行业安全发展，促进全国安全生产形势的稳定好转发挥了重要作用。

二、管业务必须管安全

管业务必须管安全，就是要建立"一岗双责、党政同责、齐抓共管"的安全生产责任体系，摒弃"安全就是安全监督管理部门的事"的错误思想。

开展业务，首先要明确安全就是主抓这项业务的管理者的首要责任，同时也是从事此项业务的人员首要责任。因为人的不安全行为、物的不安全状态是导致企业各类事故的直接原因，大多数的伤亡事故都是由于人的不安全行为引起的，而物的不安全状态的产生也是由于人的缺点、错误造成的。人的多个行为组成了一次作业，而不同的作业又体现在具体业务当中，因此，一个人操作安全与否，是业务安全与否的关键。管业务必须管安全，就是要抓业务的同时管好安全。培养管业务必须管安全的意识，把安全责任落实到岗位、落实到人头，落实到每一个业务环节。

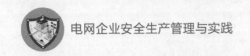

三、管生产经营必须管安全

管生产必须管安全是要求谁管生产就必须在管理生产的同时，管好管辖范围内的安全生产工作，并负全面责任，是安全生产管理的基本原则之一。

（一）基本含义

（1）一切从事生产、经营活动的单位和管理部门都必须管安全。要求政府经济管理部门、行业主管部门，以及直接从事安全生产活动的企业单位的主要领导人，必须依照国务院安全生产是一切经济部门和生产企业的头等大事的指示精神，全面负责安全生产工作。那么，企业就是要作为第一把手的法人代表负责，在企业的各项经营管理活动中，把安全生产放在突出的位置来抓。

（2）管生产的同时要管安全。从事生产管理和企业经营的领导者和组织者，必须明确安全和生产是一个有机的整体，生产工作和安全工作的计划、布置、检查、总结、评比要同时进行，决不能重生产轻安全。

（3）要落实管生产必须管安全的原则。就是在生产管理的同时认真贯彻执行国家安全生产的法规、政策和标准。制定本企业、本部门的安全生产规章制度：包括各种安全生产责任制，安全生产管理规定、安全卫生技术规范、标准，安全生产技术和组织措施的制定、审查和执行，各工种、岗位的安全操作规程等。健全安全生产组织管理机构，配齐专（兼）职人员。

（二）基本原则

（1）安全具有生产经营的否决权。

（2）"三个同步"：安全生产与经济建设、深化改革、技术改造同步规划、同步发展、同步实施。

（3）"三同时"：基本建设项目中的职业安全、卫生技术和环境保护等措施和设施，必须与主体工程同时设计、同时施工、同时投产使用的法律制度的简称。

（4）"五同时"：企业的生产组织及领导者在计划、布置、检查、总结、评比生产工作的同时，同时计划、布置、检查、总结、评比安全工作。

（5）"四不放过"：事故原因未查清不放过，当事人和群众没有受到教育不放过，事故责任人未受到处理不放过，没有制订切实可行的预防措施不放过。"四不放过"原则的支持依据是《国务院关于特大安全事故行政责任追究的规定》（国务院令第302号）。

四、新业态的安全生产监管

2021年6月10日，第十三届全国人民代表大会常务委员会第二十九次会议表决通过《关于修改〈中华人民共和国安全生产法〉的决定》。此次《安全生产法》的修改，正值"十四五"开局之年，具有鲜明的时代特征和重要的实践意义。其中，修改后的

《安全生产法》第 4 条增加了第 2 款，规定："平台经济等新兴行业、领域的生产经营单位应当根据本行业、领域的特点，建立健全并落实全员安全生产责任制，加强从业人员安全生产教育和培训，履行本法和其他法律、法规规定的有关安全生产义务。"这一规定明确了平台经济等新兴业态生产经营单位的安全生产义务，对经济社会发展的行稳致远，具有突出现实意义。

首先，要进一步为新业态发展保驾护航，使之能够得到较为宽松的发展环境。新业态是既有法律法规和制度框架尚未明确界定和规范的新生事物，在发展过程中也会遭遇一些人的"另眼相看"。比如，一些直播带货的农村居民，无法为其农产品小作坊办理食品安全许可证。再如，很多新业态的从业者游离在既有社会保障体系之外，无法得到应有的保障和救济。我国处在新业态应用的世界前沿，并可能引领第四次工业革命。新业态的创新、就业和经济影响日益凸显，要为其发展营造良好的创新氛围和营商环境。

其次，新业态就像正在快速开展的一系列社会实验，在不同地区、行业和人群中持续推进，为我们评估和预判新业态的社会政治影响提供了契机。不同于传统方式进行的研究，开展大规模的社会实验研究，离不开政府部门的支持和企业的参与。为此可以加强政府部门、学术机构和企业之间的合作，共同开展社会实验研究项目，对新业态的潜在影响进行追踪监测。比如，可以加强人工智能时代的社会实验研究，评估新兴技术和新业态对人类生产生活和社会关系的影响，特别是在教育、医疗、养老、公共安全等社会治理领域的渗透和效应，这样才能为迎接下一轮社会变革做好充分准备。

最后，对新业态的监管要创新监管模式，探索触发式监管、监管沙盒、信用监管等监管工具，在守住底线的同时做到监管干预的精准性、及时性和有效性。监管意味着监督与管理并重，监督是让新业态发展起来，而管理是在新业态出了问题时加以解决，因此新业态既要监督好也要管理好。对新业态要加强监管创新，坚持在发展中监管和通过监管促进发展。要允许地方政府部门探索创新性的监管方式，为下一步监管模式的总结和推广提供经验依据。

【思考与练习】

1."三管三必须"的具体内涵是什么？

【参考答案】即：管行业必须管安全、管业务必须管安全、管生产经营必须管安全。

2. 请简要描述"新业态的安全生产监管"来源及具有的现实意义。

【参考答案】《安全生产法》第 4 条第 2 款，规定："平台经济等新兴行业、领域的生产经营单位应当根据本行业、领域的特点，建立健全并落实全员安全生产责任制，加强从业人员安全生产教育和培训，履行本法和其他法律、法规规定的有关安全生产义务。"这一规定明确了平台经济等新兴业态生产经营单位的安全生产义务，对经济社会发展的行稳致远，具有突出现实意义。

第三节 全员安全责任制

【本节描述】本节主要介绍知责明责、履责督责、问责追责三部分内容。

一、知责明责

（一）安全责任清单总体要求

（1）安全责任清单应覆盖全员、全过程、全业务，做到"一组织一清单、一岗位一清单"。

（2）安全责任清单管理坚持定责严明、履责严格、问责严肃的原则，各组织、各岗位人员都应严格执行安全责任清单。

（3）安全责任清单实行分层分级闭环管理，包括安全责任清单的编制发布、学习培训、落实执行和评价考核。

（二）安全责任清单职责分工

（1）各级单位是安全责任清单管理的责任主体。各级单位主要负责人对本单位安全责任清单管理工作负全面领导责任；分管负责人对分管业务范围内的安全责任清单管理工作负直接领导责任。

（2）各级单位安委会负责批准本单位安全责任清单，协调解决安全责任清单管理的有关重要事项。安委会办公室负责本单位安全责任清单的日常管理。

（3）各级单位安全监督部门负责对本单位和所属下级保卫单位的安全责任清单管理工作进行监督检查。其他部门负责本部门安全责任清单的编制、培训和执行，并指导和督促下级单位业务范围内安全责任清单管理工作。

（三）安全责任清单编制发布

（1）安全责任清单编制坚持"谁使用、谁编制"原则。

（2）安全责任清单编制过程中，应对照安全生产法律法规和规章制度，结合各组织、各岗位工作职责，全面梳理安全职责，做到责任界面清晰，职责对应。安全责任清单的内容包括安全职责、履责要求、履责记录等。

（3）各组织、各岗位安全责任清单编制完成后，由本单位安委会办公室负责汇总、审核，经本单位安委会批准后，由安委会办公室发布。

（4）下级单位应将发布后的安全责任清单报上一级单位安委会办公室备案。集体企业安全责任清单经本企业安委会批准发布后，报主办单位安委会办公室和集体企业归口管理部门备案。

（5）各级单位应对各组织、各岗位安全责任清单进行长期公示。

（6）安全责任清单实行动态管理，出现下列情况之一时，应在一个月内完成安全责任清单的修订：

1）安全生产法律法规或规章制度调整，引起相关组织或岗位安全职责发生变化。

2）组织机构、业务职能和岗位职责变动，引起相关组织或岗位安全职责发生变化。

3）安全责任清单不满足实际工作的需要。

（7）修订后的安全责任清单报本单位安委会办公室审核、备案。当安全责任清单发生较大范围变动时，应经安委会批准后重新发布、公示和备案。

（四）明确各级党委安全生产责任

（1）坚持"人民至上、生命至上"，各级单位要严格落实安全生产主体责任，坚决守牢电网安全"生命线"和民生用电"底线"。各级党委理论学习中心组要系统学习习近平总书记关于安全生产的重要论述，树牢安全发展理念，真正做到"两个至上"入脑入心，把学习成果转化为确保安全稳定的实际行动。

（2）各级党委要严格落实"党政同责、一岗双责、齐抓共管、失职追责"要求，组织实施"党建+安全"工程，及时贯彻落实安全生产要求部署，强化组织领导，坚决把各项措施落实到岗位、穿透到基层、执行到一线。

（五）明确各级领导安全管理责任

（1）各级领导班子成员必须严格落实"三管三必须"，切实履行分管领域安全第一责任人职责，掌握风险隐患和薄弱环节，将安全与业务工作同计划、同布置、同检查、同评价、同考核，定期组织安全分析，研究解决存在问题。

（2）各级领导干部严格执行安全生产责任和年度工作"两个清单"，任务要层层分解、层层承接、层层落实，定期开展落实情况督办和检查评价，年终进行安全述职。

（六）明确专业安全管理责任和全员安全责任

（1）各级专业管理部门要严格依法履行业务范围内安全管理责任，常态化开展安全风险管控、隐患排查治理、反违章等工作，消除安全薄弱环节，完善规程标准。各级安监部门要"理直气壮"严格安全监督检查，严肃考核评价本级部门和下级单位安全工作，督导落实安全责任。

（2）全体员工要严格落实安全生产责任制规定，对照安全责任清单，定期检查安全履责情况。各级单位要在教育培训、风险隐患、督察巡查、反违章、责任追究中，强化责任清单应用，照单履职免责、失职照单追责。

（3）严格落实"谁主管谁牵头、谁为主谁牵头、谁靠近谁牵头"原则，对于职能交叉、新兴产业、合资公司和新业务新业态等，相关部门要主动靠前，各级安委办要加强分析协调，杜绝责任盲区。

（4）严格开展安全生产领域"放管服"事项梳理和评估，对基层接不住、管理跟不上、难以保证安全的，要采取措施予以纠正，必要时收回。

（5）严格执行国家安全生产费用要求，保障安全投入到位。大力推广新装备、新工法、新技术，积极布局安全风险管控、设备智能运检等科技项目攻关，畅通安全生产应急科技项目立项"绿色通道"。

二、履责督责

（一）企业主要负责人必须严格履行第一责任人责任

（1）各单位主要负责人是安全生产第一责任人，在安全生产上要做到亲力亲为、靠前指挥，推动安全生产责任制、安全管理体系、双重预防机制和标准化建设，对本单位电网、建设、产业等各领域重大风险隐患必须心中有数，组织研究年度电网运行方式重大风险，保障安全生产投入。

（2）主要负责人要带头落实国家安全生产法律法规和公司规章制度，强化安委会实体化运行，亲自主持会议，主动协调跨专业、跨领域安全生产工作，及时研究解决重大问题。

（二）深入扎实开展安全生产大检查

（1）严格执行隐患排查治理管理办法，扎实开展安全隐患大排查大整治，排查结果纳入安全生产专项整治一并管控，杜绝隐患演变为事故。各级安委会要在每年二季度将隐患排查作为主要任务进行布置，安委办加强过程监督和督察检查，确保完成年度排查，纳入闭环整改。

（2）抓紧抓实安全生产专项整治，贯彻两个专题（深入学习贯彻习近平总书记关于安全生产重要论述、落实企业安全生产主体责任），牢牢盯住九个专项，进一步强化网络、消防、施工、通航、交通、燃气、危化品等重点领域，滚动更新"两个清单"，强化问题整改、隐患销号。对重大风险、隐患严格挂牌督办，未彻底治理前必须落实可靠的风险管控措施。

（3）严格执行安全风险管理办法，按照"谁管理谁负责，谁组织谁负责"原则落实管控责任，重大风险要由副总师以上领导牵头审核，专业部门要对措施落实情况进行检查指导，安监部门要加强督察检查。涉及多单位、多专业的综合性作业风险，要成立由上级单位领导任组长，相关部门、单位参加的风险管控协调组，常驻现场协调督导。

（4）各级安委会要及时研究解决排查整治中的难题和困难，各级安委办要加强督察检查，对工作不力的严肃通报问责，并纳入业绩考核。对于因责任不落实、措施不到位、排查整治流于形式导致事故事件的，要顶格处理，追究管理责任和领导责任。

（三）牢牢守住项目审批安全红线

（1）各级规划设计、建设部门要管住源头，严格执行各项反措要求，及时完善相关标准，加大差异化设计，严防前端环节产生和遗留安全隐患。

（2）严把项目审批安全关，严禁"边审批、边设计、边施工"，严禁降低安全门槛，必须将安全风险评估作为拓展新业务、投资新项目的前置条件，严控存在重大风险的建设项目审批。新建储能电站坚决做到"安全风险不可控不投资、审批手续未办理不建设、验收手续不齐全不投运"，在建在运电站存在十类重大隐患的坚决停建停运，经省级公司验收合格方可恢复。

（四）严厉查处违法分包转包和挂靠资质行为

（1）严格工程项目承发包合规管理，严禁技改工程、电网建设、抽蓄工程、融资租赁、小型基建等各领域违法分包转包、资质借用挂靠等行为。严格公司施工、产业、科研等单位业务承包管理，不具备条件、承载能力不足、专业能力不够的，严禁承接相关业务。

（2）严厉打击违法分包转包行为，各级建设、设备、营销、产业、后勤等专业部门要落实把关责任，有关行为列入严重违章，一经发现严肃追究发包方、承包方安全责任。坚持"谁的资质谁负责，谁挂的牌子谁负责"，对发生安全事故的，严肃追究资质方责任，纳入负面清单和黑名单。

（3）严格"同质化"安全管理要求，省管产业安全机构设置、人员配置标准要与主业一致，承揽工程项目安全指标和管理要求要与主业一致。严格输变电工程建设风险辨识评估，从设计方案等前端环节压降施工安全风险。

（五）切实加强劳务派遣等各类人员安全管理

（1）严格队伍人员"双准入"管理，强化外包队伍安全评估，严格企业资信、能力审查和准入考试，用人单位、专业部门要严格履行安全培训、风险告知、现场监护等责任，严禁劳务分包人员担任工作负责人等关键岗位、自带安全工器具、独立从事高风险作业。

（2）严格生产核心业务管理，严禁二次核心业务外包外委，逐步提高自主实施能力。严格执行基建施工成建制骨干班组自有人员、核心分包人员、一般分包人员配置要求，严控危险岗位、高风险作业劳务派遣工数量。

（六）重拳出击整治"违规违章"

（1）严格执行国家执法要求，对政府明令禁止和关停的违法矿山、违法建筑、非法运营企业等，坚决落实停电、断电要求。加强政企、警企联合，严厉打击窃电、破坏电力设施等违法行为。

（2）强化各级安全巡查和督察，开展安全管理合规性检查，追根溯源追查领导层、管理层安全履责缺失缺位问题。严肃巡查"回头看"，对整改不到位、责任不落实、同类问题重发等严肃约谈问责，对拒不整改、走形式甚至弄虚作假的严肃追责考核。

（3）坚持"违章就是隐患、违章就是事故"，一般违章严肃通报曝光，严重违章对照事件顶格处理，重复严重违章纳入业绩考核，多次重复严重违章加倍业绩考核。严格违章根源追溯，对责任不落实、管理不到位的管理人员严肃追责，屡禁不止的从重处罚。

（七）坚决整治监督管理宽松软问题

（1）严格安全监督工作月度评价考核，各级安监部门人员、安管督查队伍严格履行监督职责，加大安全巡查、"四不两直"督察、交叉互查和违章查处力度，对违章、事故事件严格考核、严肃追责，形成严抓严管氛围。

（2）规范"四不两直"、远程视频督察，强化风险管控平台、移动作业 App 等数字化监督管控手段应用，实行违章查处、记录、审核、申诉线上透明管理。加强违章查纠记录仪配置使用，强化违章查纠全过程记录。

（八）着力加强安全监督管理队伍建设

依法依规配置安全管理机构和人员，规范省地县三级安管督查队伍建设，配强人员力量，配齐督查装备，实现作业现场安全监督分级全覆盖。规范专业部门、工区班组安全员设置，保障岗位待遇。

（九）加强安全生产重奖激励

（1）对制止严重违章、发现重大风险隐患、及时有效处置突发事件的人员及时表扬、予以重奖。设置安全管理举报信箱，收集安全管理、风险隐患、事故事件等举报信息，经核实查证属实，及时督促处理并对举报人给予奖励。

（2）发挥无违章班组和个人创建活动激励作用，以落实全员安全责任制、规范员工作业行为为核心，选树一批安全生产无违章班组、党员身边无违章先进典型，营造全员自觉遵章守纪氛围。

（十）落实执行安全责任清单

（1）各组织、各岗位应对照安全责任清单，逐条落实安全职责和履责要求，做到安全工作与业务工作同时计划、同时布置、同时检查、同时总结、同时考核。

（2）在执行安全责任清单，履行安全职责过程中，应按要求留存相关记录，确保履责过程有据可查。

（3）安全监督部门应紧密结合安全巡查、安全专项检查、日常安全监督、事故（事件）监察等工作，开展安全责任清单管理情况监督检查。

（4）其他部门可结合专业管理工作，开展业务范围内安全责任清单执行情况的督导和检查。

（5）监督检查的主要内容应涵盖以下方面：

1）安全责任清单覆盖面、编制、审查及发布公示情况。

2）安全责任清单学习培训情况。

3）安全责任清单落实执行情况。

三、问责追责

（一）加强安全责任清单评价考核

（1）各级单位应按照"尽职免责、失职追责"的原则，开展安全责任清单执行情况的评价考核。

（2）安全责任清单执行情况应纳入领导干部安全述职评议、管理人员安全履责评价和一线员工安全等级评定范畴。

（3）未严格执行安全责任清单，导致安全生产事故（事件）的，在事故调查处理意见中，应指出责任人员执行安全责任清单方面存在的问题，并依据相关规章制度进行责任追究。

（二）严肃追究领导责任和管理责任

（1）严格执行公司安全奖惩规定，对事故和责任事件实行"一票否决"，对不履行职责造成五级及以上事件，追究直接责任和相关地市级单位领导干部、省公司管理部门管理责任；对较大及以上事故要追究省公司主要领导、分管领导管理责任。

（2）严格各级管理人员安全履责评价考核，严肃安全管理评价和月度点评，规范专业部门、各单位安全管理。实行业绩考核安全指标动态评价，严肃考核安全不履责、专项整治不到位等9项安全管理违规情形。

（3）严格执行安全警示约谈，运用提醒、问询、纠错、问责"四种形态"，严肃纠正问题隐患整改不彻底、风险管控不到位、发生严重违章等安全管理违规行为，以及安全生产苗头性问题、安全局面不稳等情况。

（三）严肃查处瞒报、谎报、迟报、漏报事故行为

严格事故事件即时报告，对隐瞒不报、谎报或者推延不报的，向上级党委严肃检讨，依规追究直接责任人和上级管理部门责任，涉嫌瞒报的一律按规定提级追责处理。发生迟报、漏报、谎报、瞒报，严格业绩考核扣分。

（四）"四不放过"责任追究

1. 国家实行生产安全事故责任追究制度

生产经营活动中发生的生产安全事故，除自然因素导致外，绝大多数都是人为因素导致，通常称作责任事故。根据事故致因理论，事故的原因又可以分物的不安全状态、人的不安全行为、管理制度缺失和环境的原因。据统计，导致事故发生的大多是因为违反安全生产的法律、法规、标准和有关技术规程、规范等人为原因所造成。如生产经营活动的作业场所不符合保证安全生产的规定；设施、设备、工具、器材不符合安全标准，存在缺陷；未按规定配备安全防护用品；未对职工进行安全教育培训，职工缺乏安全生产知识；劳动组织不合理；管理人员违章指挥；职工违章冒险作业等。鉴于生产安全事故对国家和人民群众的生命、财产安全造成重大损失，对因人为原因

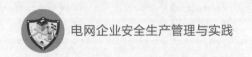

造成的责任事故,必须依法追究责任者的法律责任,以示警诫和教育的作用。为此,《安全生产法》明确规定,对生产安全事故实行责任追究制度。

2. 国家依法追究责任单位和责任人的法律责任

追究的依据是《安全生产法》《刑法修正案(十一)》和有关法律、法规,有关法律、法规包括《中华人民共和国监察法》《中华人民共和国公务员法》《国务院关于特大安全事故行政责任追究的规定》《生产安全事故报告和调查处理条例》等。追究的对象政府及部门对生产安全事故的发生负有领导责任或者有失责失职情形的有关人员;生产经营单位中对造成事故负有直接责任的人员,包括从业人员;对生产安全事故负有责任的社会服务机构及有关人员等。责任追究的种类包括行政责任、民事责任和刑事责任。

3. 国网公司安全事故责任追究要求

(1)公司安全事故类别分为人身、电网、设备和信息系统四类,等级分为一至八级共八级事件,其中一至四级事件对应国家相关法规定义的特别重大事故、重大事故、较大事故和一般事故。发生特别重大事故、重大事故、较大事故和一般事故,需严格按照国家法规、行业规定及有关程序,向有关政府部门、相关机构报告、接受并配合其调查、落实其对责任单位和人员的处理意见,同时还应按照本规程开展内部报告和调查。交通事故、网络安全事故等级划分和调查按照国家和行业有关规定执行。安全事故报告应及时、准确、完整,任何单位和个人不得迟报、漏报、谎报、瞒报。

(2)安全事故调查应坚持科学严谨、依法依规、实事求是、注重实效的原则,及时、准确地查清事故经过、原因和损失,查明事故性质,认定事故责任,总结事故教训,提出整改措施。做到事故原因未查清不放过、责任人员未处理不放过、整改措施未落实不放过、有关人员未受到教育不放过(简称"四不放过")。任何单位和个人不得阻挠和干涉对事故的报告和调查工作。任何单位和个人对违反本规程规定,隐瞒事故或阻碍事故调查的行为有权向公司系统各级单位反映。

(3)《国家电网有限公司安全事故调查规程》适用于公司总部(分部)和所属各级全资、控股、管理(包括省管产业)的单位。公司系统承包和管理的境内外工程项目及公司所属其他相关单位参照执行。仅用于公司系统内部安全管理,有关事故的责任和等级认定、调查程序、统计结果、考核项目等不作为处理和判定行政、民事及法律责任的依据。

4. 国网公司安全事故责任惩处标准

(1)公司所属各级单位应建立健全安全处罚机制,按照职责管理范围和安全责任,对安全工作情况进行考核,对发生事故的单位及责任人员进行处罚。

(2)发生责任性或造成不良影响事件、未有效履行安全生产职责、未有效落实安全生产工作部署、未有效执行安全生产制度规程等情形的,上级单位应约谈有关单位负责人和相关人员，并责令限期改正。

（3）发生一般及以上人身事故、五级及以上责任性电网和设备事件、六级及以上责任性信息系统事件，或发生造成重大影响事件后，相关单位应在发生之日起的两周内到总部"说清楚"。

（4）发生公司《安全事故调查规程》规定的中断安全记录事件的，应中断责任单位安全记录，并进行通报。

（5）事故处罚依据事故调查结论，对照安全责任，按照管理权限，对有关责任人员进行纪律处分、组织处理、经济处罚（具体处罚标准见附件）。

（6）公司按照《企业负责人业绩考核管理办法》《关于加强安全生产奖惩管理的意见》等规定，对发生事故且负有责任的省级公司，核减其当年工资总额，扣减其企业负责人绩效年薪。

（7）公司所属各单位一年内重复发生事故或性质恶劣事件，对有关单位和人员按照相关条款上限或提高一个等级进行处罚。

（8）公司所属各级单位有下列情况之一的，根据事故类别和级别，对有关单位和人员按照相关条款至少提高一个事故等级进行处罚，对主要策划者和决策人按事故主要责任者给予处罚。

① 谎报、瞒报、迟报事故的。② 伪造或故意破坏事故现场的。③ 销毁有关证据、资料的。④ 干扰、躲避、阻碍、拒绝事故调查的或拒绝提供有关情况和资料的。⑤ 在事故调查中作伪证或指使他人作伪证的。⑥ 事故发生后逃匿的。⑦事故发生后不立即组织抢救或事故调查处理期间擅离职守的。⑧ 打击、报复、陷害检举人、证人及其他相关人员的。⑨ 采取不正当行为，拉拢、收买调查处理人员的。

（9）政府部门依法依规对事故相关责任人员进行处罚的，公司不再重复处罚。

（10）事故责任人员为中共党员的，除执行本规定外，还应按照《中国共产党问责条例》《中国共产党纪律处分条例》等党纪党规和公司纪律审查有关规定，给予相应的组织处理或党纪处分。

（11）本规定所涉及的事故处罚中，未明确的其他有关责任人员参照本规定给予相应处罚。

（12）同一事故（事件）中，对同一责任单位、人员的处罚，根据公司相关制度规定，按照就高原则执行。

（13）对未实现安全目标的单位（集体）、负有事故责任的个人，在评先、评优等方面实行"一票否决"。

（14）发生事故各级单位的主要领导、分管领导依照本规定受到撤职处分的，自受处分之日起，五年内不得担任公司所属生产经营单位的主要领导。

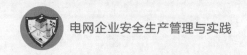

【思考与练习】

1. 企业主要负责人、各级领导的安全管理责任有哪些？

【参考答案】主要负责人是安全生产第一责任人，在安全生产上要做到亲力亲为、靠前指挥，推动安全生产责任制、安全管理体系、双重预防机制和标准化建设，对本单位电网、建设、产业等各领域重大风险隐患必须心中有数，组织研究年度电网运行方式重大风险，保障安全生产投入。

各级领导班子成员必须严格落实"三管三必须"，切实履行分管领域安全第一责任人职责，掌握风险隐患和薄弱环节，将安全与业务工作同计划、同布置、同检查、同评价、同考核，定期组织安全分析，研究解决存在问题。

各级领导干部严格执行安全生产责任和年度工作"两个清单"，任务要层层分解、层层承接、层层落实，定期开展落实情况督办和检查评价，年终进行安全述职。

2. "四不放过"原则具体指哪些？

【参考答案】事故原因未查清不放过；事故责任人未受到处理不放过；事故责任人和广大群众没有受到教育不放过；事故没有制订切实可行的整改措施不放过。

第四章　预防控制体系

【本章概述】"祸患常积于忽微"。风险辨识不清、管控不当，隐患排查不细致不全面、治理不及时不彻底，是引发事故的重要原因。防患于未然，是保障员工生命安全及身体健康，保障企业长治久安的根本措施。本章主要介绍了预防控制体系的隐患排查治理、安全风险管控、电网风险预警管控、现场作业安全和安全禁令等方面内容。

第一节　隐患排查治理

【本节描述】本节主要介绍了隐患排查治理的职责分工、分级分类、隐患标准、重大隐患和评价考核等内容。

一、职责分工

落实新《安全生产法》《安全生产事故隐患排查治理暂行规定》关于"逐级建立并落实从主要负责人到每个从业人员的隐患排查治理责任制"的要求，明确了各级主要负责人、安委会、安委办、安委会成员部门、从业人员的隐患排查治理工作职责。

主要负责人：各级单位主要负责人对本单位隐患排查治理工作负全面领导责任。

分管负责人：对分管业务范围内的隐患排查治理工作负直接领导责任。

安委会：各级安全生产委员会负责建立健全本单位隐患排查治理规章制度，组织实施隐患排查治理工作，协调解决隐患排查治理重大问题、重要事项，提供资源保障并监督治理措施落实。

安委办：各级安委办负责隐患排查治理工作的综合协调和监督管理，组织安委会成员部门编制、修订隐患排查标准，对隐患排查治理工作进行监督检查和评价考核。

安委会成员部门：按照"管业务必须管安全"的原则，负责专业范围内隐患排查治理工作。各级设备、调度、建设、营销、互联网、产业、水新、后勤等部门负责本专业隐患标准编制、排查组织、评估认定、治理实施和检查验收工作；各级发展、财务、物资等部门负责隐患治理所需的项目、资金和物资等投入保障。

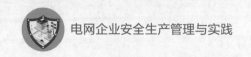
从业人员：负责管辖范围内安全隐患的排查、登记、报告，按照职责分工实施防控治理。

二、隐患排查与治理

（一）分级分类

1. 分级

按照隐患的危害程度分类。根据隐患的危害程度，隐患分为重大隐患、较大隐患、一般隐患三个等级。

（1）重大隐患。

重大隐患主要包括可能导致以下后果的安全隐患：一至四级人身、电网、设备事件；五级信息系统事件；水电站大坝溃决、漫坝事件；一般及以上火灾事故；违反国家、行业安全生产法律法规的管理问题。

（2）较大隐患。

较大隐患主要包括可能导致以下后果的安全隐患：五至六级人身、电网、设备事件；六至七级信息系统事件；其他对社会及公司造成较大影响的事件；违反省级地方性安全生产法规和公司安全生产管理规定的管理问题。

（3）一般隐患。

一般隐患主要包括可能导致以下后果的安全隐患：七至八级人身、电网、设备事件；八级信息系统事件；违反省公司级单位安全生产管理规定的管理问题。

2. 分类

根据隐患产生原因和导致事故（事件）类型，隐患分为系统运行安全隐患、设备设施安全隐患、人身安全隐患、网络安全隐患、消防安全隐患、大坝安全隐患、安全管理隐患和其他安全隐患八类。

（二）隐患标准

（1）目的。

坚持问题导向，依据安全生产法律法规，结合事故事件暴露问题和反事故措施，逐级建立隐患排查标准，指导从业人员准确判定、及时整改安全隐患，压实隐患排查治理主体责任。

（2）编制流程坚持"谁主管、谁编制""分级编制、逐级审查"的原则，各级安委办负责制定隐患排查标准编制规范，各专业部门负责本专业排查标准编制，安委办汇总审查，经本单位安委会审议后，以正式文件发布。

（3）标准使用。

各级专业部门应将隐患排查标准纳入安全培训计划，逐级开展培训，提高全员隐患排查发现能力。隐患排查标准实行动态管理，原则上每年3月底前更新发布。

（三）重大隐患

（1）即时报告制度。评估为重大隐患的，应于 2 个工作日内报国网总部相关专业部门及安委办。

（2）"两单一表"制度。

签发安全督办单，国网安委办获知或直接发现所属单位存在重大隐患的，由安委办主任或副主任签发《安全督办单》。

制定过程管控表。省公司级单位在接到督办单 10 日内，编制《安全整改过程管控表》，由安委会主任签字、盖章后报国网安委办备案。

上报整改反馈单。省公司级单位完成填写《安全整改反馈单》，报国网安委办备案。

（3）"双报告"制度。各级单位重大隐患排查治理情况应及时向政府负有安全生产监督管理职责的部门和本单位职工大会或职工代表大会报告。

三、评价考核

（一）建立评价标准

对隐患标准针对性、排查全面性、评估准确性、立项及时性、治理有效性进行评价，结果纳入安全工作考核。

（二）完善监管手段

综合利用信息系统、安管中心、现场实地检查等手段，加强全过程监督管理。

（三）加大奖励力度

提出 4 种奖励形态。一是及时排查发现隐患排查标准之外的安全隐患；二是及时排查治理典型性、家族性隐患，或隐患排查治理技术方法取得创新突破得到上级认可推广；三是及时完成重大隐患治理、有效避免事故发生；四是及时排查发现常规方法（手段）不易发现的隐蔽性安全隐患。

（四）加大惩处力度

一是对隐患排查治理工作组织推动不力、瞒报重大隐患的给予通报，必要时开展警示约谈。二是有排查标准但未有效发现安全隐患的，对重大、较大隐患分别按照五级、七级安全事件进行惩处。三是对发生安全事故（事件）的，全面倒查隐患排查治理各环节责任落实情况，严肃责任追究。

【思考与练习】

1. 安全隐患分类有哪些？

【参考答案】

根据隐患的危害程度，隐患分为重大隐患、较大隐患、一般隐患三个等级；根据隐患产生原因和导致事故（事件）类型，隐患分为"系统运行、设备设施、人身、网络、消防、大坝、安全管理和其他八类"。

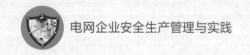

2."两单一表"具体指什么？

【参考答案】

《安全督办单》《安全整改过程管控表》《安全整改反馈单》。

第二节　安全风险管控

【本节描述】本节主要介绍了电网企业安全风险管控的相关规定，包含安全风险管控的职责分工、分类分级、风险辨识、评估定级、告知报告、措施落实、评价考核等内容。

一、职责分工

按照"管行业必须管安全、管业务必须管安全、管生产经营必须管安全"和"谁主管谁负责"的原则，落实上级安全风险管理工作要求，制定本级单位安全风险管控管理规范，负责重大安全风险管理，并对下级单位进行指导、监督、检查和考核。

（一）各级单位：各级单位是本层级安全风险管理的责任主体，按照"管行业必须管安全、管业务必须管安全、管生产经营必须管安全"和"谁主管谁负责"的原则，落实上级安全风险管理工作要求，制定本单位风险管控实施细则，负责本层级安全风险管理工作，并对下级单位进行指导、监督、检查和考核。

（二）各级安委会：各级安委会负责审议本单位安全风险管理规章制度，分析和研究重大安全风险，协调解决安全风险管理重大问题、重要事项，提供资源保障并监督风险管控措施落实。

（三）各级安委办：各级安委办负责安全风险管理工作的综合协调和监督管理，组织和督促安委会成员部门制修订安全风险管理工作规范，建立安全风险管控工作机制，检查监督风险管控措施落实情况，并开展评价考核。

（四）各级安委会成员部门：各级安委会成员部门是本专业安全风险管理的责任主体，按照"管业务必须管安全"的要求，制修订本专业安全风险管理工作规范，负责业务范围内安全生产风险辨识、评估、审批、告知、报告、管控、评价、考核等全过程管理。

（1）发展部门负责开展电网发展诊断分析，研究编制电网发展规划、智能电网规划，并组织实施落实；

（2）安监部门负责督促开展安全风险管理工作，并对风险管控开展情况进行监督检查；

（3）设备部门负责运维检修、设备状况、运行环境、设备消防等方面的风险评估，以及管控措施的组织落实；

（4）建设部门负责建设管理、工程设计、施工作业、系统调试、验收投产、首台首套技术应用、交接验收等方面的风险评估，以及管控措施的组织落实；

（5）营销部门负责供用电服务、重要客户供电等方面存在的风险评估，以及管控措施的组织落实；

（6）数字化工作部门负责网络、信息系统等方面的风险评估，以及管控措施的组织落实；

（7）调控部门负责电网运行、二次系统、通信、电力监控系统等方面的风险评估，以及管控措施的组织落实；

（8）水新部门负责水电及新能源施工、运维检修等方面的风险评估，以及管控措施的组织落实；

（9）产业、后勤等其他部门负责本专业安全风险评估，以及管控措施的组织落实。

（五）工区、班组：工区（中心、项目部）、班组负责组织落实风险辨识、风险评估、措施执行等安全风险管控工作要求。

二、风险管控

（一）分类分级

根据风险产生的原因和可能导致的安全生产事故（事件）性质，主要分为电网风险、设备风险、人身风险、网络风险、消防风险、交通风险、政策风险和其他风险，各级单位应根据实际业务特点，对涉及的安全风险进行分类。

根据安全风险发生的可能性和严重性，安全风险分为重大风险、较大风险、一般风险三个层级。

1. 重大风险主要包括

（1）可能导致一至三级人身事故的风险；

（2）可能导致一至四级电网、设备事故的风险；

（3）可能导致五级信息系统事件的风险；

（4）可能导致水电站大坝溃决、漫坝、水淹厂房的风险；

（5）可能导致较大及以上火灾事故的风险；

（6）可能导致负同等及以上责任的重大交通事故风险；

（7）其他可能导致对社会及公司造成重大影响事件的风险。

2. 较大风险主要包括

（1）可能导致四级人身事故的风险；

（2）可能导致五至六级电网、设备事件的风险；

（3）可能导致六级信息系统事件的风险；

（4）可能导致一般及以上火灾事故的风险；

（5）可能导致负同等及以上责任的一般交通事故风险；

（6）其他可能导致对社会及公司造成较大影响事件的风险；

3. 一般风险主要包括

（1）可能导致五级及以下人身事件的风险；

（2）可能导致七至八级电网、设备、信息系统事件的风险；

（3）其他可能导致对社会及公司造成影响事件的风险。

上述人身、电网、设备和信息系统事件，依据《国家电网有限公司安全事故调查规程》（国家电网安监〔2020〕820 号）认定，火灾、交通事故等级依据国家有关规定认定。

总部相关专业部门应制定本专业风险分级标准，分层分级明确管控措施要求。

（二）风险辨识

各级单位应建立健全专业协同工作机制，面向安全生产的全周期和全要素，根据业务特点明确风险辨识评估流程，对各类可能导致不安全情况发生的危险因素进行辨识。风险辨识评估应在业务实施前开展，并根据风险因素变化动态调整。

各级单位按照"谁组织、谁辨识"原则，由专业部门牵头逐级组织开展风险辨识。对涉及多单位、多专业的安全生产风险（以下简称"综合性风险"），应由本单位副总师及以上领导牵头、风险涉及的专业部门、单位成立风险管控组织机构，统筹开展风险管控工作。

各级单位应针对电网结构、设备状态、生产环境、体制机制、法律法规等方面存在的风险，以及由于电网运行方式调整、设备运维检修、项目建设施工、用户需求侧管理等安全生产经营活动引发的风险开展辨识。

各级专业部门、工区（项目部）、班组应结合实际，采用现场勘查、承载力分析、危险点分析等方法，分析风险的存在条件、影响因素和范围，完整、准确地辨识安全风险，辨识结果形成记录，明确风险内容和所涉及的业务范围，为风险定级提供依据。

（三）评估定级

安全生产风险一经辨识，所在单位立即对风险开展评估定级工作，组织各专业部门对风险发生的可能性和严重性进行评估，确定风险等级，并根据风险定级结果，提出针对性管理要求。

各级单位应按照"全面评估、准确定级"原则，对辨识出的风险进行分析：

（1）全面评估。应综合考虑各类风险因素，采用选定的评估方法进行风险评估，做到不遗漏风险。针对综合性风险，应由风险管控组织机构召开协调会，充分分析各专业风险，确保风险评估全面。

（2）准确定级。应根据各专业风险定级库，结合实际业务特点，开展安全风险定级工作，以降低风险发生概率、持续时长、影响范围、损失后果等为目标，准确界定风险等级，不降低风险管控标准。

各级单位应按照"谁管理、谁负责"原则，制定风险管控措施，形成安全风险清单，明确责任单位、责任人员、管控对象、风险等级、持续时间、影响后果、管控要求、到岗到位等重点内容。综合性风险应编制专项工作方案，加大管控力度，确保措施制定全面、有效。

各级专业部门应按照专业分工，对风险辨识的全面性、风险定级的准确性和管控措施的针对性进行审核，形成审核记录。

各级单位应建立健全安全风险分级审批机制，风险定级结果及管控措施由专业部门审核后，提交本单位领导或上级单位审批。

（1）重大风险由省公司级单位负责人审批；

（2）较大风险由市公司级单位负责人审批；

（3）一般风险由县公司级单位负责人审批。

（四）告知报告

各级单位应建立健全风险告知与公示制度，明确风险告知与公示的对象、形式和内容，做好安全风险告知与公示工作。

（1）风险告知。对安全风险涉及的外部单位，应提前告知风险事由、风险时段、风险影响、措施建议等，并留存告知记录，督促外部单位合理安排生产计划，做好风险防范；

（2）风险公示。对存在安全风险的岗位、场所，设置明显的风险公示标志，标明风险内容、危险程度、影响后果、事故预防及应急措施等内容。

各级单位应建立安全风险报告工作机制，明确风险事件分类报送的时间要求、报送流程、报送内容，规范开展安全风险报告工作。

（1）内部报告。各级安委办按要求定期将风险管控情况报上级安委办；发现重大风险，各级安委办、专业部门应向本单位安委会和上级单位即时报告，每季度向本单位安委会报告风险管控工作情况，每年向本单位职代会专题报告；

（2）对外报告。重大风险经本单位负责人审批同意后，及时向国家有关部委、地方政府主管部门报告。

（五）措施落实

各级单位、专业部门、工区（项目部）、班组应强化责任落实，严格执行已制定的各项风险管控措施，同时对管控措施可能引发的次生衍生风险进行判断，确保安全风险可控。

风险管控过程中，各级专业部门应加强专业指导和督导检查，各级安监部充分发挥安全生产风险管控平台、安全管控中心作用，督促落实各项风险管控措施。

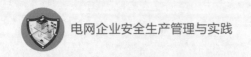

各级单位风险管控组织机构应加强现场值守，协调跨单位、跨专业交叉性、关联性工作，督导检查安全风险管控工作开展情况，及时解决安全风险管控难点问题。

各级单位应建立健全安全风险到岗到位管理制度，明确领导干部、管理人员到岗到位标准和工作内容，对现场工作组织、资源调配、管控措施落实进行把关。

各级安委会应对管控难度大、持续时间长、涉及多单位的安全风险实施挂牌督办，按照风险的等级和类别，明确督办对象、责任人和工作流程，督促落实安全风险各项管控措施。

各级单位在安全风险管理过程中，应动态跟踪风险发展变化、管控措施效果等因素，必要时及时调整风险管控措施，确保全过程措施有效。

各级单位针对安全风险失控可能导致的后果，应编制应急预案，提前做好应急准备。一旦风险失控，及时启动应急响应，采取有效措施减轻风险失控造成的后果。

三、评价考核

各级单位应建立健全安全风险管理评价考核机制，对风险辨识、评估、审批、报告、告知、管控等情况进行全面评价考核。

各级安委办应统筹开展安全风险管理工作评价，定期组织各专业部门对安全风险辨识全面性、定级准确性、措施有效性等情况进行检查评价。

各级专业部门应根据风险管控评价结果，总结工作成效和不足，分析存在的问题，逐项制定整改计划，跟踪并督促问题整改。

各级单位应对风险管控组织不力、辨识不全面、定级不准确、管控措施不落实、报告告知不及时的单位进行通报；对出现安全风险失控苗头的单位进行警示约谈，并限期整改反馈；对安全风险失控造成事故事件的，严肃追究相关单位及人员责任。

【思考与练习】

1. 根据风险产生的原因和可能导致的安全生产事故（事件）性质，安全风险可分为哪几类？

【参考答案】

电网风险、设备风险、人身风险、网络风险、消防风险、交通风险、政策风险和其他风险。

2. 各级单位的安全风险分级审批机制的具体内容有哪些？

【参考答案】

（1）重大风险由省公司级单位负责人审批；

（2）较大风险由市公司级单位负责人审批；

（3）一般风险由县公司级单位负责人审批。

第三节　电网风险预警管控

【本节描述】本节主要讲述了电网企业风险预警管控，主要内容包含各级电网风险预警管控工作职责分工、预警条件、预警评估、预警报告与告知、预警实施、预警解除和评价考核等。

一、职责分工

（一）单位职责

按照公司管理层级和电网调度管辖范围，落实上级单位电网运行风险预警管控工作要求，负责本单位的电网运行风险预警评估、发布、实施等工作，并对下级单位电网运行风险预警管控工作进行指导、监督、检查和考核（电网运行风险预警管控工作流程图如图4-3-1所示）。

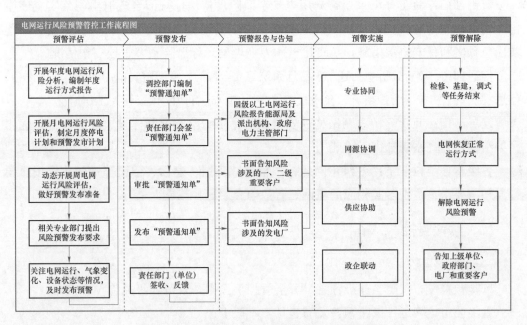

图 4-3-1　电网运行风险预警管控工作流程图

（二）安监部门职责

电网运行风险预警管控工作牵头部门，负责组织建立电网运行风险预警管控机制；负责电网运行风险预警管控工作的全过程监督、检查、评价、考核；负责电网运行风险预警管控系统（以下简称"预警管控系统"）建设与应用；负责向能源局及派出机构报告电网运行风险预警。

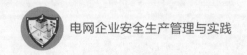

（三）调控部门职责

电网运行风险预警主要发起部门，负责电网运行风险预警的评估、发布、延期、取消和解除，会同相关部门编制"电网运行风险预警通知单"（以下简称"预警通知单"），提出电网运行风险管控要求；组织优化运行方式、制定事故预案等措施；负责向政府电力运行主管部门报告、向相关并网电厂告知电网运行风险预警；负责检查本专业电网运行风险预警管控工作情况。

（四）相关部门职责

设备部门：负责分析重大检修、设备状况、外力破坏等安全风险，组织落实输变电设备和输电通道巡视、监测、维护、消缺、安全防护等管控措施，负责检查本专业电网运行风险预警管控工作情况。

建设部门：负责分析输变电建设、施工跨越、调试投产等对电网运行带来的安全风险，组织落实基建施工、现场防护、系统调试等管控措施，负责检查本专业电网运行风险预警管控工作情况。

营销部门：负责分析重要客户用电安全风险，依法依规配合政府组织落实有序用电、用电安全等管控措施，负责向重要客户告知电网运行风险预警，督促重要客户落实应急预案和保安电源措施，负责检查本专业电网运行风险预警管控工作情况。

信通部门：负责分析电力通信、信息系统等安全风险，组织落实电力光缆、通信设备、信息系统安全防护等管控措施，负责检查本专业电网运行风险预警管控工作情况。

发展部门：负责分析电网结构性安全风险，组织落实电网建设、改造项目，优化网架结构，提高系统抵御风险能力。

各级责任单位职责：各级电网运行、检修、营销、建设、信通等责任单位按照预警通知单要求，组织落实相应的电网运行风险预警管控措施。

二、预警管控

（一）预警条件

风险预警发布按照"分级预警、分层管控"原则，规范各级风险预警发布。

省级公司电网运行风险预警发布包括但不限于：

（1）省调管辖设备停电期间再发生 N-1 故障，可能导致五级以上电网安全事件；

（2）设备停电造成省内 500 千伏及以上变电站改为单线供电、单台主变、单母线运行的情况，且无法通过运行方式调整等手段保障电网安全稳定运行；

（3）省内 500 千伏及以上主设备存在缺陷或隐患不能退出运行；

（4）重要通道故障，符合有序用电启动条件；

（5）省内 220 千伏枢纽站二次系统改造，会引起全站停电，对外造成重要影响；

（6）跨越施工等原因可能造成高铁停运；

（7）设备停电期间再发生 $N-1$ 故障，可能造成运行机组总容量 1000 兆瓦及以上的省调管辖发电厂全厂对外停电。

地市级公司电网运行风险预警发布包括但不限于：

（1）地调管辖设备停电期间再发生 $N-1$ 故障，可能导致六级以上电网安全事件；

（2）设备停电造成地市内 220 千伏（含 330 千伏）变电站改为单台主变、单母线运行；

（3）地市内 220 千伏（含 330 千伏）主设备存在缺陷或隐患不能退出运行；

（4）跨越施工等原因可能造成电气化铁路停运；

（5）二级以上重要客户供电安全存在隐患。

（二）预警评估

总（分）部、省公司、地市公司应强化电网运行"年方式、月计划、周安排、日管控"，建立健全风险预警评估机制，为预警发布和管控提供科学依据，内容如下：

（1）年方式：开展年度电网运行风险分析，加强年度综合停电计划协调，各级调控部门编制年度运行方式报告，应包括年度电网运行风险分析结果、四级以上风险预警项目；

（2）月计划：加强月度停电计划协调，各级调控部门牵头组织分析下月电网设备计划停电和通信检修计划带来的安全风险，梳理达到预警条件的停电项目，制定月度风险预警发布计划；

（3）周安排：加强周工作计划和停电安排，动态评估电网运行风险，及时发布电网运行风险预警，在周生产安全例会上部署风险预警管控措施；

（4）日管控：密切跟踪电网运行状况和停电计划执行情况，加强日工作组织协调，在日生产早会上通报工作进展，根据实际情况动态调整风险预警管控措施。

总（分）部、省公司、地市公司应贯彻"全面评估、先降后控"要求，动态评估电网运行风险，准确界定风险等级，做到不遗漏风险、不放大风险、不降低管控标准。充分辨识电网运行方式、运行状态、运行环境、电源、负荷及电力通信、信息系统等其他可能对电网运行和电力供应造成影响的风险因素，充分采取各种预控措施和手段，降等级、控时长、缩范围、减数量，降低事故概率和风险影响，提升管控实效。

（三）预警报告与告知

报告与告知制度：总（分）部、省公司、地市公司建立电网运行风险预警报告与告知制度，做好向能源局及派出机构、地方政府电力运行主管部门、电厂和重要客户报告与告知工作。

（1）预警报告：① 按照"谁预警、谁报告"原则，四级以上风险预警，相关单位分别向能源局及派出机构、地方政府电力运行主管部门书面报送"电网运行风险预警报告单"（以下简称"预警报告单"）。一、二级风险预警，总部向国家能源局、国家发改委经济运行局报告。②"预警报告单"应包括风险分析、风险等级、计划安排、影响范围（含敏感区域、民生用电、重要客户等）、管控措施、需要政府协助办理的事项建议等。

（2）预警告知：① 对风险预警涉及的二级以上重要客户，营销部门编制"电网运行风险预警告知单"（以下简称"预警告知单"），提前 24 小时告知客户并留存相关资料；② 对电厂送出可靠性造成影响或需要电源支撑的风险预警，调控部门编制"预警告知单"，提前 24 小时告知相关并网电厂并留存相关资料；③ "预警告知单"主要内容包括预警事由、预警时段、风险影响、应对措施等，督促电厂、客户合理安排生产计划，做好防范准备。

（四）预警实施

预警发布后，应强化"专业协同、网源协调、供用协助、政企联动"，有效提升管控质量和实效。调控、设备、基建、营销、信通、安监等专业协同配合，全面落实管控措施。网源协调，做好电厂设备配合检修，调整发电计划，优化开机方式，安排应急机组，做好调峰、调频、调压准备。加强技术监督，确保涉网保护、安全自动装置等按规定投入。供用协助，及时告知客户电网运行风险预警信息，督促重要客户备齐应急电源，制定应急预案，执行落实有序用电方案，提前安排事故应急容量。政企联动，提请政府部门协调电力供需平衡和有序用电、督促重要客户用电安全隐患整改，将预警电力设施纳入治安巡防体系，加强防外力破坏等管控措施。

四级以上风险预警应强化落实以下风险预警管控措施：

（1）编制风险预警管控工作方案，成立组织机构，召开现场协调会，明确职责分工、管控措施和相关要求；

（2）强化值班制度，提前编制操作预案，开展专项反事故演习，优化操作顺序；

（3）提升运维保障级别，无人变电站恢复有人值班，重要区段派专人看护，重点设备安排特巡；

（4）加强施工组织，优化施工（检修）方案，派员驻场指导，开展随工验收；

（5）建立信息通报制度，及时通报天气情况、电网运行、现场环境、施工进度、管控措施落实等情况；

（6）保证主力电厂安全可靠、重要客户应急电源有效可用，联合开展针对性演练；

（7）提请政府部门协调落实电力平衡需求，调整发电计划，加强电力设施保护。

预警失控应对准备：电网运行风险预警管控工作应抓好与电网大面积停电事件应急预案无缝衔接，针对电网运行风险失控可能导致大面积停电，提前做好应急准备，及时启动应急响应，全方位做好电网运行安全工作。

（五）预警解除

预警解除：① 根据"预警通知单"明确的工作内容和计划时间，电网恢复正常运行方式，解除电网运行风险预警；② 预警解除由调控部门负责在预警管控系统实施，并在周生产安全例会或日生产早会通报。相关部门和单位接到预警解除通知后，应及时告知预警涉及的重要客户和并网电厂，并向政府部门报告。

预警延期、变更：预警延期超过 48 小时，需重新履行审批、发布流程。预警因故变更，需重新发布预警，并解除原预警。

三、评价考核

公司建立健全各级电网运行风险预警管控监督检查、总结评价和考核机制，持续提升工作质量，确保管控实效。各级安监、调控、设备、营销等部门应将电网运行风险预警管控监督检查工作纳入日常管理，逐级进行督查，督促落实管控职责，杜绝风险失控。

公司建立电网运行风险预警管控成效评价考核机制，内容如下：

（1）对四级以上风险预警，各单位应逐一开展评价，全面评价风险辨识、管控措施、责任落实等工作，总结经验成效，查找工作不足，提出改进措施；

（2）总（分）部、省公司每年一月份编制年度电网运行风险预警管控评价报告，总结上年度电网运行风险预警发布及执行情况，分析电网运行风险，提出加强电网运行安全举措；

（3）总部依据电网运行风险预警管控成效评价指数，对各省公司风险预警管控情况进行综合评价考核。

【思考与练习】

1. 四级以上风险预警应强化落实哪些风险预警管控措施？

【参考答案】

（1）编制风险预警管控工作方案，成立组织机构，召开现场协调会，明确职责分工、管控措施和相关要求；

（2）强化值班制度，提前编制操作预案，开展专项反事故演习，优化操作顺序；

（3）提升运维保障级别，无人变电站恢复有人值班，重要区段派专人看护，重点设备安排特巡；

（4）加强施工组织，优化施工（检修）方案，派员驻场指导，开展随工验收；

（5）建立信息通报制度，及时通报天气情况、电网运行、现场环境、施工进度、管控措施落实等情况；

（6）保证主力电厂安全可靠、重要客户应急电源有效可用，联合开展针对性演练；

（7）提请政府部门协调落实电力平衡需求，调整发电计划，加强电力设施保护。

2. 电网运行风险预警管控成效评价考核机制包含哪些具体内容？

【参考答案】

（1）对四级以上风险预警，各单位应逐一开展评价，全面评价风险辨识、管控措

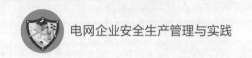
施、责任落实等工作，总结经验成效，查找工作不足，提出改进措施；

（2）总（分）部、省公司每年一月份编制年度电网运行风险预警管控评价报告，总结上年度电网运行风险预警发布及执行情况，分析电网运行风险，提出加强电网运行安全举措；

（3）总部依据电网运行风险预警管控成效评价指数，对各省公司风险预警管控情况进行综合评价考核。

第四节　现场作业安全

【本节描述】本节主要介绍了现场作业安全相关内容，包含"四个管住"、作业环境和条件、安全设施和相关方等内容。

一、四个管住

（一）出台背景与目的

为贯彻落实公司关于安全生产工作部署，牢固树立"四个最"意识，坚持"三杜绝、三防范"安全目标，全力推进"四个管住"（管住计划、管住队伍、管住人员、管住现场）落地、落实，国网公司印发了《国网安委办关于推进"四个管住"工作的指导意见》（国网安委办〔2020〕23号），紧盯作业风险防控的薄弱环节，采取有效的事前、事中和事后控制措施，依靠严密的作业计划（风险）管理指挥体系、严格的作业准入工作机制、有效的现场安全管控手段、有力的安全资信评价惩戒措施。

（二）主要内容

1. 管住计划

（1）计划管理。各级专业管理部门］按照"谁主管、谁负责"分级管控要求，严格执行"月计划、周安排、日管控"制度，加强作业计划与风险管控。按照作业计划全覆盖的原则，将各类作业计划纳入管控范围，坚决杜绝无计划作业。

（2）作业准备。作业单位以作业计划为依据，按照现场勘察实际，开展管理和作业人员承载力分析。"三种人"、专业部门管理人员落实作业组织管理责任，提前控制安全风险，坚决杜绝超负荷、超能力作业。

（3）风险预控。健全作业风险分级管控机制，发挥专业管控作用，分级制定管控措施，明确到岗到位人员，规范组织督查例会，严抓作业风险管控的组织管理。

（4）风险公示。明确作业风险公示告知形式和内容，通过网站主页、安全生产风险管控平台、移动作业App、现场公示牌等多种方式，规范开展作业计划和风险公示告知，确保每名作业人员掌握工作内容、责任分工、风险因素和管控措施。

2. 管住队伍

（1）队伍准入。依托安全生产风险管控平台，建立健全作业队伍安全资信数据库，对外包队伍开展常态化考察，把好队伍安全准入关。严防资质挂靠，严禁资质不全、资信不良队伍入网作业，严禁超承载力承接工程，严肃整治违章指挥、私自作业。

（2）动态评价。严格落实工程建管单位、项目管理单位责任，强化安全监督检查。应用安全生产风险管控平台，开展作业单位相关安全事件、违章统计，对作业队伍安全管理能力实施动态评价，督促作业队伍切实履行安全主体责任、加大安全投入、提高安全管控能力。

（3）考核退出。建立健全"约谈""说清楚"等过程管控制度依据违章记分、安全记录等评价结果，对作业队伍安全管控情况进行动态纠偏。全面实施"负面清单"和"黑名单"管控，对发生安全事故、安全管理混乱的外包队伍及其项目负责人，严格落实停工、停招标等失信惩治措施，坚决剔除安全管理不合格、不满足要求的施工单位，倒逼施工作业单位从源头侧强化安全管理。

3. 管住人员

（1）人员准入。依托安全生产风险管控平台等信息系统，动态建立作业人员名册，全面实行实名制管理。在进场作业前，对所有作业人员严格实施安全准入考试、资格能力审查，严防作业人员盲目作业。

（2）安全培训。分层分级、分专业、分岗位实施安全技能等级认证，狠抓"三种人"等关键人员能力素质提升。应用在线培训、现场培训和体验式培训等手段，强化进场作业人员规程规范、施工技术、施工机具和安全工器具使用、事故应急处置培训，切实增强安全作业能力。

（3）动态管控。动态开展现场作业人员资质、证照核查，推行人员违章记分，实施全员安全资信记录和人员安全"负面清单"管控，将安全记录与绩效考核、外包人员安全资信评价挂钩，对作业水平低、反复违章、安全素质能力严重不足的作业人员，及时清理出场。

（4）考核奖惩。健全安全生产激励约束和人员退出机制，在深入开展现场安全督查基础上，以现场反违章工作为抓手，建立违章及时曝光和记分机制。合理设置安全专项奖励，重点向基层一线人员、向承担高风险作业人员倾斜。

4. 管住现场

（1）作业管控。施工作业队伍、班组加强工作组织、措施落实和过程管理，严格《安规》、生产现场作业"十不干"要求和"三措一案""两票"执行，规范实施标准化作业流程，强化全过程管控。

（2）到岗到位。严格作业风险分级管控工作要求，建立健全生产作业到岗到位管理制度，督促作业人员落实安全责任，严格执行各项安全管控措施。

（3）现场督查。健全上级对下级检查、同级安全监督体系对安全保证体系督促的工作机制，充分运用"四不两直""远程＋现场"等督查方式，强化现场安全督查。完善违章考核激励约束机制，鼓励违章自查自纠。

（4）智能管控。吸取事故教训，有针对性地开展施工机具、安全工器具研发，加大作业现场机械替代力度。加强人工智能、边缘计算、区块链、大数据等新技术推广应用，持续为安全管理工作赋智、赋能。

二、作业环境和条件

应事先分析和控制生产过程及工艺、物料、设备设施、器材、通道、作业环境等存在的安全风险；生产现场应配备相应的安全、职业病防护用品（具）及消防设施与器材，按照有关规定设置应急照明、安全通道，并确保安全通道畅通；生产现场应实行定置管理，保持作业环境整洁；应对临近高压输电线路作业、危险场所动火作业、有（受）限空间作业、临时用电作业、爆破作业、封道作业等危险性较大的作业活动，实施作业许可管理，严格履行作业许可审批手续，作业许可应包含安全风险分析、安全及职业病危害防护措施、应急处置等内容。

（一）入网作业安全管理

入网作业人员主要是指公司系统直属单位及所属各级单位（以下简称"派出方"）作为承包方、设备或软件供应商、技术服务商，派出到各省、市、县供电公司（以下简称"业主方"）生产现场，从事建设、调试、运维、检修等作业活动的人员。

1. 安全职责

（1）业主方负责入网作业的计划管理和任务下达，对入网作业过程进行统筹协调和监督。审核入网作业人员资质条件，组织入网作业人员开展《电力安全工作规程》考试和必要的安全技能考核，对入网作业人员实施安全准入管理。组织开展入网作业安全风险辨识，审查相应安全风险管控措施，并对入网作业人员进行安全技术交底。落实公司到岗到位等相关规定，对入网作业项目开展安全监督检查和指导，督促入网作业人员落实安全措施。

（2）派出方负责入网作业人员基础安全管理工作，对入网作业人员开展安全教育培训、相关专业《电力安全工作规程》培训、专业技术培训和紧急救护知识培训。开展入网作业人员安全能力和技术能力考核，按照入网作业任务需求选派合格的入网作业人员。对承接的入网作业项目进行安全风险评估并制定相应的管控措施。

（3）入网作业人员参加安全生产技能知识培训，掌握入网作业所需的安全技术、技能和专业知识。参加安全技术交底，了解作业现场安全风险和安全措施，具备突发事件应急处置能力。遵守业主方和派出方安全管理制度和劳动纪律，接受业主方和派出方的安全监督管理。严格执行安全工作规程，正确使用检验合格的安全工器具和劳动防护用品，落实安全措施。按照派工单和工作票中明确的作业内容开展工作，拒绝无派工单和工作票的作业任务，拒绝超范围作业内容，拒绝无变更许可的作业变更。向业主方和派出方报告入网作业的工作进展、变更需求、问题和结果等。对入网作业项目开展安全监督检查，督促入网作业人员落实安全风险管控措施。

2. 作业过程安全管理

业主方应将入网作业人员纳入现场作业班组统一管理，督促入网作业人员落实安全风险管控措施，严禁入网作业人员单人无监护作业。作业前业主方应向入网作业人员告知现场电气设备接线情况、危险点、安全注意事项和突发事件应急处置知识。以承发包工程形式开展的改扩建入网施工作业，若直属单位为承包方，则业主方和派出方宜实行工作票"双签发"，并各自承担相应的安全责任。

入网作业内容发生变更时，业主方应将变更内容反馈至派出方，派出方应对现场派出人员资质能力进行评估确认。派工单签发人应经业主方同意，并在派工单上注明变更内容且履行变更手续后，现场派出人员方可执行相应变更。业主方应按要求履行领导干部和管理人员到岗到位职责，对入网作业人员安全措施落实情况等进行监督检查，查纠违章、违规行为。

对违反合同及安全协议、现场违章违规行为等情况，业主方要按章处罚，同时向派出方反馈相关信息，情节严重者业主方有权退回原单位。对于以承包工程形式承接业务的直属单位，还应纳入派出方的安全资信记录。

3. 监督与考核

业主方和派出方应结合入网作业进度和安全风险，对入网作业进行安全监督，实施动态闭环管理。派出方进行入网作业现场检查时，应按业主方规定办理相关手续后，方可进入现场进行检查。期间应严格遵守现场安全管理制度，在规定的范围内进行检查。发生安全事故（件）后，业主方、派出方应按照国家有关法律法规和公司事故（件）调查处理有关规定上报事故信息，落实"四不放过"原则。业主方应按照《国家电网公司业务外包安全监督管理办法》要求对发生安全事故（件）、存在违规违法行为、安全管理混乱的派出方及其项目负责人实行"黑名单"和"负面清单"管理。派出方应按照《国家电网公司员工奖惩规定》和《国家电网有限公司安全工作奖惩规定》要求对安全事故（件）的相关责任人进行处罚和考核。

（二）职业健康管理

企业应为从业人员提供符合职业卫生要求的工作环境和条件，为接触职业危害的从业人员提供个人使用的职业病防护用品，建立、健全职业卫生档案和健康监护档案。

（1）与从业人员订立劳动合同时，应将工作过程中可能产生的职业危害及其后果和防护措施如实告知从业人员，并在劳动合同中写明，并进行公告。

（2）应健全员工健康档案，开展从业人员职业健康检查；不应安排未经职业健康

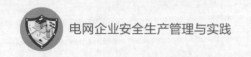

检查的从业人员从事接触职业病危害的作业。

（3）应对工作场所职业病危害因素进行日常监测和定期检测评价，保留监测记录，检测、评价结果存入职业卫生档案，并向安全监管部门报告，向从业人员公布。

（4）应确保使用有毒、有害物品的作业场所与生活区、辅助生产区分开，作业场所不应住人；将有害作业与无害作业分开，高毒工作场所与其他工作场所隔离。

（5）应改善工作场所职业卫生条件，产生职业病危害的工作场所应设置相应的职业病防护设施；对存在或产生职业病危害的工作场所、作业岗位、设备、设施，应在醒目位置设置警示标识和警示说明。

（6）对可能发生急性职业危害的有毒、有害工作场所，应设置检验报警装置，制定应急预案，配置现场急救用品、设备，设置应急撤离通道和必要的泄险区，定期检查监测；各种防护用品、各种防护器具应定点存放在安全、便于取用的地方，建立台账，并有专人负责保管，定期校验、维护和更换。

（三）劳动防护用品管理

劳动防护用品系指在劳动中为防御物理、化学、生物、环境等外界因素危害而为员工配发的个体防护物品（不含电力安全工器具、带电作业防护用具、运维检修装备），包括头部、呼吸器官、眼（面）部、听觉器官、手部、足部、躯干、皮肤防护用品和其他防护用品九大类。劳动防护用品纳入公司预算管理，劳动防护用品的配发应满足员工实际工作需要，遵循科学性、适用性、规范性原则，实行归口管理、分工负责、分级实施。

1. 发放、使用和管理

各级单位后勤部门按照批准的劳动防护用品年度计划，向员工发放劳动防护用品，不得以现金形式代替劳动防护用品发放。各级单位后勤部门应建立劳动防护用品发放台账，对集体领取劳动保护用品的应由领用人填写部门（单位）发放登记表，发放至个人后应将员工领用登记表返回后勤部门存档。

各地市公司级单位劳动防护用品归口管理部门应组织对员工开展作业场所劳动防护用品相关知识培训。员工应正确佩戴、使用和保管劳动防护用品。各级单位安监部门应监督员工在作业场所正确佩戴、使用劳动防护用品。各级单位工会应对劳动防护用品的质量、发放情况进行监督，及时向本单位劳动防护用品归口管理部门反馈意见。

劳动防护用品使用过程中如发现质量问题应及时收回并更换；变更工种（岗位）、损坏丢失、有效期满、应急救援等特殊情况下出现劳动防护用品短缺的，由使用部门（单位）提出申请，由相应的劳动防护用品归口管理部门审批后，及时补发。对保管要求较高的劳动防护用品，应根据其特点配备干燥通风的支架、专用储藏柜或专用工具箱。配置的公用劳动防护用品须指定专人保管维护，其领用、归还应履行交接和登记手续。

2. 检查和考核

各级单位劳动防护用品归口管理部门应定期组织对所属单位劳动防护用品管理情况进行监督、检查。各级单位物资部门对劳动防护用品采购过程中发现的质量问题，应按公司相关规定进行追责处理。劳动防护用品管理纳入各单位职业卫生工作进行考核评价。

三、安全设施

安全设施是生产经营活动中将危险因素、有害因素控制在安全范围内以及预防、减少、消除危害所设置的安全标志、设备标志、安全警示线、安全防护设施等的统称。

（一）基本要求

安全设施应清晰醒目、规范统一、安装可靠、易于观察、便于维护，适应使用环境要求。安全设施所用的颜色应符合 GB 2893 的规定。设备区与其他功能区之间，运行设备区与检修、改（扩）建施工区之间应设置区域隔离遮栏；不同电压等级设备区宜设置区域隔离遮栏。安全标志牌不得设在可移动的部位上，以免标志牌随母体物体相应移动，影响认读。标志牌前不得放置妨碍认读的障碍物。安全设施设置后，不应构成对人身、设备安全的潜在风险或妨碍正常工作。安全标志、设备、设施标志应采用标志牌安装。同类设备、设施的标志牌规格、尺寸、设置高度和安装位置应统一。标志牌应图形清楚，边缘光滑，无毛刺、孔洞、尖角和影响使用的任何疵病。标志牌应采用坚固耐用的材料制作，不应使用遇水变形、变质或易燃的材料。有触电危险或易造成短路的设备及作业场所悬挂的标志牌应使用绝缘材料制作。电气系统设备上使用的移动悬挂式标志牌，其悬挂材料应使用绝缘材料。除特殊要求外，安全标志牌、设备标志牌宜采用工业级反光材料制作。标志牌应设置在明亮的环境中，光线不足时宜用自发光标志牌。涂刷类标志材料应选用耐用、不褪色的涂料或油漆，各类标线宜采用道路专用线漆涂刷。红布幔应采用纯棉布制作。标志牌应图形清楚，保证边缘光滑，无毛刺、孔洞、尖角和影响使用的任何疵病。设备、设施上的标志牌宜使用螺丝、铆钉固定在设备或专用支架上；电缆标志牌宜使用固定方式或专门绑扎材料悬挂在相应位置；阀门标志牌宜使用支架固定在阀门本体上；开关柜、控制柜等设备的标志牌宜采用粘接方式固定在柜体相应位置。禁止使用铁丝绑扎方式固定任何标志牌。

（二）安全标志

安全标志包括禁止标志、警告标志、指令标志、提示标志四种基本类型和消防安全标志、道路交通标志等特定类型。禁止标志牌的基本型式是一长方形衬底牌，上方是禁止标志（带斜杠的圆边框），下方是文字辅助标志（矩形边框）。警告标志牌的基本型式是一长方形衬底牌，上方是警告标志（正三角形边框），下方是文字辅助标志（矩形边框）。指令标志牌的基本型式是一长方形衬底牌，上方是指令标志（圆形边框），下方是文字辅助标志（矩形边框）。提示标志牌的基本型式是一正方形衬底牌和相应标志符号、文字，四周间隙相等。提示标志牌衬底为绿色，标志符号为白色。限制高度标志表示禁止装载高度超过标志所示数值的车辆通行。限制高度标志牌的基本形状为圆形，白底，红圈，黑图案。消防安全标志按照主题内容与适用范围，分为火灾报警及灭火设备标志、火灾疏散途径标志和方向辅助标志。安全标志一般使用相应的通用图形标志和文字辅助标志的组合标志，一般采用标志牌的形式，宜使用衬边，以使安全标志与周围环境之间形成较为强烈的对比，多个标志在一起设置时，应按照警告、禁止、指令、提示类型的顺序，先左后右、先上后下地排列，且应避免出现相互矛盾、重复的现象。设置的高度尽量与人眼的视线高度相一致，悬挂式和柱式的环境信息标志牌的下缘距地面的高度不宜小于 2m，局部信息标志的设置高度应视具体情况确定。安全标志牌的平面与视线夹角（图中 α 角）应接近 90°，观察者位于最大观察距离时，最小夹角不低于 75°，如图 4-4-1 所示。生产作业场所入口醒目位置，应根据内部设备、介质的安全要求，按设置规范设置相应的安全标志牌。如"未经许可不得入内""禁止烟火""必须戴安全帽""注意安全"等。

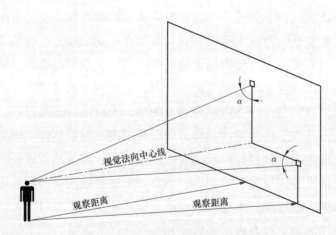

图 4-4-1　安全标志牌平面与视线夹角

（三）设备标志

1. 一般规定

设备应配置醒目的标志。配置标志后不应构成对人身伤害的潜在风险，设备标志由设备名称和设备编号组成。设备标志应定义清晰，具有唯一性。功能、用途完全相同的设备，其设备名称应统一。设备标志牌应配置在设备本体或附件醒目位置。设备标志牌基本形式为矩形，衬底色为白色，边框、编号文字为红色（接地设备标志牌的边框、文字为黑色），采用反光黑体字。字号根据标志牌尺寸、字数适当调整。根据现场安装位置不同，可采用竖排。

2. 电气设备标志及设置规范

两台及以上集中排列安装的电气盘应在每台盘上分别配置各自的设备标志牌。两台及以上集中排列安装的前后开门电气盘前、后均应配置设备标志牌，且同一盘柜前、后设备标志牌一致。GIS 设备的隔离开关和接地开关标志牌根据现场实际情况装设，母线的标志牌按照实际相序位置排列，安装于母线筒端部；隔室标志安装于靠近本隔室取气阀门旁醒目位置，各隔室之间通气隔板周围涂红色，非通气隔板周围涂绿色，宽度根据现场实际确定。电缆两端应悬挂标明电缆编号名称、起点、终点、型号的标志牌，电力电缆还应标注电压等级、长度。动力、控制电缆两端应悬挂标明电缆编号名称、起点、终点、型号的标志牌，动力电缆还应标注电压等级、长度。

线路每基杆塔均应配置标志牌或涂刷标志，标明线路的名称、电压等级和杆塔号。新建线路杆塔号应与杆塔数量一致。若线路改建，改建线路段的杆塔号可采用"n+1"或"n−1"（n 为改建前的杆塔编号）形式。耐张型杆塔、分支杆塔和换位杆塔前后各一基杆塔上，应有明显的相位标志。相位标志牌基本形式为圆形，标准颜色为黄色、绿色、红色。电缆两端及隧道内应悬挂标志牌。隧道内标志牌间距约为 100m，电缆转角处也应悬挂。与架空线路相连的电缆，其标志牌固定于连接处附近的本电缆上。

（四）安全警示线

1. 一般规定

安全警示线用于界定和分割危险区域，向人们传递某种注意或警告的信息，以避免人身伤害。安全警示线包括禁止阻塞线、减速提示线、安全警戒线、防止踏空线、防止碰头线、防止绊跤线和生产通道边缘警戒线等。安全警示线一般采用黄色或与对比色（黑色）同时使用。

2. 禁止阻塞线

禁止阻塞线的作用是禁止在相应的设备前（上）停放物体，以免意外发生。禁止阻塞线采用 45°黄色与黑色相间的等宽条纹，宽度宜为 50～150mm，长度不小于禁止阻塞物 1.1 倍，宽度不小于禁止阻塞物 1.5 倍。

3. 减速提示线

减速提示线的作用是提醒在变电站内的驾驶人员减速行驶，以保证变电站设备和人员的安全。减速提示线一般采用 45°黄色与黑色相间的等宽条纹，宽度宜为 100～200mm。可采取减速带代替减速提示线。

4. 安全警戒线

安全警戒线的作用是为了提醒在变电站内的人员，避免误碰、误触运行中的控制屏（台）、保护屏、配电屏和高压开关柜等。安全警戒线采用黄色，宽度宜为 50～150mm。

5. 防止碰头线

防止碰头线的作用是提醒人们注意在人行通道上方的障碍物，防止意外发生。防

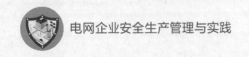

止碰头线采用 45° 黄色与黑色相间的等宽条纹，宽度宜为 50～150mm。

6. 防止绊跤线

防止绊跤线的作用是提醒工作人员注意地面上的障碍物，防止意外发生。防止绊跤线采用 45° 黄色与黑色相间的等宽条纹，宽度宜为 50～150mm。

7. 防止踏空线

防止踏空线的作用是提醒工作人员注意通道上的高度落差，避免发生意外。防止踏空线采用黄色线，宽度为宜为 100～150mm。

8. 生产通道边缘警戒线

在变电站生产道路运用的安全警戒线的作用是提醒变电站工作人员和机动车驾驶人员避免误入设备区。生产通道边缘警戒线采用黄色线，宽度宜为 100～150mm。

9. 设备区巡视路线

设备区巡视路线的作用是提醒变电站工作人员按标准路线进行巡视检查。设备区巡视路线采用白色实线标注，其线宽宜为 100～150mm，在弯道或交叉路口处采取白色箭头标注。也可采取巡视路线指示牌方法进行标注。

（五）安全防护设施

安全防护设施用于防止外因引发的人身伤害，包括安全帽、防尘口罩、防护眼镜、防护手套、防护鞋、安全带、安全网、速差自控器、固定防护遮栏、区域隔离遮栏、临时遮栏（围栏）、孔洞盖板、水沟盖板、防小动物挡板、机械安全防护装置等设施和用具。

安全防护设施应按要求定期检查、保养、维护和试验，确保完好。工作人员进入生产现场，应根据作业环境中所存在的危险因素，按照 GB/T 11651 《个体防护装备选用规范》中的有关规定穿戴或使用必要的防护用品。

四、相关方

相关方是指与企业的安全、利益相关联或受其影响的单位、团体或个人。

（一）管理机制

企业应结合实际制定相关方安全管理制度，制度齐全、内容完善，并及时按相关规定完善。企业应明确相关方安全管理归口管理部门，明确职责分工，工作职责和安全管理职责清晰。企业应建立人员培训、相关方安全管理、检查检验、建档建制、监督考核等工作流程，做到流程清晰、环节运转有效。

（二）涉众安全

公告公示：企业应及时公告公示涉及公众安全的生产作业、安全风险。防控措施：企业应完善安全防控措施，明确涉众设备设施及场所的警示标志、安全注意事项、应急物品和逃生通道。现场监护：企业应落实现场安全防控措施，配备专人监护。报告报备：必要时应上报政府相关部门和上级主管单位。

（三）外来人员

安全告知：企业应按规定告知安全风险、注意事项，履行安全告知手续，并对外来施工（作业）、实习人员等进行必要的安全教育培训。监护引导：应有专人对参观、调研、考察等外来人员全程引导和监护。安全防护：外来人员应佩戴标志、配备防护用品，必要时设置隔离设施。

（四）关联单位

业务关联：企业应与业务关联单位通过合同、协议等方式，明确双方安全职责和安全要求或需求。产品关联：企业应对上游产品提出明确的安全性能要求，并组织入厂检验。对下游单位应提供符合安全要求的产品，提供在运输、存储、使用环节中的安全资料。

【思考与练习】

1."四个管住"具体内容有哪些？

【参考答案】

管住计划、管住队伍、管住人员、管住现场。

2. 安全设施包含哪些？

【参考答案】

安全标志、设备标志、安全警示线、安全防护设施等。

第五节　安　全　禁　令

【本节描述】本节主要讲述了电网作业相关禁令，包含领导和管理人员安全管理禁令、生产作业现场"十不干"、建设施工作业"三算四验五禁止"、配网工程安全管理"十八项禁令"、产业单位"九必须九不准"等内容。

一、领导和管理人员安全管理禁令

（一）出台背景与目的

强化依法安全生产，有效防范领导人员、管理人员违法违规风险，依据《安全生产法》《刑法修正案（十一）》《中央企业安全生产禁令》等相关法律法规和规章制度，国网甘肃省电力公司发布了《国网甘肃省电力公司安全生产委员会关于印发安全管理禁令的通知》（甘电司安委会〔2021〕3号），防范各类安全事故。

（二）主要内容

1. 领导人员安全禁令

（1）严禁违法违规组织安全生产。

（2）严禁不制定"四大"风险管控措施。

（3）严禁不实施安全教育培训。

（4）严禁压降安全费用或挪作他用。

（5）严禁超承载力承揽工程项目。

（6）严禁使用不合格的供应商、承包商、分包商。

（7）严禁压缩合理工期、随意变更技术方案和工艺流程。

（8）严禁条件不具备、措施不到位组织作业。

（9）严禁拒不整改有现实危险的事故隐患。

（10）严禁不组织或冒险组织安全事故应急救援。

2. 管理人员安全禁令

（1）严禁不落实"四大"风险管控措施。

（2）严禁不组织安全隐患排查治理。

（3）严禁以包代管、以罚代管。

（4）严禁不合格人员进场作业。

（5）严禁违章指挥、强令冒险作业。

（6）严禁超能力、超强度、超定员组织作业。

（7）严禁应勘未勘或方案未经审批执行。

（8）严禁不配置安全工器具和防护用品。

（9）严禁关闭、破坏安全监控设备。

（10）严禁不组织应急预案演练。

3. 问责考核规定

（1）三级正（副）级领导人员，二、三级职员触犯禁令，由公司安全监察部商党委组织部诫勉谈话，全公司范围通报，并按照《国网甘肃省电力公司安全奖惩实施办法》中一般事故考核标准进行经济处罚。

（2）四级正（副）级管理人员、四五级职员触犯禁令，由本单位安全监察部商党委组织部门诫勉谈话，全公司范围通报，并按照《国网甘肃省电力公司安全奖惩实施办法》中一般事故考核标准进行经济处罚。

（3）经调查涉及党风廉政相关问题，移交纪委办公室办理。

二、生产作业现场"十不干"

（一）出台背景与目的

为落实国家电网有限公司 2018 年安全生产工作意见，大力弘扬生命至上、安全第一的思想，提升员工自我保护意识，严格执行安全工作规程，保障生产作业人身安全，国网公司发布了《国家电网公司关于印发生产现场作业"十不干"的通知》（国家电网安质〔2018〕21 号）。确保"十不干"人人知晓、人人熟知、入脑入心，主动应用于生产作业实践，做到广大员工不违章、拒绝违章作业、监督管理违章，防范发生安全事故。

（二）主要内容

1. 无票的不干

在电气设备上及相关场所的工作，正确填用工作票、操作票是保证安全的基本组织措施。无票作业容易造成安全责任不明确，保证安全的技术措施不完善，组织措施不落实等问题，进而造成管理失控发生事故。倒闸操作应有调控值班人员、运维负责人正式发布的指令，并使用经事先审核合格的操作票；在电气设备上工作，应填用工作票或事故紧急抢修单，并严格履行签发许可等手续，不同的工作内容应填写对应的工作票；动火工作必须按要求办理动火工作票，并严格履行签发、许可等手续。

2. 工作任务、危险点不清楚的不干

在电气设备上的工作（操作），做到工作任务明确、作业危险点清楚，是保证作业安全的前提。工作任务、危险点不清楚，会造成不能正确履行安全职责、盲目作业、风险控制不足等问题。倒闸操作前，操作人员（包括监护人）应了解操作目的和操作顺序，对操作指令有疑问时应向发令人询问清楚无误后执行。持工作票工作前工作负责人、专责监护人必须清楚工作内容、监护范围、人员分工、带电部位、安全措施和技术措施，清楚危险点及安全防范措施，并对工作班成员进行告知交底。工作班成员工作前要认真听取工作负责人、专责监护人交代，熟悉工作内容、工作流程，掌握安全措施，明确工作中的危险点，履行确认手续后方可开始工作。检修、抢修、试验等工作开始前，工作负责人应向全体作业人员详细交代安全注意事项，交代邻近带电部位，指明工作过程中的带电情况，做好安全措施。

3. 危险点控制措施未落实的不干

采取全面有效的危险点控制措施，是现场作业安全的根本保障，分析出的危险点及预控措施也是"两票""三措"等中的关键内容，在工作前向全体作业人员告知，能有效防范可预见性的安全风险。运维人员应根据工作任务、设备状况及电网运行方式，分析倒闸操作过程中的危险点并制定防控措施，操作过程中应再次确认落实到位。工作负责人在工作许可手续完成后，组织作业人员统一进入作业现场，进行危险点及安全防范措施告知，全体作业人员签字确认。全体人员在作业过程中，应熟知各方面存在的危险因素，随时检查危险点控制措施是否完备、是否符合现场实际，危险点控制措施未落实到位或完备性遭到破坏的，要立即停止作业，按规定补充完善后再恢复作业。

4. 超出作业范围未经审批的不干

在作业范围内工作，是保障人员、设备安全的基本要求。擅自扩大工作范围、增加或变更工作任务，将使作业人员脱离原有安全措施保护范围，极易引发人身触电等安全事故。增加工作任务时，如不涉及停电范围及安全措施的变化，现有条件可以保证作业安全，经工作票签发人和工作许可人同意后，可以使用原工作票，但应在工作票上注明增加的工作项目，并告知作业人员。如果增加工作任务时涉及变更或增设安全措施时，应先办理工作票终结手续，然后重新办理新的工作票，履行签发、许可手续后，方可继续工作。

5. 未在接地保护范围内的不干

在电气设备上工作，接地能够有效防范检修设备或线路突然来电等情况。未在接地保护范围内作业，如果检修设备突然来电或临近高压带电设备存在感应电，容易造成人身触电事故。检修设备停电后，作业人员必须在接地保护范围内工作。禁止作业人员擅自移动或拆除接地线。高压回路上的工作，必须要拆除全部或一部分接地线后始能进行工作应征得运维人员的许可（根据调控人员指令装设的接地线，应征得调控人员的许可），方可进行，工作完毕后立即恢复。

6. 现场安全措施布置不到位、安全工器具不合格的不干

悬挂标示牌和装设遮拦（围栏）是保证安全的技术措施之一。标示牌具有警示、提醒作用，不悬挂标示牌或悬挂错误存在误拉合设备，误登、误碰带电设备的风险。围栏具有阻隔、截断的作用，如未在工作地点四周装设至出入口的围栏、未在带电设备四周装设全封闭围栏围栏装设错误，存在误入带电间隔，将带电体视为停电设备的风险。安全工器具能够有效防止触电、灼伤、坠落、摔跌等，保障工作人员人身安全。合格的安全工器具是保障现场作业安全的必备条件，使用前应认真检查无缺陷，确认试验合格并在试验期内，拒绝使用不合格的安全工器具。

7. 杆塔根部、基础和拉线不牢固的不干

近年来，多次发生因倒塔导致的人身伤亡事故，教训极为深刻。确保杆塔稳定性，对于防范杆塔倾倒造成作业人员坠落伤亡事故十分关键。作业人员在攀登杆塔作业前，应检查杆根、基础和拉线是否牢固，铁塔塔材是否缺少，螺栓是否齐全、匹配和紧固。铁塔组立后，地脚螺栓应随即加垫板并拧紧螺母及打毛丝扣。新立的杆塔应注意检查杆塔基础，若杆基未完全牢固，回填土或混凝土强度未达标准或未做好临时拉线前，不能攀登。

8. 高处作业防坠落措施不完善的不干

高坠是高处作业最大的安全风险，防高处坠落措施能有效保证高处作业人员人身安全。高处作业均应先搭设脚手架、使用高空作业车、升降平台或采取其他防止坠落措施，方可进行。在没有脚手架或者在没有栏杆的脚手架上工作，高度超过 1.5m 时，应使用安全带或采取其他可靠的安全措施。在高处作业过程中，要随时检查安全带是否拴牢。高处作业人员在转移作业地点过程中，不得失去安全保护。

9. 有限空间内气体含量未经检测或检测不合格的不干

有限空间进出口狭小，自然通风不良，易造成有毒有害、易燃易爆物质聚集或含氧量不足，在未进行气体检测或检测不合格的情况下贸然进入，可能造成作业人员中毒、有限空间燃爆事故。电缆井、电缆隧道、深度超过 2m 的基坑、沟（槽）内等工作环境比较复杂，同时又是一个相对密闭的空间，容易聚集易燃易爆及有毒气体。在上述空间内作业，为避免中毒及氧气不足，应排除浊气，经气体检测合格后方可工作。

10. 工作负责人（专责监护人）不在现场的不干

工作监护是安全组织措施的最基本要求，工作负责人是执行工作任务的组织指挥者和安全负责人，工作负责人、专责监护人应始终在现场认真监护，及时纠正不安全行为。作业过程中工作负责人、专责监护人应始终在工作现场认真监护。专责监护人临时离开时，应通知被监护人员停止工作或离开工作现场，专责监护人必须长时间离开工作现场时，应变更专责监护人。工作期间工作负责人若因故暂时离开工作现场时，应指定能胜任的人员临时代替，并告知工作班成员。工作负责人必须长时间离开工作现场时，应变更工作负责人，并告知全体作业人员及工作许可人。

三、建设施工作业"三算四验五禁止"

（一）出台背景与目的

国电公司梳理分析 2005 年以来发生的输变电工程施工安全事故，发现其中近 80% 系重复发生。为深刻吸取事故教训，组织编制安全强制措施，印发《关于防治安全事故重复发生实施输变电工程施工安全强制措施的通知》（国家电网基建（2020）407 号），并于 2021 年进行修订，对拉线地锚作业、索道作业、组塔架线作业、临近带电体作业、有限空间作业、乘坐船舶或水上作业等六类作业中的高危环节，从施工技术方案、关键环节验收、施工过程管控方面实施安全强制措施。安全强制措施包括加强施工技术方案管理、加强作业关键环节验收把关、加强施工过程管控 3 方面 12 项具体措施，简称"三算四验五禁止"。

（二）主要内容

1. "三算"

（1）拉线必须经过计算校核。

1）涉及拉线的施工方案，应严格履行编审批手续。其中，一般施工方案由施工项目部技术员组织施工作业层班组技术员计算编制，施工项目部项目总工审批，监理项目部总监理工程师批准。专项施工方案由施工项目部项目总工组织施工项目部技术员、作业层班组技术员计算编制、施工企业技术负责人审批后，报监理项目部总监理工程师审核，业主项目经理批准；

2）施工作业中是否使用拉线，应由施工项目部方案编制人根据实际情况及规程规

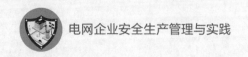

范计算确定;

3）施工项目部方案编制人应根据拉线受力情况，选择相应安全系数进行计算，并考虑钢丝绳安全系数确定规格，并留有足够的裕度;

4）拉线的计算书、布设方式及要求应由施工项目部方案编制人在施工方案中予以明确。每份计算书均应由计算人（方案编制相关计算人）、审核人（方案编制组织人）签字。

政策解读：输变电工程施工过程中，经常用到拉线，有临时拉线和永久拉线，这里指的主要是临时拉线。以线路工程为例，采用悬浮抱杆组立铁塔，需要设置外拉线（或内拉线）、下拉线（也叫承托绳）、控制拉线（也叫浪风绳、控制绳等），起立抱杆时需要设置至少四根临时拉线；架线过程中，有紧线塔反向平衡拉线、地面临锚、过轮临锚拉线、跨越架拉线；线路改造断线时，断线档内的平衡拉线。另外，张牵设备的锚固绳，也是拉线。

（2）地锚必须经过计算校核。

1）涉及地锚的施工方案，应严格履行编审批手续。应严格履行编审批手续。其中，一般施工方案由施工项目部技术员组织施工作业层班组技术员计算编制，施工项目部项目总工审批，报监理项目部总监理工程师批准。专项施工方案由施工项目部项目总工组织施工项目部技术员、施工作业层班组技术员计算编制、施工企业技术负责人审批后，报监理项目部总监理工程师审核，业主项目经理批准;

2）地锚的布设数量及方式，应由施工项目部方案编制人根据实际情况及规程规范计算确定;

3）施工项目部方案编制人进行地锚计算应首先按照受力情况确定承载力，再根据地锚型式及土质并考虑必要安全系数后，计算出地锚的具体埋设要求;

4）地锚的计算书、布设方式及埋设要求应由施工项目部方案编制人在施工方案中予以明确。每份计算书均应由计算人（方案编制相关计算人）、审核人（方案编制组织人）签字。

政策解读：拉线跟地锚，基本上一一对应，有拉线就需要地锚，相辅相成。当使用锚桩或者钻锚时，最好做现场试验来确定，因为角铁桩、钢管桩和钻锚，目前没有较为成熟可靠的计算公式，而且属于非开挖式，地下什么情况，是否有孔洞、地下水情况等不明，计算出来的结果也仅供参考。

（3）临近带电体作业安全距离必须经过计算校核。

1）涉及临近带电体的施工方案，应严格履行编审批手续。其中，一般施工方案由施工项目部技术员组织施工作业层班组技术员计算编制，施工项目部项目总工审批，报监理项目部总监理工程师批准。专项施工方案由施工项目部项目总工组织施工项目部技术员、施工作业层班组技术员计算编制、施工企业技术负责人审批后，报监理项目部总监理工程师审核，业主项目经理批准；

2）施工作业中是否存在临近带电体作业，应由施工项目部方案编制人在风险清册中予以明确并履行审批手续；

3）施工项目部方案编制人校核临近带电体作业的安全距离，应根据带电体安全距离要求，对施工作业中有可能进入安全距离内的人员、机具、工具、构件等进行全面验算，并考虑变形、失能、失稳等因素，留有必要裕度后计算确定；

4）临近带电体作业的安全距离计算书，以及作业安全措施要求应由施工项目部方案编制人在施工方案中予以明确。每份计算书均应由计算人（方案编制相关计算人）、审核人（方案编制组织人）签字。

政策解读：关于临近带电体施工，新版安规重新做了界定。总结一句话，就是施工过程中，任何时候操作人员、机械设备、材料等，均能够达到与带电体保持安全距离，则界定为非临近带电体施工。因此这里面需要计算或者测量，目前激光测距仪精度较高，能够直接测量，因此也不是说非得计算，测量也是可以的。什么情况下需要计算呢？施工之前某些设施，比如跨越架、金属拉线等，尚属于方案阶段，这个时候还没有实物，则需要模拟计算。

2.“四验”

（1）拉线投入使用前必须通过验收。

1）施工单位、施工项目部均应建立机具管理台账，施工项目部安全员组织对其使用的钢丝绳进行经常性维护保养并每年进行检查，专业监理工程师组织对计划投入使用的钢丝绳进行入场前审查；

2）拉线进入作业点前，由施工作业层班组负责人、班组技术员按照施工技术方案要求对拉线规格、数量、外观等进行核查、验收，专业监理工程师进行复验；

3）拉线投入使用前，施工作业层班组负责人、班组安全员、班组技术员应按照施工技术方案要求对拉线对地夹角，马鞍螺丝配置规格、数量是否与钢丝绳匹配及安装方式等进行核查、验收，安全监理工程师或监理员进行复验；

4）施工作业中，施工作业层班组安全员、班组技术员应按照施工技术方案要求对拉线状态不间断进行监控，安全监理工程师或监理员对作业过程和拉线状态进行巡视检查；

5）上述各环节验收不通过，不得开展后续作业。

（2）地锚投入使用前必须通过验收。

1）施工单位、施工项目部均应建立机具管理台账，施工项目部安全员组织对使用的地锚进行经常性维护保养和定期自行检查，专业监理工程师组织对计划投入使用的地锚进行入场前审查；

2）地锚进入作业点前，由施工作业层班组负责人、班组安全员、班组技术员按照

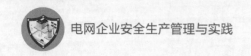

施工技术方案要求对地锚规格、数量、外观等进行核查、验收，专业监理工程师或监理员进行复验；

3）地锚施工中，施工作业层班组负责人、班组安全员、班组技术员应进行隐蔽工程核查、验收，专业监理工程师进行复验；

4）地锚埋设完毕，投入使用前，由施工作业层班组负责人、班组安全员按施工方案及规程规范要求进行验收，待安全监理工程师复验合格后挂牌公示；

5）施工作业中，施工作业层班组技术员、班组安全员应按照施工技术方案要求对地锚状态不间断进行监控，安全监理工程师或监理员对作业过程和地锚状态进行巡视检查；

6）上述各环节验收不通过，不得开展后续作业。

（3）索道投入使用前必须通过验收。

1）施工单位、施工项目部均应建立机具管理台账，施工项目部安全员组织对使用的索道进行经常性维护保养和定期自行检查，专业监理工程师组织对计划投入使用的索道进行入场前审查；

2）索道施工方案由施工项目部项目总工组织施工项目部技术员、施工作业层班组技术员计算编制、施工企业技术负责人审批后，报监理项目部总监理工程师审核，业主项目经理批准；相应计算书均应由计算人（方案编制相关计算人）、审核人（方案编制组织人）签字；

3）索道搭设完毕，投入使用前，施工作业层班组负责人、班组技术员、班组安全员按施工方案及规程规范要求进行验收，安全监理工程师进行复验后，待业主项目部安全专责核验合格后挂牌公示；

4）施工作业中，施工作业层班组安全员、班组技术员按照施工技术方案要求对索道运行状态不间断进行监控，安全监理工程师或监理员对作业过程和索道状态进行巡视检查；

5）上述各环节验收不通过，不得开展后续作业。

（4）组塔架线作业前地脚螺栓必须通过验收。

1）地脚螺栓进场前，专业监理工程师应严格执行《输电线路工程地脚螺栓全过程管控办法（试行）》（国家电网基建〔2018〕387号），组织对地脚螺栓进行验收；

2）组塔前转序验收前，由施工作业层班组技术员负责自检，施工作业层班组负责人予以确认。组塔前转序验收，施工项目部质检员、监理项目部专业监理工程师及业主项目部质量专责均应检查地脚螺栓的螺杆、螺母、垫板标记匹配情况；

3）杆塔塔脚板安装完成后，施工作业层班组技术员应检查地脚螺栓的安装及防卸情况并进行标记，安全监理工程师或监理员进行复核；

4）组塔架线作业中，每次开展作业前施工作业层班组技术员应检查地脚螺栓的安装及防卸情况，安全监理工程师或监理员应逐基逐个复核地脚螺栓；

5）架线前转序验收前，由施工作业层班组技术员负责完成自检，施工作业层班组负责人予以确认。验收时，施工项目部质检员、监理项目部专业监理工程师及业主项目部质量专责应检查两螺母、垫板与塔脚板是否靠紧；

6）上述各环节验收不通过，不得开展后续作业。

政策解读：地脚螺栓是基础阶段施工，但是出事往往是架线阶段。地脚螺栓大帽代替小帽，架线受力后（尤其是转角塔），受水平力，地脚螺帽规格脱出导致倒塔。因此，组塔时上螺帽、架线前检查螺帽紧固及匹配情况，是很有必要的。

3."五禁止"

（1）有限空间等条件下作业，禁止不满足通风及防护要求。

1）施工作业层班组技术员提出，施工项目部技术员复核后，报施工项目部项目总工在风险清册中明确有限空间作业范围，避免有限空间作业遗漏。

2）有限空间下作业（包含但不限于线路基坑、电缆管沟、变压器器身等），施工作业层班组负责人负责领用通风检测设备。作业前，施工作业层班组技术员进行交底，施工作业层班组安全员组织作业人员先通风、再检测，确保作业前有限空间内气体含量满足作业要求；作业过程中，施工作业层班组安全员全程监督作业人员按要求的时间间隔通风、按要求的时间间隔检测。安全监理工程师或监理员进行现场监督把关。

3）人工掏挖基础、挖孔桩作业，施工作业层班组负责人负责领用深基坑作业一体化装置。作业前，施工作业层班组技术员进行交底，施工作业层班组安全员组织作业人员正确操作装置；作业过程中，施工作业层班组安全员组织现场从开始成孔直到基础混凝土浇筑完毕全程使用深基坑作业一体化装置。安全监理工程师或监理员进行现场监督把关。

4）岩石基础爆破作业，应在公司明确的"强制应用地域、推广应用地域"采用二氧化碳致裂工法，其他地域积极推广应用。作业前，施工作业层班组技术员对相关人员进行安全交底，施工作业层班组安全员组织作业人员正确组装致裂管、充气、封孔；致裂完成后，施工作业层班组负责人使用专用送风的设备向孔内通风，用气体检测仪对坑内气体含量进行检测，合格后方可进行清坑作业。安全监理工程师或监理员全程进行现场监督把关。

（2）组塔架线等高空作业，禁止不使用攀登自锁器及速差自控。

1）攀登自锁器和速差自控器入场前，施工项目部安全员、专业监理工程师应组织检测验收；

2）施工作业层班组负责人负责对组塔架线高空作业人员配备攀登自锁器、速差自控器（或安全绳），施工作业层班组安全员、安全监理工程师或监理员应到场监护；

3）施工作业层班组安全员对组塔架线高空作业人员上下塔正确使用攀登自锁器

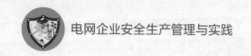

进行把关，安全监理工程师或监理员作业过程中全程进行监督；

4）施工作业层班组安全员对组塔架线高空作业人员高空作业应正确使用速差自控器（或安全绳）进行把关，安全监理工程师或监理员作业过程中全程进行监督。

（3）乘坐船舶或水上作业，禁止不穿戴救生装备。

1）乘坐船舶、水上作业前，施工作业层班组技术员提出，施工项目部技术员复核后，施工项目部方案编制人在施工技术方案中明确措施，并对作业层班组进行交底；

2）水上作业或运输租用的船舶或其他装备由施工项目部项目经理签订租赁合同、安全协议；

3）水上作业或运输租用的船舶开挖设备，以及救生衣等安全工机具由施工项目部安全员组织进行经常性维护保养和定期自行检查，专业监理工程师组织进行入场前审查；

4）水上作业和乘坐船舶前，施工作业层班组负责人应组织对相关人员进行安全交底，对开始作业和开航发出指令，防止船舶超员、超载，大风、大雾、大雪等恶劣天气进行水上作业或运输；施工项目部安全员对水上作业和乘坐船舶人员规范穿戴救生衣把关；安全监理工程师或监理员进行现场监督把关；

5）水上作业和乘坐船舶中，施工项目部安全员监督水上作业和乘坐船舶人员规范穿戴救生衣，监督船舶不得偏航行驶；

6）水上作业和乘坐船舶完毕，施工作业层班组负责人对水上作业和乘坐船舶人员进行点名，施工项目部安全员复核，安全监理工程师或监理员进行确认。

（4）紧断线平移导线挂线，禁止不交替平移子导线。

1）紧断线平移导线挂线作业，施工作业层班组技术员制定措施和核对杆塔受力情况，施工项目部技术员复核后，制定措施，并对施工作业层班组进行交底；

2）紧断线平移导线挂线前，施工作业层班组技术员进行交底，施工作业层班组负责人组织作业人员按照措施要求打好拉线，施工作业层班组技术员、班组安全员应按施工方案对拉线打拉情况进行把关，安全监理工程师或监理员进行现场监督；

3）紧断线平移导线挂线中施工作业层班组负责人应指挥作业人员交替进行平移子导线，以免造成杆塔单侧受力失稳；

4）平移子导线作业过程中，施工作业层班组安全员、施工作业层班组技术员对作业人员全程进行把关，安全监理工程师或监理员作业过程中全程进行监督。

（5）组立铁塔起立抱杆作业，禁止使用正装法。

1）施工单位、施工项目部均应建立机具管理台账，施工项目部安全员组织对使用的抱杆及拉线进行经常性维护保养和定期自行检查，专业监理工程师组织对计划投入使用的抱杆及拉线进行入场前审查；

2）内悬浮外拉线抱杆、铝合金小抱杆及普通落地抱杆组立，由施工项目部技术员组织施工作业层班组技术员计算编制（抱杆的选型，应由施工方案编制人根据实际情况及规程规范计算确定，并在施工方案中予以明确），施工项目部项目总工审批，报监理项目部总监理工程师批准；

3）座地抱杆（含双平臂落地抱杆、摇臂抱杆等）、内悬浮内拉线抱杆组立，应由施工项目部项目总工组织施工项目部技术员、施工作业层班组技术员计算编制专项施工技术方案（抱杆的选型，应由施工方案编制人根据实际情况及规程规范计算确定，并在施工方案中予以明确；内悬浮内拉线抱杆组立需具备抱杆受力监测装置，可远程在线监控抱杆主要部件受力、倾角数据、异常工况、工作状态等），施工企业技术负责人审批后，报监理项目部总监理工程师审核，业主项目经理批准，施工项目部项目总工对作业层班组进行交底；

4）抱杆组立前，施工作业层班组技术员进行交底；组立过程中，施工作业层班组安全员、施工作业层班组技术员对作业人员全程进行把关，安全监理工程师或监理员作业过程中全程进行监督。

四、配网工程安全管理"十八项禁令"

（一）出台背景与目的

为牢固树立安全生产"四个最"意识，进一步加强 10（20）千伏及以下配网工程（以下简称"配网工程"）安全管理，杜绝人身死亡事故，国网公司印发了《国家电网有限公司关于修订配网工程安全管理"十八项禁令"和防人身事故"三十条措施"的通知》（国家电网设备〔2020〕587 号），确保配网工程安全生产，防范各类安全事故。

（二）主要内容

1. 严禁转包和违规分包

工程承包单位是分包管理的责任主体，禁止以任何形式转包工程；禁止以劳务分包之名，行转包之实，不得以包代管；禁止将工程分包给不具备相应资质的施工企业和个人；禁止分包单位借用他人资质承揽分包工程；禁止分包单位对工作任务进行再次分包；分包合同应报业主项目部备案。

2. 严禁施工人员无证作业

所有施工人员进场施工前，应取得建设单位进场许可证。禁止无进场许可证人员进入施工现场，禁止无高空作业证人员登高作业，禁止无不停电作业证人员带电作业，禁止无特种作业证人员操作相关机具。业主、监理项目部应全面核查施工人员持证情况并常态化开展现场监督检查。

3. 严禁未经安全培训进场作业

参建人员应经相应的安全培训并考试合格，掌握本岗位所需安全生产知识、安全作业技能和紧急救护法。建设单位应定期对业主、监理项目部全体人员和施工项目部项目经理、工作负责人、安全员等关键人员进行安全培训。施工单位应对施工项目部全体作业人员（含专业分包、劳务分包人员）进行安全培训，并报建设单位备案。因故间断工作连续三个月及以上的参建人员，应重新进行安全培训，考试合格后方可恢复工作。

4. 严禁劳务分包人员担任工作负责人

工作负责人应由有专业工作经验、熟悉现场作业环境和流程、工作范围的施工单位自有人员担任。工作负责人名单应经施工单位考核、批准、公布，并报建设单位备案。

5. 严禁无票、无施工方案作业

施工单位应在作业前完成现场勘察，根据不同工作内容，填写对应的工作票（作业票），并严格履行签发、许可手续。施工方案由施工项目部编制，经监理项目部审查后，报业主项目部审批。

6. 严禁不交底开展施工

项目开工前，建设单位应组织运行、设计、监理、施工等单位进行设计及施工交底，交代设计意图、安全技术要求及相关注意事项；施工单位技术负责人向施工人员进行安全技术交底，交代安全质量要求和施工方法措施。现场作业前，工作负责人应对全体作业人员进行安全交底及危险点告知，交代安全措施并确认签字。

7. 严禁约时停、送电

停电、送电作业应严格执行工作许可制度，禁止采用约时停电、送电。停电工作前，工作许可人应与工作负责人核对线路名称、设备双重名称，检查核对现场安全措施，指明保留带电部位。恢复送电时，工作许可人应向工作负责人确认所有工作已完毕，所有工作人员已撤离，所有接地线已拆除，与记录簿核对无误并做好记录后，方可下令拆除各侧安全措施，合闸送电。

8. 严禁施工人员操作运行设备

为避免误操作造成的电网、人身安全事故，配电运行设备须由设备运维管理单位作业人员进行操作，禁止施工人员操作。

9. 严禁工作负责人（监护人）擅自离岗

工作负责人（监护人）在作业过程中应始终在工作现场认真监护，及时纠正不安全行为。工作期间，工作负责人若需暂时离开工作现场，应指定能胜任的人员临时代替，并告知全体工作班成员；若需长时间离开工作现场时，应变更工作负责人，并告知全体工作班成员及工作许可人。专责监护人临时离开时，应通知作业人员停止作业或离开作业现场；若必须长时间离开作业现场时，应变更专责监护人，告知全体被监护人员。

10. 严禁擅自扩大工作范围

扩大工作范围应履行相关手续。增加工作任务时，如涉及变更或增设安全措施，应重新办理工作票（作业票），履行签发、许可手续；如不涉及停电范围及安全措施变化，经工作票（作业票）签发人和工作许可人同意后，在原工作票（作业票）上注明增加的工作项目，并告知作业人员。

11. 严禁擅自变更现场安全措施

现场安全措施是降低作业风险的有效措施，任何单位或个人不得擅自变更。工作中若有特殊情况需要变更时，工作负责人、工作许可人应先取得对方同意，并及时恢复，变更情况应及时记录在工作票（作业票）上。

12. 严禁使用未经检验或不合格安全工器具

合格的安全工器具能有效防止设备和人身事故，保障作业人员人身安全。施工单位应设专人管理安全工器具，收发应严格落实验收手续，定期开展维护和检验，建立台账。施工人员使用前应进行安全工器具可靠性检查，确认无缺陷、试验合格后方可使用。

13. 严禁不验电、不挂接地线施工

接地前，应使用相应电压等级经检验合格的验电器进行验电，当验明确已无电压后，立即可靠接地。禁止作业人员擅自变更工作票中指定的接地线位置、数量，若需变更应由工作负责人征得工作票签发人或工作许可人同意，并在工作票上注明变更情况。

14. 严禁不打拉线放、紧线

放、紧线作业前应在耐张杆塔导线的反向延长线上装设临时拉线。临时拉线一般使用钢丝绳或钢绞线，对地夹角宜小于45°，一个桩锚上的临时拉线不得超过两根，临时拉线固定应牢固可靠。作业过程中应实时检查临时拉线受力情况。

15. 严禁杆基不牢登杆作业

作业人员在攀登杆塔前，应检查杆根、杆身、基础和拉线是否牢固，电杆埋深是否合格，铁塔塔材是否缺少，螺栓是否齐全、匹配和紧固。遇有冲刷、起土、上拔或导地线、拉线松动的杆塔，应先培土加固、打好临时拉线或支好架杆。禁止攀登杆基未完全牢固或未做好临时拉线的新立杆塔。

16. 严禁登高不系安全带

高处作业人员应正确使用安全带，宜使用有后备保护绳或速差自锁器的双控背带式安全带，安全带和保护绳应分挂在杆塔不同部位的牢固构件上。安全带及后备防护设施应高挂低用，高处作业过程中，应随时检查安全带牢靠情况，转移位置时不得失去安全带保护。

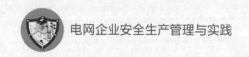

17. 严禁抛掷施工材料及工器具

高处作业所用的工具和材料应放在工具袋内或用绳索拴在牢固的构件上，较大的工具应系保险绳，施工用料应随用随吊。向坑槽内运送材料时，坑上坑下应统一指挥，使用溜槽或绳索向下放料，不得抛掷。任何人员不得在吊物下方接料或停留。

18. 严禁有限空间未通风、未检测进行作业

进入深基坑、电缆井、电缆隧道等有限空间作业，应坚持"先通风、再检测、后作业"的原则。作业前应进行风险辨识，分析有限空间气体种类并进行评估监测，做好记录。检测人员进行检测时，应当采取防中毒窒息等安全防护措施。检测时间不宜早于作业开始前 30 分钟，作业中断超过 30 分钟，应重新通风、检测合格后方可进入。

五、产业单位"九必须九不准"

（一）出台背景与目的

为贯彻国家安全生产工作部署，落实国家电网有限公司相关要求，切实加强省管产业作业现场安全管控，坚决防范各类安全事故，围绕省管产业作业现场安全风险特点，结合近年安全事故暴露的典型问题，因此提出"九必须九不准"工作要求，发布《国网产业部关于进一步加强省管产业作业现场安全管控严格执行"九必须九不准"的通知》（产业综〔2022〕11 号）。省管产业作业现场要严格落实，切实做到有章必循、违章必纠，筑牢安全生产防线。

（二）主要内容

1. 必须将各类作业计划全部纳入管控，不准无计划作业

管住计划是源头，计划管理是建立和维持良好生产作业秩序的前提，各级管理者根据任务进展、作业风险情况，科学组织施工、管理等资源力量投入，针对性部署安全防范措施，实现对作业风险的有效防控。管住计划就是要求各级管理人员抓牢作业计划这一龙头，通过严格的计划管控，做到对作业组织管理的超前谋划、超前准备，强化作业计划编审批管理，准确辨识、评估作业风险，合理制定风险控制措施，实现风险的超前预防和事故防范关口前移。计划管理。各级专业管理部门按照"谁主管、谁负责"分级管控要求，严格执行"月计划、周安排、日管控"制度，加强作业计划与风险管控，健全计划编制、审批和发布工作机制，明确各专业计划管理人员，落实管控责任。按照作业计划全覆盖的原则，将各类作业计划纳入管控范围，应用移动作业手段精准安排作业任务，坚决杜绝无计划作业。

2. 必须规范使用工作票（作业票），不准无票作业

生产技术部门负责工作票制度执行的管理，安全监察部门负责工作票制度的制定、执行的监督、考核工作。严禁无票作业。工作票必须统一顺序编号，一年之内不能有重复编号。工作票应由工作负责人或工作票签发人根据工作需要填写。填写时应与一次接线图进行核对。填写工作票应用黑色或蓝色笔，不准使用红色笔或铅笔。工作票一式两份，填写内容正确，字迹工整、清楚，不得任意涂改。计划停电时间和开关、刀闸、设备编号不得涂改，如涂改则原票作废。填写后的工作票由工作票签发人审核无误，签名后方可执行。已终结的工作票、作废（未执行）的工作票均应在"备注"栏正中间加盖"已终结"或"作废"章。对作废的工作票要注明作废原因。对已终结、作废（未执行）的工作票，收存单位均应妥善保管。每月由专人整理、分类统计、装订封面，并应注明存在问题和改进措施。保存期为一年，不得遗失。工作票、事故应急抢修单一份由换流站（变电站）保存，另一份由工作负责人交回签发单位保存。各管理处每年至少开展一次全员性的执行工作票制度的规范化、标准化培训。工作票所列人员每年应至少进行一次工作票手工填写训练，并进行总结分析。工作票一份应保存在工作地点，由工作负责人收执；另一份由工作许可人收执，按值移交。运行人员应将工作票的编号、工作任务、许可及终结时间等记入运行值班记录。

3. 必须选好队伍管好人，不准资质证照不符的队伍及安全考试不合格、无证人员进场作业

管住队伍是基础，队伍是作业组织实施的载体，技术技能水平高、安全履责能力强的队伍是保障现场作业安全有序组织实施的基础。管住队伍就是充分运用法治化和市场化手段，通过建立公平、公正、公开的安全准入和退出机制，对施工队伍实行作业全过程安全资信评价，全面实施"负面清单""黑名单"管控，对安全记录不良的队伍采取停工、停标等处理措施，把真正懂管理、有技术、有能力的队伍留在作业现场。依托安全生产风险管控平台，建立健全作业队伍安全资信数据库，在进场前对外部施工队伍实施安全资信审核、准入、报备管理，对外包队伍开展常态化考察，把好队伍安全准入关。积极推进送变电、省管产业单位等施工类企业核心分包队伍培育，择优选择参建队伍，严防资质挂靠，严禁资质不全、资信不良队伍入网作业，严禁超承载力承接工程，严肃整治违章指挥、私自作业。严格落实工程建管单位、项目管理单位责任，强化安全监督检查，及时曝光处置作业队伍的不安全行为。应用安全生产风险管控平台，开展作业单位相关安全事件、违章统计，对作业队伍安全管理能力实施动态评价，并在省（市）公司级单位范围内实现评价记录互通，督促作业队伍切实履行安全主体责任、加大安全投入、提高安全管控能力。建立健全"约谈""说清楚"等过程管控制度，依据违章记分、安全记录等评价结果，对作业队伍安全管控情况进行动态纠偏。全面实施"负面清单"和"黑名单"管控，对发生安全事故、安全管理混乱的外包队伍及其项目负责人，严格落实停工、停招标等失信惩治措施，坚决剔除安全管理不合格、不满足要求的施工单位，倒逼施工作业单位从源头侧强化安全管理。管住人员是关键，人是现场作业和管控措施执行的主体，也是作业风险管控最关键因素。管住人员就是通过建立完善的人员安全准入、评价、奖惩、退出等制度规范体系，对

各类作业人员实施严格的安全准入考试、违章记分管控和安全激励约束，强化全方位、全过程的监督管理，以安全制度规范人、用监督管控约束人、拿安全绩效引导人，做到"知信行"合一，切实增强作业人员主动安全意识和能力。依托安全生产风险管控平台等信息系统，动态建立作业人员名册，全面实行实名制管理。在进场作业前，对所有作业人员严格实施安全准入考试、资格能力审查，坚决防止安全意识不强、安全记录不良、能力不足的人员进入施工现场，严防作业人员自主作业。分层分级、分专业、分岗位实施安全技能等级认证，狠抓"三种人"等关键人员能力素质提升。制作事故警示和标准化作业示范视频片，应用在线培训、现场培训和体验式培训等手段，强化进场作业人员规程规范、施工技术、施工机具和安全工器具使用、事故应急处置培训，切实增强安全作业能力。动态开展现场作业人员资质、证照核查，推行人员违章记分，实施全员安全资信记录和人员安全"负面清单"管控，将安全记录与员工绩效考核、外包人员安全资信评价挂钩，对作业水平低、反复违章、安全素质能力严重不足的作业人员，及时清理出场。健全安全生产激励约束和人员退出机制，在深入开展现场安全督查基础上，以现场反违章工作为抓手，建立违章及时曝光和记分机制，依据人员违章记分情况，实施"负面清单"管控，严格执行停工学习、约谈、"说清楚"、重新准入等惩戒措施。合理设置安全专项奖励，重点向基层一线人员、向承担高风险作业人员倾斜。

4. 必须严肃安全技术交底，不准简化交底流程、遗漏危险点

做好设计交底。在工程开工前，设计人员（主设）对施工单位的管理人员（项目经理、技术员）、监理人员（总监、现场监理）、建设单位（业主项目部项目经理、安全、质量、技术等管理人员）进行交底。逐级做好安全技术交底。建设单位对施工项目部五大员、监理（总监、总代、监理员）交底，监理对施工项目部五大员交底，对施工班组长交底。施工项目部管理人员对作业班组长交底，作业班组长对班员（施工作业人员）交底，形式是通过站班会落实。供电所对施工单位交底。总包商要做好对分包商的安全技术交底。总包商管理人员对分包商现场负责人及管理人员交底。分包商现场负责人对施工作业人员交底。做好交底记录。在相应的交底记录上做好记录。

5. 必须严格落实停电、验电、挂接地线措施，不准超出接地保护范围作业

在全部停电或部分停电的电气设备上工作，必须完成停电、验电、装设接地线、悬挂标示牌和装设遮栏后，方能开始工作，不准超出接地保护范围作业。上述安全措施由值班员实施，无值班人员的电气设备，由断开电源人执行，并应有监护人在场。将检修设备停电，必须把各方面的电源完全断开（任何运行中的星形接线设备的中性点，必须视为带电设备）。必须拉开电闸，使各方面至少有一个明显的断开点，与停电设备有关的变压器和电压互感器，必须从高、低压两侧断开，防止向停电检修设备反送电。禁止在只经开关断开电源的设备上工作，断开开关和刀闸的操作电源，刀闸操

作把手必须锁住。验电时，必须用电压等级合适而且合格的验电器。在检修设备的进出线两侧分别验电。验电前，应先在有电设备上进行试验，以确认验电器良好，如果在木杆、木梯或木架上验电，不接地线不能指示者，可在验电器上接地线，但必须经值班负责人许可。高压验电必须戴绝缘手套。35千伏以上的电气设备，在没有专用验电器的特殊情况下，可以使用绝缘棒代替验电器，根据绝缘棒端有无火花和放电声来判断有无电压。表示设备断开和允许进入间隔的信号，经常接入的电压表等，不得作为无电压的根据。但如果指示有电，则禁止在该设备上工作。当验明确无电压后，应立即将检修设备接地并三相短路。这是保证工作人员在工作地点防止突然来电的可靠安全措施，同时设备断开部分的剩余电荷，亦可因接地而放尽。对于可能送电至停电设备的各部位或可能产生感应电压的停电设备都要装设接地线，所装接地线与带电部分应符合规定的安全距离。装设接地线必须两人进行。若为单人值班，只允许使用接地刀闸接地，或使用绝缘棒合接地刀闸。装设接地线必须先接接地端，后接导体端，并应接触良好。拆接地线的顺序与此相反。装、拆接地线均应使用绝缘棒或戴绝缘手套。接地线应用多股软裸铜线，其截面应符合短路电流的要求，但不得小于 $25mm^2$。接地线在每次装设以前应经过详细检查，损坏的接地线应及时修理或更换。禁止使用不符合规定的导线作接地或短路用。接地线必须用专用线夹固定在导体上，严禁用缠绕的方法进行接地或短路。需要拆除全部或一部分接地线后才能进行的高压回路上的工作（如测量母线和电缆的绝缘电阻，检查开关触头是否同时接触等）需经特别许可。拆除一相接地线、拆除接地线而保留短路线、将接地线全部拆除或拉开接地刀闸等工作必须征得值班员的许可（根据调度命令装设的接地线，必须征得调度员的许可）。工作完毕后立即恢复。

6. 必须认真核对设备名称和编号，不准擅自进入非作业区域

现场作业活动前，必须核对作业区域、设备名称和编号，检查确认系统、设备的现有状态，防止走错间隔、误操作和不安全事件的发生。不准操作与本岗位工作无关的开关按钮，不得擅自动用与工作无关的机电设备和专用器材。停电、停机进行设备检修时，必须在开关柜上挂贴"禁止合闸有人工作"警示牌，检修的设备上挂"有人工作"牌；检修完毕，恢复安措后终结工作票。

7. 必须正确使用安全带（绳）等安全防护用品，不准失去保护开展高处作业或攀登移位

高处作业人员必须使用安全带（绳），且宜使用全方位防冲击安全带。安全带（绳）和保护绳应分系在不同部位的牢固构件上，不得低挂高用，系安全带（绳）后应检查扣环是否扣牢。禁止将安全带（绳）系在移动或不牢固的物件上［如避雷器、断路器（开关）、隔离开关（刀闸）、电流互感器、电压互感器等］。砍剪树木时，安全带不得系在待砍剪树枝的断口附近或以上。在杆塔高空作业时，应使用有后备绳的双保险安全带。人员转位时，手扶的构件必须牢固，且不得失去后备保护绳的保护。进入杆塔横担前，应检查横担连接是否牢固和腐蚀情况，并须先将后备保护绳系在主杆或牢固构件上；下瓷瓶串时，安全绳应拴在横担主材上，安全带和安全绳或速差自控器不得同时使用；安装间隔棒时，安全带应系在一根子导线上。上下杆塔应沿脚钉或爬梯攀登，不得沿单根构件上爬或下滑，严禁利用绳索、拉线上下杆塔或顺杆下滑；上下脚手架应走斜道或梯子，不得沿绳、沿脚手架立杆或栏杆等攀爬；攀登无爬梯或无脚钉的钢筋混凝土电杆必须使用登杆工具，多人上下同一杆塔时应逐个进行；使用梯子登高要有专人扶守，并采取防滑限高措施；禁止携带器材登杆或在杆塔上移位。

8. 必须严格执行有限空间"先通风、再检测、后作业"，不准未经检测或检测不合格冒险作业

存在有限空间作业的企业，应严格执行"先通风、再检测、后作业"的原则，未经通风和检测，严禁作业人员进入有限空间作业。而且，工作环境发生变化时，应视为进入新的有限空间，重新通风和检测后方可进入。实施检测时，检测人员应处于安全环境，检测时要做好检测记录，包括检测时间、地点、气体种类和检测浓度等。检测指标包括氧浓度值、易燃易爆物质（可燃性气体、爆炸性粉尘）浓度值、有毒气体浓度值等。检测标准与检测工作应符合相关标准和要求。工作环境发生变化时，应视为进入新的有限空间，重新通风和检测后方可进入。

9. 必须严肃查纠违章，不准心存侥幸、包庇纵容

按照"谁主管、谁负责"和分层分级管理的原则，各单位应建立完善各级各类人员反违章职责，明确各级各类人员在反违章工作中的责任。各级安全第一责任人对本单位的反违章工作全面负责，为反违章工作提供人员、物质条件和管理平台。各级分管副职是对分管范围内的反违章工作负全责，策划、组织、开展分管范围内的反违章工作。安全生产保证体系是反违章工作的责任主体。在组织和实施各项生产活动的全过程落实反违章工作，定期进行班组生产承载力评估分析，定期对管辖范围内的管理违章、装置违章进行统计、分析、整改。安全生产监督体系是反违章工作的监督主体。制定完善反违章工作制度，组织开展并严格监督反违章工作，负责反违章工作的考核评估，定期分析通报反违章工作，提出改进措施。生产工区、专业所、车间、县供电企业（工区）是反违章工作的实施主体。严格按照规章制度开展生产活动，强化作业安全管理，严厉打击违章。班组是反违章工作的执行主体。自觉遵章守纪，严格执行标准化作业，开展自查自纠反违章，把违章现象消灭在萌芽状态。各级党群组织应围绕反违章开展思想政治、创优评先等工作，培育企业反违章安全文化，提高员工安全自保互保意识和技能。

【思考与练习】

1."十不干"具体内容有哪些?

【参考答案】

（1）无票的不干;

（2）工作任务、危险点不清楚的不干;

（3）危险点控制措施未落实的不干;

（4）超出作业范围未经审批的不干;

（5）未在接地保护范围内的不干;

（6）现场安全措施布置不到位、安全工器具不合格的不干;

（7）杆塔根部、基础和拉线不牢固的不干;

（8）高处作业防坠落措施不完善的不干;

（9）有限空间内气体含量未经检测或检测不合格的不干;

（10）工作负责人（专责监护人）不在现场的不干。

2."三算四验五禁止"中的"三算"包括哪些内容?

【参考答案】

（1）拉线必须经过计算校核;

（2）地锚必须经过计算校核;

（3）临近带电体作业安全距离必须经过计算校核。

第五章 安全基础保障

【本章概述】安全管理保障工作开展的好坏，直接影响企业安全管理的基础，应该得到各相关组织机构的高度重视。本章主要介绍安全基础保障工作，主要包括安全例会制度、安全教育培训、资源保障、安全文化建设及职业健康管理五项内容。

第一节 安全例会制度

【本节描述】本节主要讲述安全例会制度，包括安全生产委员会会议、年度安全工作会、安全网例会、班前班后会和月、周、日安全生产例会五部分内容。

一、安全生产委员会会议

企业应成立安全生产委员会（以下简称"安委会"），安委会主任由主要负责人担任，副主任由分管负责人担任，安委会成员由其他领导班子成员、助理、副总师，以及各部门主要负责同志组成；安委会应明确职责，建立工作制度，定期召开安委会会议，研究解决安全重大问题，决策部署安全重大事项。原则上，省公司级单位、地市公司级单位、县公司级单位每季度召开一次。

安委会主要履行以下职责：

（1）贯彻党中央、国务院安全生产工作部署和国家安全生产法律法规、方针政策，落实国务院安委会和国家有关部委安全生产工作要求，研究企业安全生产工作举措。

（2）分析安全生产形势，研究解决安全生产重大问题，对安全生产工作作出安排部署。

（3）协调明确企业各组织机构安全生产职责，监督其安全生产责任落实。

（4）审定安全生产规章制度、重要文件、工作方案。

（5）审定安全生产年度工作意见，确定年度安全生产目标和重点工作任务。

（6）审定安全生产巡查年度计划、阶段任务安排以及巡查组提交的巡查报告。

（7）审定较大以上安全事故调查处理报告。

会议组织：安委会会议由企业主要负责人主持，安委会全体成员参加。

会议内容：每年第一季度会议研究安全生产年度目标任务、年度电网运行方式等内容；其他季度会议研究部署季节性、阶段性安全生产工作和方案措施等。根据需要，可适时召开全体（扩大）会议或专题会议，落实上级安全生产部署，研究安全生产专项工作等。

会议纪要（记录）：会议形成纪要，以安委会文件印发。

二、年度安全工作会

企业应在每年初召开一次年度安全工作会议，总结上年度安全情况，部署本年度安全工作任务。

会议组织：年度安全工作会议由企业主要负责人主持，领导班子成员和各部门、各单位主要负责人参加。

会议内容：会议应贯彻上级及本企业年度工作会议精神，总结上年度安全工作情况，分析安全生产面临形势，部署本年度安全工作任务。

会议纪要（记录）：规范填写会议记录，按要求发布会议纪要。

三、安全网例会

企业应定期召开安全网例会，落实上级有关安全生产监督工作要求，分析安全生产动态，并研究布置下一阶段安全工作。原则上，省公司级单位应每半年召开一次，地市公司级单位、县公司级单位应每月召开一次。

会议组织：安全网例会由本企业安全总监主持，安全网有关成员参加。

会议内容：深入分析本企业安全风险管控、隐患排查治理、反违章等监督管理工作中存在的问题，查找薄弱环节、危险源及安全隐患，研究制定整改提升措施。

会议纪要（记录）：规范填写会议记录，按要求发布会议纪要。

四、班前班后会

班前会应结合当班运行方式、工作任务，开展安全风险分析，布置风险预控措施，组织交代工作任务、作业风险和安全措施，检查个人安全工器具、个人劳动防护用品和人员精神状况。班后会应总结讲评当班工作和安全情况，表扬遵章守纪，批评忽视安全、违章作业等不良现象，布置下一个工作日任务。

会议组织：班前班后会由班组长或工作负责人组织，班组全体人员参加。

会议内容：班前会应开展安全风险分析，宣读作业票向全体作业人员交底，"三交、三查"布置工作任务、安全措施，检查安全工器具、劳动防护用品和人员精神状况。班后会应总结讲评当班工作和安全情况，布置下一个工作日任务。

会议记录：规范填写班前班后会记录。

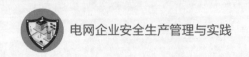

五、月、周、日安全生产例会

企业应每月召开安全生产分析会、每周召开生产运营调度例会、每日召开生产早会，形成"月分析、周协调、日管控"例会机制，推进安全生产工作有序开展。

（一）月安全生产例会

每月召开一次月安全生产例会，贯彻上级有关安全工作要求，总结分析上月安全生产工作状况，研究解决安全生产工作中存在的问题，部署下月安全生产工作。

会议组织：组织相关专业管理部门参加。

会议内容：组织学习安全文件、规章制度、事故通报、快报、安全简报，总结分析月度安全生产工作开展情况，协调解决安全工作中存在的问题。

会议纪要（记录）：规范填写会议记录，按要求发布会议纪要。

（二）周安全生产例会

每周召开一次周安全生产例会，贯彻上级有关安全工作要求，总结分析上周安全生产工作状况，研究解决安全生产工作中存在的问题，部署下周安全生产工作。

会议组织：组织相关专业管理部门参加。

会议内容：组织学习安全文件、规章制度、事故通报、快报、安全简报，总结分析周安全生产工作开展情况，协调解决安全工作中存在的问题。

会议纪要（记录）：规范填写会议记录，按要求发布会议纪要。

（三）日安全生产例会

每日召开一次日安全生产例会，贯彻上级有关安全工作要求，总结前一日安全生产工作情况，分析当日作业计划风险因素及安全防控措施。

会议组织：组织相关专业管理部门参加。

会议内容：分析今日作业计划风险因素及制定相应安全防控措施。

会议纪要（记录）：规范填写会议记录。

【思考与练习】

安全生产委员会会议多久召开一次（　　　）。

A. 每周　　　　　　　　　　B. 每月

C. 每季度　　　　　　　　　D. 每年

【参考答案】C

第二节　安全教育培训

【本节描述】本节主要讲述安全教育培训，包含安全教育培训作用、安全教育培训体系、安全教育培训工作内容、安全教育培训工作方式和安全教育培训考试五部分内容。

一、安全教育培训作用

（1）加强和规范企业安全教育培训工作，推进本质安全建设，提高从业人员安全素质和防护能力，防范伤亡事故，减轻职业危害。

（2）落实企业安全教育培训主体责任，牢固树立"培训不到位是重大安全隐患"的意识，建立健全各级安全教育培训体系和工作机制，并充分发挥其作用。

（3）坚持"管业务必须管安全""管安全必须管安全教育培训"的原则，执行先培训后上岗制度。所有从业人员上岗前必须经过安全教育培训并考核合格。从事国家规定的技术工种（职业）工作，必须按照《国家职业资格目录》取得相应的职业资格证书方可上岗。

二、安全教育培训体系

（一）健全落实以企业主要负责人负总责、领导班子成员"一岗双责"为主要内容的安全教育培训责任体系。建立覆盖省、地市、县公司和班组（所、站、队）各层级的安全教育培训工作体系。

（二）各级人力资源管理部门是教育培训管理工作的归口管理部门，应将安全教育培训纳入本单位年度教育培训计划，保证安全教育培训项目和经费。

（三）各级专业管理部门是本专业领域安全教育培训主体责任部门，负责业务范围内安全教育培训，制定并实施专业领域安全教育培训计划。

（四）各级安全监督管理部门负责协调、指导、监督、评价、考核本单位安全教育培训工作，组织汇总编制年度安全教育培训计划并督促实施。

三、安全教育培训工作内容

分层分类开展安全教育培训，各单位应每年至少开展一次交通、消防、应急避险、网络信息等公共安全知识为主要内容的全员培训。

14 类人员主要培训内容及要求如下（详见附件 5-1）：

（一）企业主要负责人

应具备与本企业所从事的生产经营活动相适应的安全知识与管理能力，自主学习及参加相关培训，主要包括以下内容：

（1）国家和上级有关安全生产的方针政策、法律法规、规章制度、标准规范等；

（2）安全责任清单；

（3）安全生产管理知识；

（4）安全风险管控、隐患排查治理、生产事故防范、职业危害及其预防措施；

（5）应急管理、应急预案以及应急处置知识；

（6）事故调查处理有关规定；

（7）典型事故和应急救援案例分析；

（8）国内外先进的安全生产管理经验；

（9）其他需要培训的内容。

（二）安全生产管理人员

应具备与本岗位相适应的安全知识和管理能力，自主学习及参加相关安全教育培训，主要包括以下内容：

（1）国家和上级有关安全生产的方针政策、法律法规、规章制度、标准规范等；

（2）安全责任清单；

（3）安全生产管理、安全生产技术、职业卫生等知识；

（4）安全风险分析、评估、预控和隐患排查治理知识；

（5）应急管理、应急预案以及应急处置要求；

（6）工作票（作业票）、操作票管理要求及填写规范；

（7）典型事故和应急救援案例分析；

（8）事故调查处理有关规定，伤亡事故统计、报告及职业危害的调查处理方法；

（9）国内外先进的安全生产管理经验；

（10）其他需要培训的内容。

（三）新入职人员

应逐级集中进行安全教育培训，安全教育培训内容应符合公司教育培训管理规定，主要包括以下内容：

（1）本单位安全生产情况；

（2）安全责任清单；

（3）安全基本知识；

（4）安全生产规章制度、安全规程和劳动纪律；

（5）从业人员安全生产权利和义务；

（6）紧急救护知识，特别是触电急救；

（7）作业场所和工作岗位存在的危险因素、防范措施以及事故应急措施；

（8）网络信息安全知识；

（9）消防安全知识和消防器材的使用方法；

（10）典型违章、有关事故案例等；

（11）其他需要培训的内容。

（四）新上岗（转岗）人员

应根据工作性质对其进行岗前安全教育培训，保证其具备岗位安全操作、紧急救护、应急处理等知识和技能，主要包括以下内容：

（1）安全生产规章制度和岗位安全规程；

（2）安全责任清单；

（3）所从事工种可能遭受的职业伤害和伤亡事故；

（4）所从事工种的安全职责、操作技能及强制性标准；

（5）工作环境、作业场所和工作岗位存在的危险因素、防范措施以及事故应急措施；

（6）自救互救、急救方法、疏散和现场紧急情况处理；

（7）安全设备设施、安全工器具、个人防护用品的使用和维护；

（8）典型违章、有关事故案例；

（9）安全文明生产知识；

（10）其他需要培训的内容。

（五）在岗生产人员

每年接受安全教育培训，主要包括以下内容：

（1）安全生产规章制度和岗位安全规程；

（2）安全责任清单；

（3）新工艺、新技术、新材料、新设备安全技术特性及安全防护措施；

（4）安全设备设施、安全工器具、个人防护用品的使用和维护；

（5）作业场所和工作岗位存在的危险因素、防范措施以及事故应急措施；

（6）典型违章、安全隐患排查治理、事故案例；

（7）职业健康危害与防治；

（8）其他需要培训的内容。

（六）班组长、安全员、技术员

每年接受安全教育培训，主要包括以下内容：

（1）安全生产法规规章、制度标准、操作规程；

（2）安全责任清单；

（3）安全防护用品、作业机具、工器具使用与管理；

（4）作业场所和工作岗位存在的危险因素、防范措施以及事故应急措施；

（5）作业标准化安全管控相关知识；

（6）工作票（作业票）、操作票管理要求及填写规范；

（7）安全隐患排查治理、违章查纠等相关知识；

（8）现场应急处置方案相关要求；

（9）有关的典型事故案例；

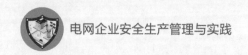

（10）其他需要培训的内容。

（七）工作票（作业票）、操作票相关资格人员

地市公司级、县公司级单位每年应对工作票（作业票）签发人、工作许可人、工作负责人（专责监护人）、倒闸操作人、操作监护人等进行专项培训，并经考试合格、书面公布。主要包括以下内容：

（1）安全工作规程、现场运行规程和调度、监控运行规程等；

（2）工作票（作业票）、操作票管理要求及填写规范；

（3）作业场所和工作岗位存在的危险因素、防范措施以及事故应急措施；

（4）作业标准化安全管控相关知识；

（5）典型违章、安全隐患排查治理、违章查纠等相关知识；

（6）其他需要培训的内容。

（八）电力建设施工企业主要负责人和安全生产管理人员

应按照政府主管部门和上级单位的要求，进行安全生产知识和管理能力考核并合格，依法取得国家规定的相应资格，自主学习并参加相关培训，主要包括以下内容：

（1）国家和上级有关工程建设安全生产的方针政策、法律法规、规章制度、标准规范等；

（2）安全责任清单；

（3）工程建设安全管理、安全生产技术、标准化作业、职业卫生、安全文明施工等相关知识；

（4）工程建设安全风险识别、评估、预控，重大危险源管理、事故防范等知识；

（5）大型施工机械、施工器具、安全设施、安全工器具、个人防护用品的安全管理要求；

（6）应用的新技术、新装备、新材料、新工艺有关安全知识；

（7）应急管理、应急处置方案的编制和演练；

（8）事故调查处理有关规定，伤亡事故统计、报告及职业危害的调查处理方法；

（9）典型事故和应急救援案例分析；

（10）国内外先进的工程建设安全管理经验；

（11）其他需要培训的内容。

（九）工程项目部相关管理人员

应具备与所从事的工程项目建设相适应的安全知识与管理能力，依法取得国家规定的相应资格，自主学习并参加相关培训，主要包括以下内容：

（1）国家和上级有关工程建设安全生产的方针政策、法律法规、规章制度、标准规范等；

（2）安全责任清单；

（3）工程建设安全生产管理、安全生产技术、标准化作业、职业卫生、安全文明施工等相关知识；

（4）工程建设安全风险识别、评估、预控，作业场所和工作岗位存在的危险因素、防范措施以及事故应急措施；

（5）大型施工机械、施工器具、安全设施、安全工器具、个人防护用品的检查、使用、维护等安全管理要求；

（6）施工中应用的新技术、新装备、新材料、新工艺有关安全知识；

（7）现场应急管理、应急处置方案的编制和演练；

（8）事故调查处理有关规定，伤亡事故统计、报告及职业危害的调查处理方法；

（9）典型违章、事故和应急救援案例分析；

（10）国内外先进的工程建设安全管理经验；

（11）其他需要培训的内容。

（十）特种作业人员

必须按照国家规定的培训大纲，接受与本工种相适应的、专门的安全技术培训，经考核合格取得《特种作业操作证》，并经单位书面批准方可参加相应的作业。离开特种作业岗位 6 个月的作业人员，应重新进行实际操作考试，经确认合格后方可上岗作业。

（十一）特种设备作业人员

必须按照国家规定的培训大纲，接受与本工种相适应的、专门的安全技术培训，经考核合格取得《特种设备作业人员证》，并经单位批准方可从事相应作业或管理工作。

（十二）劳务派遣人员

使用劳务派遣人员的单位，应当将其纳入本单位从业人员统一管理，对劳务派遣人员进行岗位安全规程和安全操作技能的教育培训和考试。劳务派遣单位应对劳务派遣人员进行必要的安全教育培训。

（十三）外来工作人员

使用单位应对劳务分包、厂家技术支持等人员进行必要的安全知识和安全规程的培训，如实告知作业场所和工作岗位存在的危险因素、防范措施以及事故应急措施，并经设备运维管理单位认可后方可参与指定工作。

（十四）应急抢修人员

各单位应每年对应急救援基干分队、应急抢修队伍、应急专家队伍人员，开展应急理论、应急预案和相关技能培训。

四、安全教育培训工作方式

各单位应采用集中培训、技能培训、现场培训、在岗自学、仿真培训、远程培训等方式，开展形式多样的安全教育培训。

（1）集中培训：各单位应自行组织或委托专业培训机构开展集中式脱产培训，结果纳入安全教育培训档案。

（2）技能实训：各单位应对所有生产技能人员，开展针对性的安全技能培训，详细记录培训过程及结果。

（3）现场培训：各单位应结合现场设备、作业环境等实际情况，开展针对性、示范性、互动式安全教育培训。

（4）在岗自学：员工在岗期间因积极主动自学安全知识，跟踪学习最新法规规章和安全技术标准。

（5）仿真培训：各单位应采用仿真技术手段对水电、变电、调控、特种作业等人员，定期进行安全教育培训。

（6）远程培训：各单位应充分利用网络大学广泛实施远程安全教育培训，及时更新网络培训资源，实行网络培训学时学分制。

（7）跟班实习：新上岗人员应指定专人负责，采取"师带徒"、轮班实习等方式进行跟班学习。

五、安全教育培训考试

各单位应定期组织安全考试，实行从业人员安全考试全覆盖，结果纳入安全教育培训档案。

（1）各单位应每年至少组织一次生产人员安全规程的考试，并对考试情况进行通报。

（2）省（区）公司级单位领导、安全监督机构负责人按要求参加省公司和政府有关部门组织的安全法律法规考试。

（3）省（区）公司级单位对本部生产管理部门负责人和专业人员，对所属地市级单位的领导干部、生产管理部门负责人，每年进行一次有关法律法规和规章制度考试。

（4）地市公司级单位对本单位生产管理部门负责人及专业人员、二级机构负责人、县公司级单位及其生产管理部门负责人，每年进行一次有关法律法规、规章制度、规程规范考试。

（5）地市公司单位二级机构、县公司级单位每年至少组织一次对班组人员的安全规章制度、规程规范考试。

（6）各单位应定期对全体从业人员开展交通、消防、应急避险、网络信息等公共安全知识考试。

【思考与练习】

安全教育培训工作方式有哪些？

【参考答案】

各单位应采用集中培训、技能培训、现场培训、在岗自学、仿真培训、远程培训等方式，开展形式多样的安全教育培训。

（1）集中培训：各单位应自行组织或委托专业培训机构开展集中式脱产培训，结果纳入安全教育培训档案。

（2）技能实训：各单位应对所有生产技能人员，开展针对性的安全技能培训，详细记录培训过程及结果。

（3）现场培训：各单位应结合现场设备、作业环境等实际情况，开展针对性、示范性、互动式安全教育培训。

（4）在岗自学：员工在岗期间因积极主动自学安全知识，跟踪学习最新法规规章和安全技术标准。

（5）仿真培训：各单位应采用仿真技术手段对水电、变电、调控、特种作业等人员，定期进行安全教育培训。

（6）远程培训：各单位应充分利用网络大学广泛实施远程安全教育培训，及时更新网络培训资源，实行网络培训学时学分制。

（7）跟班实习：新上岗人员应指定专人负责，采取"师带徒"、轮班实习等方式进行跟班学习。

第三节 资 源 保 障

【本节描述】本节主要讲述资源保障，包括人力资源、安全投入、物资供应、科技支撑和信息化五部分内容。

一、人力资源

企业人力资源管理部门负责机构设置、人员配置、人才培养、考核激励等业务管理，以人力资源的高质量、高效率为目标，秉持"发展依靠员工、发展为了员工"，统筹组织建设、人才建设和能力建设，为企业战略实施提供有力的组织、机制和人才保障。

（一）机构设置

统筹考虑企业战略、发展阶段、专业特点、所在地域等因素，适应生产力发展需要，因地制宜、因时制宜开展组织机构优化调整，差异化开展能效评估，确保机构设置合理、高效运转，为安全生产提供组织保障。

（二）人员配置

科学编制定员定额标准，持续优化劳动用工策略，强化内部人力资源市场应用，畅通员工发展通道，盘活内部用工存量，重点关注生产一线人员补充，推动核心班组

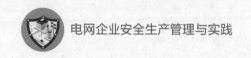

建设，为安全生产提供人员保障。加强业务外包规范管理，做好业务外包全过程管控，坚决杜绝"以包代管""假外包、真派遣"等问题，防范用工风险。

（三）人才培养

深化"大培训"体系建设，构建技能型、多元型、开放型、合作型培训模式，优化培训资源一盘棋布局，完善培训管理、运行机制，提高培训针对性和实效性，提升全员专业素质。实施人才培养"三大工程"，突出技能、业绩、创新导向，加大专家、青年托举、电力工匠等人才选拔力度，注重新型电力系统、特高压、二次系统等专业领域人才培养和储备，健全人才使用、激励、考核一体化机制，形成梯级"人才池"。

（四）考核激励

加强薪酬激励，将员工工资与岗位价值、安全责任、能力素质、工作业绩等挂钩，收入分配向核心业务岗位、生产一线、技能优秀人员倾斜。深化企业负责人业绩考核，将考核结果与企业负责人薪酬、各单位工资总额挂钩，向业绩优秀的单位倾斜。加大安全专项奖惩，对做出安全贡献的组织和人员进行奖励，对责任安全事件、违章等组织和个人进行惩处。鼓励采用目标任务制、工作积分制、责任包干制、抢单制等方式，精准衡量工作量和绩效贡献，根据考核结果核定绩效工资，实现收入能增能减。

二、安全投入

企业应建立安全投入保障制度，保证安全所需资金的投入，保证反事故措施和安全技术劳动保护措施所需经费。安全投入必须严格执行《企业安全生产费用提取和使用管理办法》，按照"企业提取、政府监管、确保需要、规范使用"的原则进行管理。

（一）安全生产费使用要求

（1）企业安全监督部门根据相关制度标准，从改善作业环境和劳动条件、防止伤亡事故、预防职业病、加强安全监督管理等方面，组织编制安全技术劳动保护措施计划。

（2）企业设备管理部门依据反事故技术措施、安全隐患治理、重大缺陷消除、设备可靠性技术改进措施以及事故防范对策编制反事故措施计划，并纳入检修、技改计划。

（3）企业财务部门按照年度反事故措施计划和安全技术劳动保护措施计划等安全生产所需费用，明确列支渠道和管理流程，保障安全生产资金投入，并规范使用。

（4）企业人力资源管理部门按照一定标准，设立安全专项奖励基金，用于对实现安全目标和做出贡献的单位（集体）、个人给予表彰奖励。

（5）安全费用按照《企业安全生产费用提取和使用管理办法》中相关规定进行提取，生产费用按照输配电电价核定的标准运维成本列支，并纳入年度预算管理，专项核算，不得挤占和挪用。

（6）企业财务、审计、纪委等部门，应结合审计、巡视等检查，对安全生产费用实施情况进行监督，开展项目资金使用后评估，确保资金支付手续及凭据符合相关规定。

（二）安全生产费使用范围

电力生产与供应企业安全费用应当按照以下范围使用：

（1）完善、改造和维护安全防护设施设备支出（不含"三同时"要求初期投入的安全设施），包括发电、输电、变电、配电等设备设施的安全防护及安全状况的完善、改造、检测、监测及维护，作业场所的安全监控、监测以及防触电、防坠落、防物体打击、防火、防爆、防毒、防窒息、防雷、防误操作、临边、封闭等设施设备支出。

（2）配备、维护、保养应急救援器材、设备设施支出和应急救援队伍、应急预案修订与应急演练支出。

（3）开展重大危险源检测、评估、监控支出，安全风险分级管控和事故隐患排查整改支出，安全生产信息化建设、运维支出。

（4）安全生产检车、评估评价（不包括新建、改建、扩建项目安全评价）、咨询和标准化建设支出。

（5）安全生产宣传、教育、培训和从业人员发现并报告事故隐患的奖励支出。

（6）配备和更新现场作业人员安全防护用品支出。

（7）安全生产使用的新技术、新标准、新工艺、新设备的推广应用支出。

（8）安全设施及特种设备检测检验支出。

（9）安全生产责任保险支出。

（10）其他安全生产直接相关的支出（不含水电站大坝重大隐患除险加固支出、燃煤发电厂贮灰长重大隐患除险加固支出）。

电力建设工程施工企业安全生产费使用要立足满足工程现场安全防护和环境改善需要，优先用于保证工程建设过程达到安全生产标准化要求所需的支出，具体应当在以下范围使用：

（1）完善、改造和维护安全防护设施设备支出（不含"三同时"要求初期投入的安全设施），包括：

1）钢管扣件组装式安全围栏、门形组装式安全围栏、绝缘围栏、安全隔离网、提示遮栏、安全通道等安全隔离设施购置、租赁、运转费用；

2）钢制盖板等施工孔洞防护设施购置、租赁、运转费用；

3）直埋电缆方位标志、过路电缆保护套管、漏电保护器、应急照明，在满足正常使用外，用于提高安全防护等级的施工用电配电箱、便携式电源卷线盘等设施购置、租赁、运转费用；

4）易燃、易爆液体或气体（油料、氧气瓶、乙炔气瓶、六氟化硫气瓶等）危险品专用仓库建设费用，防碰撞、倾倒设施购置、租赁、运转费用；

5）高处作业平台临边防护、绝缘梯子等防护设施购置、租赁、运转、检测、维护保养费用；

6）灭火器、沙箱、水桶、斧、锹等消防器材（含架箱）购置、租赁、运转、检测、维护保养费用；

7）绝缘安全网和绝缘绳购置、租赁、运转、检测、维护保养费用；

8）验电器、绝缘棒、工作接地线和保安接地线等预防雷击和近电作业防护设施购置、租赁、运转、检测、维护保养费用；

9）有害气室内或地下工程装设的强制通风装置或有害气体监测装置购置、租赁、运转、检测、维护保养费用；

10）施工机械上的各种保护及保险装置购置、检测、维护保养费用，小型起重工器具检测、维护、保养费用，配合施工方案、作业指导书安全控制措施采用的临时设施采购、租赁、运转费用；

11）为施工作业配备的防风、防腐、防尘、防水浸、防雷击等设施、设备购置、运转费用，防治边帮滑坡的设施及与之相关的配合费用。

（2）配备、维护、保养应急救援器材、设备、物资支出和应急演练支出，包括应急救援设备器材、急救药品购置、租赁、运转、维护费用，施工现场防暑降温费用。

（3）开展重大危险源和事故隐患评估、监控和整改费用。

（4）安全生产检查、评价（不包括新建、改建、扩建项目立项阶段的安全评价）、咨询和标准化建设支出，包括：

1）安全标志牌、限速指示牌、设施设备状态标示牌、操作规程牌、施工现场风险管控公示牌、应急救援路线公示牌等为满足施工安全标准化建设所投入设施购置、租赁、运转费用；

2）提醒警示和人员的考勤等进出施工现场管理设施物品采购、租赁费用，施工现场依托数字通信网传输的单兵移动视频监控器材购置、租赁、运转费用；

3）施工人员食堂用于卫生防疫设施购置费用，高海拔地区防高原病、疫区防传染等配套设施、措施及运转费用；

4）工程施工高峰期，委托第三方对安全管理工作进行阶段性评价费用，参加国家优质工程评选项目的竣工安全性评价等专项评价费用；

5）施工企业、施工项目部组织开展安全生产检查、咨询、评比、安全施工方案专家论证、配合职业健康体系认证所发生的相关费用。

（5）配备和更新现场作业人员（含劳务分包人员）安全防护用品支出，包括安全帽、安全带、全方位防冲击安全带、攀登自锁器、速差自控器、二道防护绳、水平安全绳、绝缘手套、防护手套、防护眼镜、防毒面具、防护面具、防尘口罩、防静电服（屏蔽服）、雨衣、救生衣、绝缘鞋、雨靴、防寒类等个人防护用品购置、租赁及保养、更换费用。

（6）安全生产宣传、教育、培训支出，包括安全宣传类标牌制作、租赁、运转费用，安全生产有关的书籍（法律、法规、标准、规范等）购置费用。

（7）安全生产适用的新技术、新标准、新工艺、新装备的推广应用费用。

（8）安全设施及特种设备检测检验支出，包括安全环境检测检验费用，对电力安全工器具和安全设施进行检测、试验所用的设备、仪器、仪表等。

（9）其他与安全生产直接相关的费用。

三、物资供应

企业物资管理部门负责物资采购、仓储管理、配送调拨、应急物资等业务管理，实行"一体平台运行、全链业务贯通、多维组织协同、优质服务保障"的运作模式，为企业工程建设、电网运行和生产管理提供优质高效物资保障。

（一）物资采购

集中采购的输变电、配网设备材料等电网物资采取监造、抽检、巡检、出厂验收或试验见证等手段，电商平台交易专区（ECP2.0）采购物资采取用户评价、抽检等手段，进行质量管控，确保入网物资质量。

（二）仓储管理

物资仓储管理按照"合理储备、加快周转、保质可用、永续盘存"的要求，实现库存信息"一本账"，通过定期组织开展核实盘点、包装整理、维护保养等工作，确保库存物资质量完好、随时可用。

（三）配送调拨

物资配送遵循"确保安全、准时快捷、服务优质、配送优化"的原则，制定配送计划并组织实施，对运输过程进行监控，提升物资配送过程安全管控水平。依托智慧供应链平台贯通物资信息数据，打通最后一公里，保证物资调拨响应及时。

（四）应急物资

建立应急物资储备保障机制，根据地域特征、电网运行、气候特点和应急需要，采用实物储备、协议储备和动态周转相结合的综合储备方式，对应急物资分片储备，并定期组织开展应急演练，有力保障应急物资供应。

四、科技支撑

企业科技创新管理部门负责科技创新、技术标准业务管理，深入实施创新驱动发展和"科技保安""科技兴安"战略，完善科技创新体系，增强科技创新能力，有力支撑新型电力系统建设，为企业和电网高质量发展、安全发展提供科技支撑。

（一）项目储备

科技项目储备应以解决安全生产现场实际问题为导向，以各专业管理部门为主导，策划储备亟待需要解决的"卡脖子"技术和关键核心技术问题，科学布局安全风险管控、

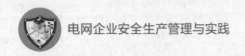

设备智能运检等科技攻关项目，畅通安全生产应急科技项目立项"绿色通道"。

（二）项目实施

科技项目实施应严格按照项目任务书要求开展技术攻关，在生产现场推广应用新装备、新工法、新技术、新工艺，以"机械化换人、自动化减人、智能化无人"为目标，通过科技创新，从源头上降低安全生产风险，为安全生产赋能赋智。

（三）成果转化

科技成果转化推广应依托省管产业单位拓展渠道，全面应用深基坑作业技术、大功率牵张机、低压台区监测装置、"小飞人"带电作业等科技成果，加大视频终端、智能终端推广应用，利用先进的科技技术手段，提高现场作业效率和安全管控水平。

（四）科技规划

科技创新工作应紧密围绕安全生产技术发展前沿，滚动修编科技规划，重点项目实施"揭榜挂帅""赛马制"，在重点领域实现创新突破；依托柔性团队，在数字化安全管控、应急能力提升等领域开展联合攻关，解决安全生产、应急管理实际问题。

五、信息化

（一）基础信息化

应用安全生产风险管控、基建全过程管控、新一代设备资产精益管理（PMS3.0）、智慧应急指挥等系统平台和移动作业终端，实现作业计划、施工队伍、作业人员、作业现场全流程管理和电网、作业风险全过程管控，推进安全生产业务线上化、透明化、标准化。

（二）业务数字化

依托业务、数据、技术中台，贯通各专业系统信息，融合共享业务数据，加快安全生产与信息技术深度融合，强化数字化安全管控手段和能力建设；加大"云、管、边、端"等现代化信息技术应用，推进安全生产业务数字化转型升级。

（三）数字业务化

利用"大云物移智链"等现代化信息技术，联通地方政府气象、地质、地震、水利、应急等公共数据资源和自然灾害风险排查结果数据，推进安全生产数字业务化，实现安全生产从"事后"处理向"事前、事中"预警式处理转变。

【思考与练习】

安全资源保障的措施包括（　　　）。

A. 人力资源　　　　　　　　B. 安全投入

C. 物资供应　　　　　　　　D. 科技支撑　　　　　　　　E. 信息化

【参考答案】ABCDE

第四节　安全文化建设

【本节描述】本节主要讲述安全文化建设，依据国家能源局《电力安全文化建设指导意见》（国能发安全〔2020〕36号）、国家能源局关于印发《电力安全生产"十四五"行动计划》的通知（国能发安全〔2021〕62号）等文件制定本节内容，包含安全文化定义、安全文化体系、推进企业安全文化建设、安全文化建设基本准则、安全文化建设实施方法及评价等内容。

1986年，国际核安全检查咨询组（INSAG）首先提出安全文化的概念。两年后，INSAG在其核安全的基本原则中把安全文化（safety culture）的概念作为一种基本的管理原则，提出安全的目标必须渗透到核电厂发电所进行的一切活动中。1991年国际安全咨询组编写的75−INSAG−4报告《安全文化》面世，标志安全文化正式在世界各国传播和实践。在中国劳动保护科学技术学会的推动下，我国在核电工业、交通运输业、建筑业、石油化工业、冶金等领域逐步引入并推广这一概念，并兴起研究和建设安全文化的热潮。

一、安全文化定义

英国健康安全委员会对安全文化的定义是：一个单位的安全文化是个人和集体的价值观、态度、能力和行为方式的综合产物。安全文化可分为三个层次，一是可见之于形、闻之于声的表层文化，如企业的安全文明生产环境与秩序等；二是企业安全管理体制的中层文化，它包括企业内部的组织机构、管理网络、部门分工及安全生产法规与制度建设；三是沉淀于企业及其职工心灵中安全意识形态的深层文化，如安全思维方式、安全行为准则、安全价值观等。其中最重要的是深层文化，它支配着企业职工的行为趋向，而表层文化、中层文化的状况也会反作用于企业的深层安全文化。

安全文化有广义和狭义之别，但从其产生和发展的历程来看，安全文化的深层次内涵，仍属于"安全教养""安全修养"或"安全素质"的范畴。也就是说，安全文化主要是通过"文之教化"的作用，将人培养成具有现代社会所要求的安全情感、安全价值观和安全行为表现的人。

二、安全文化体系

（一）安全文化的形态体系

从文化的形态来说，安全文化的范畴包涵安全观念文化、安全行为文化、安全管理文化和安全物态文化。安全观念文化是安全文化的精神层，安全行为文化和安全管理文化是安全文化的制度层，安全物态文化是安全文化的物质层。

安全观念文化。主要是指决策者和大众共同接受的安全意识、安全理念、安全价值标准。安全观念文化是安全文化的核心和灵魂，是形成和提高安全行为文化、制度文化和物态文化的基础和原因。当代，需要建立的安全观念文化是：预防为主的观念；安全也是生产力的观点；安全第一的观点；安全就是效益的观点；安全性是生活质量的观点；风险最小化的观点；最适安全性的观点；安全超前的观点；安全管理科学化的观点等。同时还有自我保护的意识；保险防范的意识；防患未然的意识等。

安全行为文化。指在安全观念文化指导下，人们在生活和生产过程中的安全行为准则、思维方式、行为模式的表现。行为文化既是观念文化的反映，同时又作用和改变观念文化。现代工业化社会，需要发展的安全行为文化是：进行科学的安全思维；强化高质量的安全学习；执行严格的安全规范；进行科学的安全领导和指挥；掌握必需的应急自救技能；进行合理的安全操作等。

安全管理（制度）文化。安全管理文化是企业行为文化中的重要部分，因此放在专门的地位来探讨。管理文化指对社会组织（或企业）和组织人员的行为产生规范性、约束性影响和作用，它集中体现观念文化和物质文化对领导和员工的要求。安全管理文化的建设包括从建立法制观念，强化法制意识，端正法制态度，到科学地制定法规、标准和规章，以及严格的执法程序和自觉的执法行为等。同时，安全管理文化建设还包括行政手段的改善和合理化；经济手段的建立与强化等。

安全物态文化。安全物态文化是安全文化的表层部分，它是形成观念文化和行为文化的条件。从安全物质文化中往往能体现出组织或企业领导的安全认识和态度，反映出企业安全管理的理念和哲学，折射出安全行为文化的成效。所以说物质是文化的体现，又是文化发展的基础。企业生产过程中的安全物态文化体现在：一是人类技术和生活方式与生产工艺的本质安全性；二是生产和生活中所使用的技术和工具等人造物及与自然相适应的有关的安全装置、仪器、工具等物态本身的安全条件和安全可靠性。

（二）安全文化的对象体系

对于企业安全文化的建设，一般说有 5 种安全文化的对象：法人代表或企业决策者，企业生产各级领导（职能部室领导、车间主任、班组长等），企业安全专职人员，企业职工，职工家属。对于不同的对象，所要求的安全文化内涵、层次、水平是不同的。例如，企业法人的安全文化素质强调的是安全观念、态度、文全法规与管理知识，对其不强调安全的技能和安全的操作知识。例如一个企业决策者应该建立的安全文化观念有：安全第一的哲学观；尊重人的生命与健康的情感观；安全就是效益的经济观；预防为主的科学观等。不同的对象要求不同的安全文化内涵，其具体的知识体系需要通过安全教育和培训来建立。

（三）安全文化的领域体系

从安全文化建设的空间来讲，有安全文化的领域体系问题，即行业、地区、企业由于生产方式、作业特点、人员素质、区域环境等因素，造成安全文化内涵和特点的差异性及典型性。因此，从企业安全文化建设的需要出发，安全文化涉及的领域体系分为企业外部社会领域的安全文化，如家庭、社区、生活娱乐场所等方面的安全文化；企业内部领域的安全文化，即厂区、车间、岗位等领域的安全文化。例如，交通安全文化的建设既有针对行业内部（民航、铁路内部等）的安全文化建设问题，也有公共领域（候机楼、道路等）的安全文化建设问题。从整体上认识清楚安全文化的范畴，对建设安全文化能起到重要的指导作用。

三、推进企业安全文化建设

"十三五"期间，电力行业认真学习领会习近平总书记关于安全生产重要论述，坚决贯彻落实党中央、国务院关于安全生产决策部署，深刻汲取电力重特大事故教训，大力推进电力安全生产领域改革发展，逐步形成了"安全是技术、安全是管理、安全是文化、安全是责任"的"四个安全"治理理念并有力指导了电力安全生产实践，"和谐·守规"的电力安全文化氛围基本形成，"电力安全文化建设年"活动成效明显，电力企业安全文化建设广泛开展并各具特色，初步构建起了自我约束、持续改进的安全文化建设长效机制。

2021年12月8日国家能源局关于印发《电力安全生产"十四五"行动计划》的通知（国能发安全〔2021〕62号）提出把握"十四五"时期电力发展新阶段新特征新要求，按照"三管三必须"原则，牢固树立"四个安全"治理理念，以"四个安全"治理理念为引领，依托技术保障安全、管理提升安全、文化促进安全、责任守护安全，系统谋划技术支撑、管理提升、文化建设和责任落实的各项措施，全面提升电力本质安全水平。

（一）推进安全文化建设

持续加强"和谐·守规"安全文化建设。贯彻落实《电力安全文化建设指导意见》，推进文化制度、组织机构、传播体系、产业发展机制、品牌创建、教育培训等六项重点工程建设，利用工业互联网、大数据、人工智能技术，形成电力安全文化新形态。完善电力企业安全文化建设基本规范，打造各具特色的企业安全文化。强化电力企业管理层的安全文化引领作用，提高主要负责人参与安全文化活动的频度。大力开展电力安全科普基地建设和科普宣传工作，利用"安全生产月""国家防灾减灾日"等活动，固化一批安全科普精品活动项目，提高全员安全文化建设参与度。

完善电力安全生产教育培训体系。加强对电力行业安全教育培训工作指导，完善相关规章制度，利用信息化技术建立安全培训教材库和师资库，整合分享教学资源和师资力量，全面提高培训水平。要在企业内部建立分层分类的安全生产培训管理标准，重点加强对安全管理人员、新入职人员及临时劳工人员的培训，提高培训标准，保障培训效果。进一步规范电力从业人员职业技能取证培训和技能鉴定管理，研究建立电力行业注册安全工程师联合培养机制。建设电力行业安全生产教育培训信息化平台，开展安全培训大数据分析和应用，促进培训质量提升和人才资源共享。

构建电力安全文化建设评估体系。针对电网、水电、新能源、电力建设等不同类型企业，研究电力安全文化评估方法，确定电力安全文化建设评估指标，建立电力安全文化建设评估体系。试点开展电力企业班组安全文化建设成效评估，进一步探索员工安全文化建设评估方式，对员工安全意识、安全行为、安全能力、安全习惯等安全文化素养进行系统评估，激发企业安全工作活力，营造安全生产良好氛围。

（二）安全文化精品工程建设推广行动

研究制定电力企业安全文化精品工程建设标准，针对不同类型企业，不同地域和专业特点，总结和培育一批特色鲜明、参与度广、确有实效的安全文化精品工程。设立电力行业安全文化建设指导中心，汇聚行业和社会资源，培养一批高水平的专家人才，切实服务电力企业安全文化建设。建设安全文化交流平台和网络传播平台，集中宣传推广精品工程建设成果。进一步完善激励机制，加强青年专业人才队伍建设，激发员工共同参与安全文化建设的活力，形成良好的安全文化氛围。

（1）传播组织载体建设。成立正式和非正式团体，培养兼具专业素养和安全素养的复合型安全文化人才。

（2）传播环境载体建设。鼓励企业在生产、办公、作业现场加强安全文化宣传，形成外在环境载体；鼓励企业在不同部门、工种、班组构建安全文化氛围，形成内在环境载体。

（3）传播设施载体建设。建设电力安全文化教育室、VR体验室、安全展室展厅、安全文化长廊。

（4）传播活动载体建设。建设以文娱、体育、竞赛、知识性和趣味性活动为主体的电力安全文化传播活动载体；针对不同岗位、不同工种组织开展安全文化教育课堂、讲座、培训，打造全方位的教育培训载体。

（5）传播媒介载体建设。发挥企业内部刊物、宣传橱窗、黑板报等媒介载体作用，完善传统媒介载体建设；利用企业网站、微博、微信、抖音、第三方客户端等新媒体宣传阵地，开发系列漫画、短视频、小游戏、网剧等文化产品，完善新型媒介载体建设。

国网甘肃省电力公司安全管理体系建设：安全文化是企业文化的重要组成部分，是公司统一价值观、安全理念及其指导下的各项行为的总和。公司以"六个坚持"为安全文化建设的基本准则，通过安全文化的凝聚、激励、约束和引领作用，全力打造和谐守规的陇电特色安全文化。

公司以强化安全意识、规范安全行为、提升防范能力、养成安全习惯为目标，以主题宣讲、知识竞赛、试点示范、榜样选树、警示教育等为载体，加强安全文化培育、宣传、推广，构建自我约束、持续改进的安全文化建设长效机制。

四、安全文化建设基本准则

（一）厚植安全理念文化，筑牢安全意识防线

习近平总书记关于安全生产重要论述中特别强调，当前要把经济发展、疫情防控和安全生产作为必须狠抓的三件大事，要树立"隐患可控、事故可防"的必胜信心，采取有力措施清除各类风险隐患，坚决遏制重大事故。

（二）提升安全制度文化，强化安全管理"硬约束"

一是公司要及时更新完善制度、严格执行制度、用好制度；通过制度的约束，使员工发生符合安全文化理念的行为，在执行制度过程中，使安全文化理念得到升华，最终变成员工自己的理念和价值观。

二是要采取多种形式、加强规章制度宣贯和事故案例学习；始终做到警钟长鸣、常抓不懈，形成"领导主动履责、班组自主管理、员工自觉遵章"局面，结合安全生产月活动，积极开展"安全大家谈"，提炼发掘安全文化典型经验，发挥其引领、凝聚、激励、辐射功能，促进安全文化入脑、入心、入行。

三是在管理上，理清部门权责、岗位职责边界，畅通管理流程、部门间相互支撑。

（三）抓好安全行为文化，练实安全作业基本功

一是在"软"的方面。多途径、多手段打好"亲情"牌，激发员工安全意识和行为；选树安全生产典型员工，引导员工用安全文化理念指导行为；推动党建与安全生产深度融合，提升班组自主安全管理能力。

二是在"硬"的方面。加强违章行为查处，创新安全监督检查方式，科学开展安全奖惩，从严考核违规行为，进一步规范员工行为；强化全员安全承诺，落实岗位安全责任清单，进一步压实各级安全生产和现场管理责任，促进各级人员改进安全行为。

三是总地来说，员工要始终致力于安全行为的养成，发挥安全教育培训和业务技能练兵的正向引导作用，促使广大员工养成符合电力安全生产工作规则的基本行为习惯；要务必克服侥幸麻痹的陋习，引导一线人员从细节着手防微杜渐，自觉抵制违章作业和违章指挥行为；要努力培养科学的态度、坚韧的毅力、严谨的作风、规范的作业，努力造就技能卓越、执行有力的安全生产管理队伍。

（四）保障安全物质文化，铸就安全生产之盾

一是加大安全投入。确保施工所需的各类装备齐全，持续做好设备设施的技术改

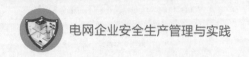

造，问题隐患的整改闭环。

二是坚持科技兴安。以先进的技术装备来保障作业环境的安全可靠性，以先进的科技手段预测、监视和控制事故的发生，以先进的科技和装备来改善生产系统，从根本上减少事故隐患。

三是勤浇"文化花"、结出"安全果"。安全是改革发展的重要基础，安全文化的支撑不可缺少；安全文化建设是解决企业安全生产问题的有效方法和重要途径，积极有效的安全文化是企业实现本质安全的基石，助力公司实现安全发展和可持续发展的成功阶梯。

五、安全文化建设实施方法

（一）常态开展安全文化培育

（1）压紧压实安全责任体系。落实安全责任清单发布、公示、全员签字，层层压实安全责任，理顺各层级、各专业、各岗位安全职责，积极宣贯责任清单的目的和内容，强化一线班组安全责任清单制定和执行。按照专业类别健全各单位安全生产第一责任人安全责任清单。开展安全责任状的签订，强化明责、知责、履责、督责和问责体系，实现"平安企业"责任链条清晰明确。开展作业现场安全检查，强化各级到岗履职履责，保障现场管控到位。

（2）提升员工安全素养。建立全员安全培训档案，开展全员安全培训和全覆盖《安规》培训考试，提高员工应急避险意识、自我防护能力和突发安全事件自救、互救能力。分专业打造"平安企业"主题活动方案，广泛推广宣传并强化应用。开展专题"安全日""安全生产月"等宣传教育活动，定期刊发"安全周报""安全月报"，强化典型事故学习，加大安全警示教育力度。

（3）强化安全文化宣教和安全信条提炼。一是结合公司文化汇演、精心策划主题栏目、"大讲堂"等载体，在楼宇电视、网站主页、各类作业现场等多媒体宣传平台广泛开展安全宣教。二是充分利用安全宣教队、党支部实施的"党建＋安全"工程，指导开展党建与安全生产专业融合探索实践，以问题为导向，抓好书记、支委委员、一线党员等关键人员，建立长效机制，发挥党建引领作用，促进安全工作水平不断提升。三是以一线班组为单元，立足现场，以安全文化建设的规范执行为要求，将安全文化融入班组核心价值体系，融入日常安全管理的全过程。促进形成知行合一、上下同欲的作业安全管理体系。

（二）系统推进主题安全活动

（1）深入开展主题竞赛活动。把班组作为竞赛的主阵地，通过班组日常教育、温情教育和警示教育，把劳动保护工作延伸到班组岗位，减少"三违"行为。全面促进"平安企业"浓厚的安全氛围扎根于一线班组，全面落实"强意识，查隐患，促发展，保安康"的工作要求，深入开展班组安全文化活动，防范化解重大风险、及时消除安全隐患，推动全员安全生产责任制落实。

（2）部署开展"安全生产月"活动。一是精心组织开展"一把手"讲安全课活动，进一步增强各级人员安全意识，培树全员安全发展理念、提升公司本质安全水平为目标。二是强化安全生产警示教育活动。采用集中观看、网络展播等方式，组织观看各类安全警示教育宣传片。举办事故反思大讨论活动，深入剖析事故案例，用事故教训推动企业落实责任、完善措施，增强职工安全意识、自我保护能力。三是高效开展安全知识竞赛，增强全员安全防范和自我保护意识，树立安全文化多元化的氛围。四是以安全责任、科技强安、依法治安为重点内容，推动安全生产重点工作落实。

（3）开展消防安全管理提升活动。严格落实消防安全主体责任，开展消防安全宣教、培训、演练，促进员工提升消防安全素养，营造"人人管好消防"工作格局。推进办公大楼、各类作业现场、各类生产等重点场所电气火灾隐患治理。集中开展"消防宣传月"活动。深化火灾隐患排查治理，开展消防值班和巡视，健全火灾防控长效工作机制。强化消防重点目标与属地消防部门间的火灾联动机制。

（三）选树身边先进典型，发挥榜样引领作用

（1）突出党建引领，培育优秀安全文化。深入实施"党建+安全"工程，充分发挥党支部战斗堡垒和党员先锋模范作用，为企业安全生产提供坚强的政治保障，大力弘扬"严细实"作风，开展党员身边无违章、党建进工地等安全主题活动，充分发挥党建引领作用，促进安全文化根植全企业系统。

（2）积极开展专项作业竞赛，发挥竞赛文化示范作用。根植国家电网、服务社会，高度重视企业品牌建设工作。高效筹备竞赛文化宣传，积极联合省人社厅、省总工会和各地市公司人资部、工会高效举办不停电作业等专项技能竞赛，"以赛促学、以赛促用、互相学习、共同提高"，全面促进公司安全生产及应急能力建设。打造高素质、高水平的员工队伍，提升企业业务承载能力和市场竞争力。充分发挥安全文化引领作用，积极参与援藏帮扶活动，进一步彰显企业品牌形象。

（3）加强安全生产典型经验推广。一是打造故事创作、讲述支撑团队，聚焦"接地气、扬正气"的凡人小事，开展常态化的故事挖掘、树立典型、创作传讲，加强企业文化的人格化传承、故事化诠释。二是以公司《安全工作月报》为载体，加强安全生产典型经验总结凝练，推动各单位深入思考安全工作，提升管理成效。

（四）加大安全投入实现本质安全，建设安全物态文化

（1）安全文化建设体系日趋完善。企业结构的不断优化对资源配置、投入产出和管理运营效率提出更高的安全物态文化要求，需要各单位持续改革创新安全文化思路，采用新工艺、新装备、新技术，不断增强安全生产过程的科技含量，促使企业具备安全、舒适、文明的生产作业环境。环境的绿化美化为企业安全文化建设起到了潜移默

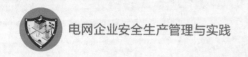

化的推动作用。

（2）建立适应企业文化发展的安全生产奖惩制度。紧密结合"用工机制、薪酬机制"创新，研究构建更有力度、更富弹性、更有效用的企业安全考核激励机制，以奖惩促进安全文化建设提升。结合多维度扣分的量化绩效考核体系等奖惩工作，做到"奖要奖到心动、罚要罚到心痛"，优质队伍适当增加业务比重，同时建立"首次违章""屡次违章"以及触碰"十不干"停工红线分层分级考核体系，通过考核倒逼各单位安全管控力度的提升，形成人人"想干事、能干事、干成事、不出事"的良好氛围。

（3）加强安全文化队伍建设。各部门、各单位积极组建安全文化建设队伍，加强安全教育和培训费用投入，提升单位文化建设队伍的安全素质、安全知识、安全意识。畅通"人才交流"渠道、构建学习交流平台等形式，加强安全文化建设人才培养。以班组"师带徒"模式为载体，强化对青年员工安全技能、安全履责、安全素养等方面立体式"传帮带"培训教育，帮助青年员工在职业生涯起步阶段树牢安全理念、踏出安全坚实步伐。

（五）强化安全文化融合，建设基层文化示范点

（1）建设专项文化，推动安全文化融入专业管理。探索统一的企业文化在各专业领域、各专业线条根植的落地路径和实践载体，结合本质安全建设、优质服务提质转型等重点工作，有序推进安全、质量、服务、廉洁、法制等专项文化建设；研究构建专业行为规范和岗位规范，推动企业文化融入员工行为。

（2）深化基层示范点建设，促进文化建设成效落地。以基层班组、项目部为单位，在办公区营造"平安企业"安全文化展板，领航文化发展，实现"精品"作业现场。积极争创基层文化示范点，优化完善基层文化示范点创建和评价标准，探索建立示范点建设成果定期交流共享和推广机制，着力发挥示范点的示范引领作业，以点带面提升企业文化建设整体水平。

（3）部署安全文化成果对标提升。采取定性与定量相结合、季度评估与年度考核相结合的方式开展年度考核评价。重点对"安全生产月""安康杯"等主题活动和安全文化投入、竞赛活动等开展安全文化建设成果评选。坚持好中选优、对标提升，树选一批企业文化建设标杆单位和先进个人，不断提升公司安全文化建设成效。

六、安全文化建设评价

安全文化评价的目的是为了解企业安全文化现状或企业安全文化建设效果而采取的系统化测评行为，并得出定性或定量的分析结论。《企业安全文化建设评价准则》（AQ/9005）给出了企业安全文化评价的要素、指标、减分指标、计算方法等。

（一）评价指标

（1）基础特征业状态特征、企业文化特征、企业形象特征、企业员工特征、企业

技术特征、监管环境、经营环境、文化环境。

（2）安全承诺：承诺内容全承诺表述、安全承诺传播、安全承诺认同。

（3）安全管理：安全权责、管理机构制度执行、管理效果。

（4）安全环境：安全指引、安全防护、环境感受。

（5）安全培训与学习：重要性体现、充分性体现、有效性体现。

（6）安全信息传播：信息资源、信息系统、效能体现。

（7）安全行为激励：激励机制、激励方式、激励效果。

（8）安全事务参与：安全会议与活动、安全报告、安全建议、沟通交流。

（9）决策层行为：公开承诺、责任履行、自我完善。

（10）管理层行为：责任履行、指导下属、自我完善。

（11）员工层行为：安全态度、知识技能、行为习惯、团队合作。

（二）减分指标

减分指标包括死亡事故、重伤事故、违章记录。

（三）评价程序

（1）建立评价组织机构与评价实施机构。企业开展安全文化评价工作时，首先应成立评价组织机构，并由其确定评价工作的实施机构。企业实施评价时，由评价组织机构负责确定评价工作人员并成立评价工作组。必要时可选聘有关咨询专家或咨询专家组。咨询专家（组）的工作任务和工作要求由评价组织机构明确。评价工作人员应具备以下基本条件：熟悉企业安全文化评价相关业务，有较强的综合分析判断能力与沟通能力；具有较丰富的企业安全文化建设与实施专业知识；坚持原则、秉公办事。评价项目负责人应有丰富的企业安全文化建设经验，熟悉评价指标及评价模型。

（2）制定评价工作实施方案。评价实施机构应参照本标准制定《评价工作实施方案》，方案中应包括所用评价方法、评价样本、访谈提纲、测评问卷、实施计划等内容并应报送评价组织机构批准。

（3）下达评价通知书。在实施评价前，由评价组织机构向选定的样本单位下达评价通知书。评价通知书中应当明确评价的目的、用途、要求，应提供的资料及对所提供资料应负的责任，以及其他需要在评价通知书中明确的事项。

（4）调研、收集与核实基础资料。根据本标准设计评价的调研问卷，根据《评价工作实施方案》收集整理评价基础数据和基础资料。资料收集可以采取访谈、问卷调查召开座谈会、专家现场观测、查阅有关资料和档案等形式进行。评价人员要对评价基础数据和基础资料进行认真检查、整理，确保评价基础资料的系统性和完整性。评价工作人员应对接触的资料内容履行保密义务。

（5）数据统计分析。对调研结构和基础数据核实无误后，可借助 Excel 等统计软件进行数据统计，然后根据本标准建立的数学模型和实际选用的调研分析方法，对统

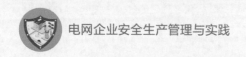

计数据进行分析。

（6）撰写评价报告。统计分析完成后，评价工作组应该按照规范的格式，撰写《企业安全文化建设评价报告》，报告评价结果。

（7）反馈企业征求意见。评价报告提出后，应反馈企业征求意见并作必要修改。

（8）提评价报告。评价工作组修改完成评价报告后，经评价项目负责人签字，报送评价组织机构审核确认。

（9）进行评价工作总结。评价项目完成后，评价工作组要进行评价工作总结，将工作背景、实施过程、存在的问题和建议等形成书面报告，报送评价组织机构，同时建立好评价工作档案。

安全文化作是电力安全生产的"灵魂"，是安全管理工作的"软抓手"。打造新时代电力安全文化，树立安全发展理念，弘扬生命至上，安全第一的思想，形成"和谐守规"安全文化，以"电力行业安全文化精品工程"为载体，营造电力企业安全文化氛围，树立电力企业安全文化标杆，构建适应新型电力系统要求的企业安全文化，为电力安全保供、有序转型、提质增效，实现高质量发展提供坚实的安全保障。

【思考与练习】

安全文化的范畴包括（　　　）。

A. 安全观念文化　　　　　　B. 安全行为文化

C. 安全管理文化　　　　　　D. 安全物态文化

【参考答案】ABCD

第五节　职业健康管理

【本节描述】本节主要讲述职业健康管理，内容包括职业健康工作方针、工作要求、工作内容三部分。

一、职业健康工作方针

通过明确职业健康监督检查范围，控制、预防与减少职业病，进一步有效保护员工的身体健康权益；采用"预防为主、防治结合、分类管理、综合治理"的方针，建立并实施职业健康管理机制，提升员工职业健康管理水平。

职业病危害因素预防和控制工作的目的是预防、控制和消除职业病危害，防治职业病，保护劳动者健康和相关权益，促进经济发展；利用职业卫生与职业医学和相关学科的基础理论，对工作场所进行职业卫生调查，判读职业病危害对职业人群健康的影响，评价工作环境是否符合相关法律、标准的要求。

职业病危害防治工作，必须发挥政府、工会、生产经营单位、工伤保险机构、职业卫生技术服务机构、职业病防治机构等各方面的力量，由全社会加以监督，遵循"三级预防"的原则，实行分类管理、综合治理，不断提高职业病危害防治管理水平。

第一级预防，又称病因预防，是从根本上杜绝职业病危害因素对人的作用，即改进生产工艺和生产设备，合理利用防护设施及个人防护用品，以减少工人接触的机会和程度。将国家制定的工业企业设计卫生标准、工作场所有害物质职业接触限值等作为共同遵守的接触限值或防护的准则，可在职业病预防中发挥重要的作用。

第二级预防，又称发病预防，是早期检测和发现人体受到职业病危害因素所致的疾病。其主要的手段是定期进行环境中职业病危害因素的监测和对接触者的定期体格检查，评价工作场所职业病危害程度，控制职业病危害，加强防毒防尘、防止物理性因素等有害因素的危害，使工作场所职业病危害因素的浓度（强度）符合国家职业卫生标准。对劳动着进行职业健康监护，开展职业健康检查，早期发现职业性疾病损害，早期鉴别和诊断。

第三级预防，是在患职业病后，合理进行康复治疗，包括对职业病病人的保障，对疑似职业病病人进行诊断。保障职业病病人享受职业病待遇，安排职业病病人进行治疗、康复和定期检查，对不适宜继续从事原工作的职业病病人，应当调离原岗位并妥善安置。

二、职业健康工作要求

（1）单位（部门、班组）应将职业健康工作列为重要工作，满足国家法律法规和上级主管部门对职业健康工作要求。

（2）公司法人（部门负责人、班组长）是相应单位职业健康工作的第一责任人，保障职业健康工作资源配置，统筹协调职业健康和企业发展的关系。职业健康工作分管领导，负责组织建立职业健康管理规章制度，组织开展职业健康管理工作，对职业健康工作负分管领导责任。

（3）各单位（部门、班组）在安排生产经营活动时，应把职业健康工作与安全生产工作同规划、同部署、同落实、同检查。

（4）各单位（部门、班组）应编制职业健康年度预算，用于预防和治理职业病危害、工作场所卫生检测、健康监护和职业卫生培训等方面，同时保证职业健康投入的有效实施。

（5）各单位（部门、班组）要加强职业健康的宣传和教育培训，提高劳动者自我保护意识。

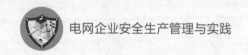

三、职业健康工作内容

（一）职业健康管理监督检查范围

用人单位对不同阶段的劳动者进行职业健康检查的目的不尽相同，但是主要是围绕着保护劳动者的健康权益和维护用人单位的合法利益两个方面来进行的。

（1）上岗前职业健康检查。其目的在于检查劳动者的健康状况、发现职业禁忌症，进行合理的劳动分工。检查内容是根据劳动者拟从事的工种和工作岗位，分析该工种和岗位存在的职业病危害因素及其对人体的健康影响，确定特定的健康检查项目，根据检查结果，评价劳动者是否适合从事该工种的作业。通过上岗前的职业健康检查，可以防止职业病发生，减少或消除职业病危害易感劳动者的健康损害。

（2）在岗期间的职业健康检查。其目的在于及时发现劳动者的健康损害。在岗期间的职业健康检查要定期进行，根据检查结果，评价劳动者的健康变化是否与职业病危害因素有关，判断劳动者是否适合继续从事该工种的作业。通过对劳动者进行在岗期间的职业健康检查，可以早期发现健康损害，及时治疗，减轻职业病危害后果，减少劳动者的痛苦。

（3）离岗时职业健康检查。其目的是了解劳动者离开工作者离开工作岗位时的健康状况，以分清健康损害的责任，特别是依照《职业病防治法》规定所要承担的民事赔偿责任。检查的内容为评价劳动者在离开工作岗位时的健康变化是否与职业病危害因素有关。其健康检查的结论是职业健康损害的医学证据，有助于明确健康损害责任，保障劳动者健康权益。

（二）职业健康管理机制

（1）建立管理机制。公司应明确职业健康归口管理部门，明确职责分工，工作职责和安全管理职责清晰。公司应结合本企业实际制定职业健康管理制度，制度齐全、内容完善，并及时按规定修订和完善。公司应建立"评估、分类、防控、管控"工作流程，做到流程清晰、环节运转有效。

（2）开展危害评估。公司应按照规定对工作场所进行职业病危害因素评价，评价结果存入职业卫生档案，定期向劳动着公布。公司应明确人员接触各类职业危害和有毒有害物质的岗位和部位，并进行分类管理。

（3）实施危害防控。公司根据职业危害场所类别制定分类管控措施，措施完善、齐全、有效；同时应配置或设置防护设备、报警装置、应急撤离通道、警示标志和中文警示说明等，进行经常性的维护、检修，定期检测其性能和效果。公司应按规定组织上岗前、在岗期间和离岗时的职业健康体检，将体检结果如实告知从业人员；同时配备符合要求的职业病防护用品，配置现场急救用品。

（4）组织作业管控。公司按规定对工作场所进行职业病危害因素的日常监测、定期监测，做好记录。从业人员应熟悉并遵守规章制度、防控措施，掌握职业病防护设备的使用方法，正确使用合格的个人防护用品。公司应在醒目位置设置公告栏，公布有关职业病防治的规章制度、操作规程、应急救援措施和危害因素检测结果；同时对作业场所开展监督检查工作，做好记录，及时制止不符合国家职业卫生标准和卫生要求的作业。

（5）建立台账档案。公司建立职业危害作业场所台账，登记各危害作业场所的位置、所在部门、危害分级及其达标情况、作业场所接触危害人员人数等；建立从业人员职业健康监护档案，并按照规定妥善保存。

【思考与练习】

职业健康的管理机制主要包括哪些？

【参考答案】

一是建立管理机制；二是开展危害评估；

三是实施危害防控；四是组织作业管控；

五是建立台账档案。

附件 5-1

国网甘肃省电力有限公司 2022 年全员安全教育培训内容及要求

序号	培训对象	培训主要内容	培训要求
1	企业负责人	（一）国家和上级有关安全生产的方针政策、法律法规、规章制度、便准规范等； （二）安全责任清单； （三）安全生产管理知识； （四）安全风险管控、隐患排查治理、生产事故防范、职业危害及其预防措施； （五）应急管理、应急预案以及应急处置知识； （六）事故调查处理有关规定； （七）电力、消防典型事故和应急救援案例分析； （八）国内外先进的安全生产管理经验	（一）应具备与本企业所从事的生产经营活动相适应的安全知识与管理能力，自主学习及参加相关培训； （二）应由取得相应资质的安全培训机构进行培训，并持证上岗； （三）发生或造成人员死亡事故的，其主要责任人应当重新参加安全培训； （四）公司对所属地市公司级单位企业负责人，一般每两年进行一次有关安全法律法规和规章制度考试； （五）市供电公司对所属县供电公司企业负责人，每年进行一次有关安全法律法规、规章制度、规程规范考试
2	安全生产管理人员	（一）国家和上级有关安全生产的方针政策、法律法规、规章制度、标准规范等； （二）安全责任清单； （三）安全生产管理、安全生产技术、职业卫生等知识； （四）安全风险分析、评估、预控和隐患排查治理知识； （五）应急管理、应急预案以及应急处置要求； （六）工作票（作业票）、操作票管理要求及填写规范； （七）典型事故和应急救援案例分析； （八）事故调查处理有关规定，伤亡事故统计、报告及职业危害的调查处理方法； （九）国内外先进的安全生产管理经验	（一）应具备与本岗位所相适应的安全知识和管理能力自主学习及参加相关安全教育培训； （二）应由取得相应资质的安全培训机构进行培训，并持证上岗； （三）发生或造成人员死亡事故的，其安全生产管理人员应当重新参加安全培训； （四）公司对所属地市公司级单位安全监督管理机构负责人，一般每两年进行一次有关安全法律法规和规章制度考试

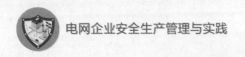

序号	培训对象	培训主要内容	培训要求
3	新入职人员	（一）本单位安全生产情况； （二）安全责任清单； （三）安全基本知识； （四）安全生产规章制度、安全规程和劳动纪律； （五）从业人员安全生产权利和义务； （六）紧急救护知识，特别是触电急救； （七）作业场所和工作岗位存在的危险因素、防范措施以及事故应急措施； （八）网络信息安全知识； （九）消防安全知识和消防器材的使用方法； （十）典型违章、有关事故案例等	应逐级集中进行安全教育培训，经《电力安全工作规程》考试合格后方可进入生产现场工作
4	新上岗（转岗）人员	（一）安全生产规章制度和岗位安全规程； （二）安全责任清单； （三）所从事工种可能遭受的职业伤害和伤亡事故； （四）所从事工种的安全职责、操作技能及强制性标准； （五）工作环境、作业场所和工作岗位存在的危险因素、防范措施以及事故应急措施； （六）自救互救、急救方法、疏散和现场紧急情况处理； （七）安全设备设施、安全工器具、个人防护用品的使用和维护； （八）典型违章、有关事故案例； （九）安全文明生产知识	（一）应根据工作性质对其进行岗前安全教育培训，保证其具备岗位安全操作、紧急救护、应急处理等知识和技能，并经考试合格后上岗； （二）运维、调控人员（含技术人员）、从事倒闸操作的检修人员，应经过现场规程制度的学习、现场见习和至少2个月的跟班实习； （三）检修、试验人员（含技术人员），应经过检修、试验规程的学习和至少2个月的跟班实习； （四）用电检查、装换表、业扩报装人员，应经过现场规程制度的学习、现场见习和至少1个月的跟班实习； （五）特种作业人员，应经专门培训，并经考试合格取得资格、单位书面批准后，方能参加相应的作业
5	在岗生产人员	（一）安全生产规章制度和岗位安全规程； （二）安全责任清单； （三）新工艺、新技术、新材料、新设备安全技术特性及安全防护措施； （四）安全设备设施、安全工器具、个人防护用品的使用和维护； （五）作业场所和工作岗位存在的危险因素、防范措施以及事故应急措； （六）典型违章、安全隐患排查治理、事故案例； （七）职业健康危害与防治	（一）应每年接受安全教育培训； （二）地市公司级单位、县公司级单位每年至少组织一次对班组人员的安全规章制度、规程规范考试； （三）在岗生产人员应定期进行有针对性的现场考问、反事故演习、技术问答、事故预想等现场培训活动； （四）因故间断电气工作连续3个月以上者，应重新学习《电力安全工作规程》，并经考试合格后，方可再上岗工作； （五）生产人员调换岗位或者其岗位需面临新工艺、新技术、新设备、新材料时，应当对其进行专门的安全教育和培训，经考试合格后，方可上岗； （六）变电站运维人员、电网调控人员，应定期进行仿真系统的培训； （七）所有生产人员应学会自救互救方法、疏散和现场紧急情况的处理，应熟练掌握触电现场急救方法，所有员工应掌握消防器材使用和火灾应急逃生方法； （八）各基层单位应积极推进生产岗位人员安全等级培训、考核、认证工作； （九）生产岗位班组长应每年进行安全知识、现场安全管理、现场安全风险管控等知识培训，考试合格后方可上岗； （十）在岗生产人员每年再培训不得少于8学时； （十一）离开特种作业岗位6个月的作业人员，应重新进行实际操作考试，经确认合格后方可上岗作业

序号	培训对象	培训主要内容	培训要求
6	工作票（作业票）、操作票相关资格人员	（一）安全工作规程、现场运行规程和调度、监控运行规程等； （二）工作票（作业票）、操作票管理要求及填写规范； （三）作业场所和工作岗位存在的危险因素、防范措施以及事故应急措施； （四）作业标准化安全管控相关知识； （五）典型违章、安全隐患排查治理、违章查纠等相关知识	地市公司级、县公司级单位每年应对工作票（作业票）签发人、工作许可人、工作负责人（专责监护人）、倒闸操作人、操作监护人等进行专项培训，并经考试合格、书面公布
7	电力建设施工企业负责人和安全生产管理人员	（一）国家和上级有关工程建设安全生产的方针政策、法律法规、规章制度、标准规范等； （二）安全责任清单； （三）工程建设安全管理、安全生产技术、标准化作业、职业卫生、安全文明施工等相关知识； （四）工程建设安全风险识别、评估、预控，重大危险源管理、事故防范等知识； （五）大型施工机械、施工器具、安全设施、安全工器具、个人防护用品的安全管理要求； （六）应用的新技术、新装备、新材料、新工艺有关安全知识； （七）应急管理、应急处置方案的编制和演练； （八）事故调查处理有关规定，伤亡事故统计、报告及职业危害的调查处理方法； （九）典型事故和应急救援案例分析； （十）国内外先进的工程建设安全管理经验	应按照政府主管部门和上级单位的要求，进行安全知识和管理能力考核并合格，依法取得国家规定的相应资格，自主学习并参加相关培训
8	工程项目部相关管理人员	（一）国家和上级有关工程建设安全生产的方针政策、法律法规、规章制度、标准规范等； （二）安全责任清单； （三）工程建设安全管理、安全生产技术、标准化作业、职业卫生、安全文明施工等相关知识； （四）工程建设安全风险识别、评估、预控，作业场所和工作岗位存在危险因数、防范措施以及事故应急措施； （五）大型施工机械、施工器具、安全设施、安全工器具、个人防护用品的检查、使用、维护等安全管理要求； （六）施工中应用的新技术、新装备、新材料、新工艺有关安全知识； （七）现场应急管理、应急处置方案的编制和演练； （八）事故调查处理有关规定，伤亡事故统计、报告及职业危害的调查处理方法； （九）典型违章、事故和应急救援案例分析； （十）国内外先进的工程建设安全管理经验	应具备与所从事的工程项目建设相适应的安全知识与管理能力，依法取得国家规定的相应资格，自主学习并参加相关培训
9	特种作业人员	（一）安全生产规章制度和岗位安全规程； （二）所从事工种可能遭受的职业伤害和伤亡事故； （三）所从事工种的安全职责、操作技能及强制性标准； （四）工作环境、作业场所和工作岗位存在的危险因素、防范措施以及事故应急措施； （五）自救互救、急救方法、疏散和现场紧急情况处理，应熟练掌握触电现场急救方法； （六）安全设备设施、安全工器具、个人防护用品的使用和维护； （七）典型违章、有关事故案例； （八）安全文明生产知识	（一）必须按照国家规定的培训大纲，接受与本工种相适应的、专门的安全技术培训，经考试合格取得《特种作业操作证》，并经单位书面批准方可参加相应的作业。 （二）离开特种作业岗位6个月的作业人员，应重新进行实际操作考试，经确认合格后方可上岗作业。 （三）对造成人员死亡事故负有直接责任的特种作业人员，应当重新参加安全培训

序号	培训对象	培训主要内容	培训要求
10	特种设备作业人员	（一）安全生产规章制度和岗位安全流程； （二）所从事工种可能遭受的职业伤害和伤亡事故； （三）所从事工种的安全职责、操作技能及强制性标准； （四）工作环境、作业场所和工作岗位存在的危险因素、防范措施以及事故应急措施； （五）自救互救、急救方法、疏散和现场紧急情况处理，应熟练掌握触电现场急救方法； （六）安全设备设施、安全工器具、个人防护用品的使用和维护； （七）典型违章、有关事故案例； （八）安全文明生产知识	必须按照国家规定的培训大纲，接受与本工种相适应的、专门的安全技术培训，经考试合格取得《特种设备作业人员证》，并经单位批准方可从事相应作业或管理工作
11	劳务派遣人员	（一）安全生产规章制度和岗位安全流程； （二）所从事工种可能遭受的职业伤害和伤亡事故； （三）所从事工种的安全职责、操作技能及强制性标准； （四）工作环境、作业场所和工作岗位存在的危险因素、防范措施以及事故应急措施； （五）自救互救、急救方法、疏散和现场紧急情况处理，应熟练掌握触电现场急救方法； （六）安全设备设施、安全工器具、个人防护用品的使用和维护； （七）典型违章、有关事故案例； （八）安全文明生产知识	使用劳务派遣人员的单位，应当将其纳入本单位从业人员统一管理，对劳务派遣人员进行岗位安全规程和安全操作技能的教育培训和考试。劳务派遣单位应对劳务派遣人员进行必要的安全教育培训
12	外来工作人员	（一）安全生产规章制度和岗位安全流程； （二）所从事工种可能遭受的职业伤害和伤亡事故； （三）所从事工种的安全职责、操作技能及强制性标准； （四）工作环境、作业场所和工作岗位存在的危险因素、防范措施以及事故应急措施； （五）自救互救、急救方法、疏散和现场紧急情况处理，应熟练掌握触电现场急救方法； （六）安全设备设施、安全工器具、个人防护用品的使用和维护； （七）典型违章、有关事故案例； （八）安全文明生产知识	使用单位应对劳务分包、厂家技术支持等人员进行必要的安全知识和安全规程的培训，如实告知作业场所和工作岗位存在的危险因素、防范措施以及事故应急措施，经考试合格，并经设备运维管理单位认可后方可参与制定工作

附件 5－2

企业安全教育培训档案（模板）

单位名称					
年　度					
安全教育培训记录					
序号	培训日期	培训内容	培训方式	参加人员	考核结果

填写说明：1. 各单位应建立企业安全教育培训档案。2. 企业安全教育培训档案应准确记录安全教育培训情况（考核结果应附成绩表）。3. 企业安全教育培训档案由本单位安全监督管理部门负责填写、管理和存档。

附件 5－3

从业人员安全教育培训档案（模板）

单位			部门（班组）		
姓名		学历	性别	出生年月	
岗位		工作时间	技术职称	技能等级	
专业		信息变动情况			
证书获得情况					
序号	证书名称	发证机构	取证时间	有效期	备注
安全教育培训记录					
序号	培训日期	培训内容	培训方式	培训层级	考核结果

填写说明：1. 各单位应建立从业人员安全教育培训档案，一人一档。2. 从业人员安全教育培训档案应及时更新，准确记录安全教育培训情况。3. 从业人员安全教育培训档案由所在单位、部门、班组专人管理，培训及考核情况本人确认签字。4. 内部调动时，从业人员安全教育培训档案随同本人转到被调入单位。

第六章 应急管理

【本章概述】应急管理是企业安全生产和资源利用的直接体现。企业的应急管理能力直接反映了企业的综合素质和综合能力。电网企业应急工作遵循"以人为本，减少危害。居安思危，预防为主。统一指挥，分级负责。快速反应，协同应对。依靠科技，提高能力"的原则，建立"统一指挥、结构合理、功能实用、运转高效、反应灵敏、资源共享、保障有力"的应急体系。本章主要介绍应急管理事项，包含预防与应急准备、监测与预警、应急处置与救援、事后恢复与重建四部分内容。

第一节 预防与应急准备

【本节描述】本节介绍预防与应急准备，包括应急组织体系、应急预案、应急队伍、应急演练、应急培训和应急保障六部分内容。

一、应急组织体系

电网企业建立领导小组统一领导、专项事件应急处置领导小组分工负责、办事机构牵头组织、有关部门分工落实、党政工团协助配合、企业上下全员参与的应急组织体系。

（一）应急领导小组

各级电网企业成立应急领导小组，全面领导应急工作。组长由本单位主要负责人担任。主要职责是：贯彻落实国家应急管理法律法规、方针政策及标准体系；贯彻落实公司及地方政府和有关部门应急管理规章制度；接受上级应急领导小组和地方政府应急指挥机构的领导；研究本单位重大应急决策和部署；研究建立和完善本单位应急体系；统一领导和指挥本单位应急处置实施工作。领导小组成员名单及常用通信联系方式报上级应急办公室备案。

应急领导小组下设安全应急办公室和稳定应急办公室作为办事机构。安全应急办设在安全监察部，负责自然灾害、事故灾难类突发事件，以及社会安全类突发事件造成的公司所属设施损坏、人员伤亡事件的有关工作。稳定应急办设在办公厅，负责公共卫生、社会安全类突发事件的有关工作。

（二）专项应急领导小组

根据突发事件类别，电网企业分别成立专项应急领导小组，负责领导处置具体突发事件。组长一般由企业主要负责人或其授权人员担任，并在专项应急预案中明确。主要职责是：执行本单位党组的决策部署；领导协调本单位专项突发事件的应急处置工作；宣布本单位进入和解除应急状态，决定启动、调整和终止应急响应；领导、协调具体突发事件的抢险救援、恢复重建及信息发布和舆论引导工作。

专项应急领导小组在事件处置牵头负责部门设置专项应急办公室，负责具体突发事件的有关工作，并按事件类型分别向公司相应的应急办汇报。其中，自然灾害、事故灾难类突发事件向公司安全应急办汇报；公共卫生、社会安全类突发事件向公司稳定应急办汇报。

（三）职能部门

安全监察部门是应急管理归口部门，负责日常应急管理、监督应急办各成员部门应急体系建设与运维、突发事件预警与应对处置的协调或组织指挥、协同办公厅与政府相关部门的沟通汇报等工作。

其余职能部门按照"谁主管、谁负责"原则，贯彻落实公司应急领导小组有关决定事项，负责管理范围内的应急体系建设与运维、相关突发事件预警与应对处置的组织指挥、与政府专业部门的沟通协调等工作。

（四）临时机构

（1）应急指挥部：针对具体发生的突发事件，电网企业专项应急领导小组启动响应，临时成立相应的应急指挥部。应急指挥部设总指挥、副总指挥、指挥长、副指挥长及若干工作组，承担相关类别突发事件指挥协调和组织应对工作。总指挥由分管领导担任，负责突发事件总体指挥决策工作；副总指挥由协管相关业务的总经理助理、总师、副总师担任，协助总指挥开展突发事件应对工作，主持应急会商会，必要时作为现场工作组组长带队赴事发现场指导处置工作；指挥部成员由相关部门和单位负责人担任，其中指挥长1名、副指挥长若干，具体如下：

1）指挥长由牵头处置部门主要负责人担任，负责突发事件应急处置的统筹组织管理，执行落实总指挥的工作部署，领导指挥总部各工作组，指导协调事发单位开展应急处置工作，具体工作包括：组织总部做好应急值班、信息收集汇总及报送等工作；协调相关部门开展资源调配、应急支援等工作；组织事发单位制定应对方案，落实队伍、装备、物资，做好现场处置，控制事态发展；在视频会商中担任牵头人，向事发单位总指挥询问处置情况，传达领导指示，部署处置工作，协调解决问题。向公司主要领导和总指挥汇报事件信息和处置进展情况；持续保持与事发单位、事发现场的沟通，跟踪事件信息。

2）副指挥长由牵头部门负责人担任，协助指挥长组织做好事件应急处置工作，并在指挥长不在时代行其职责。

3）工作组由应急指挥部成员组成，根据应急处置需要，设抢险处置、电网调控、安全保障、供电服务、舆情处置、支撑保障等工作组，组长由相关部门和单位负责人担任，成员由相关部门处长组成，协同做好具体应急处置工作。

（2）现场指挥部：事件发生后，可设立由上级单位相关负责人、事故发生单位负责人、相关单位负责人及上级单位相关人员、应急专家、应急队伍负责人等人员组成的现场指挥部，一般由事发单位主要负责人任总指挥，分管领导任副总指挥。现场指挥部实行总指挥负责制，组织设立现场应急指挥机构，制定并实施现场应急处置方案，指挥、协调现场应急处置工作。

二、应急预案

电网企业应急预案管理遵循统一标准、分类管理、分级负责、条块结合、协调衔接的原则。

（一）应急预案体系

电网企业应急预案体系由总体应急预案、专项应急预案、现场处置方案构成，满足"横向到边、纵向到底、上下对应、内外衔接"的要求。可在应急预案体系的基础上，针对工作岗位的特点，编制简明、实用、有效的应急处置卡。

其中，总体应急预案是为应对各种突发事件而制定的综合性工作方案，是电网企业应对突发事件的总体工作程序、措施，也是应急预案体系的总纲；专项应急预案是为应对某一种或者多种类型突发事件，针对重要设施设备、重大危险源而制定的专项工作方案；部门应急预案是有关部门根据总体应急预案、专项应急预案和部门职责，进一步细化本部门应对突发事件的任务和要求，针对重要目标物保护、重大活动保障、应急资源保障等工作，预先制定的工作方案；现场处置方案是针对特定的场所、设备设施、岗位，研究典型突发事件的特征和处置原则，辨识现场风险和危险源，制定的处置流程和措施；应急处置卡是针对重点岗位，在专项应急预案或现场处置方案基础上简化和细化相关内容，使用和携带的工具性方案。

国家电网公司总（分）部、省（自治区、直辖市）电力公司设总体应急预案、专项应急预案，视情况制定部门应急预案和现场处置方案；市、县级供电公司设总体应急预案、专项应急预案、现场处置方案，视情况制定部门应急预案；建立应急救援协调联动机制的单位，应联合编制应对区域性或重要输变电设施突发事件的应急预案；各级职能部门及二级机构（工地、分场、工区、室、所、队等），根据工作实际设现场处置方案。

各级电网企业可参照国家电网公司应急预案体系结构（见附件），结合各自职责范围、危险源分析及应急管理工作需要，结合当地政府要求，建立本单位应急预案体系。

（二）应急预案编制程序

电网企业应急预案编制以有关方针政策、法律法规、规章制度为基础，遵循统一规范和格式，要素齐全。内容以"实际、实用、实效"为原则。按照成立工作组、资料收集、风险辨识和评估、应急资源调查、应急预案编制、征求意见与推演论证、应急预案评审与发布、应急预案备案等 8 个步骤开展应急预案编制。

（1）工作组成立：成立由本单位主要负责人（或分管负责人）任组长，有关职能部门和单位人员以及专家参加的应急预案编制工作组。明确编制任务、职责分工，制定编制工作计划。

应急预案编制任务分工可根据本单位实际情况确定。原则上总体应急预案由本单位应急管理归口部门组织编制；专项应急预案、部门应急预案应由本单位相应职能部门组织编制；现场处置方案应由本单位基层单位编制；应急处置卡应由重点岗位人员编制。

（2）资料收集：应急预案编制工作组应收集与预案编制工作相关的法律、法规、规章、技术标准、规范性文件要求、应急预案、国内外同行业企业突发事件资料，同时应收集本单位基本情况、相关技术资料、历史事故与隐患、地质气象水文、周边环境影响、应急资源及应急人员能力素质等有关资料。

（3）风险辨识和评估：针对自然灾害类、事故灾难类、公共卫生事件类以及社会安全事件类突发事件，辨识存在的危险危害因素；分析突发事件可能对人身安全、电网安全、设备安全、网络安全、企业运营等方面产生的直接影响以及次生、衍生后果；评估各种后果的危害程度和影响范围；提出防范和控制突发事件风险措施。

（4）应急资源调查：对本单位应急人力资源、应急物资、应急装备、合作区域内可请求援助的应急资源进行梳理调查，同时结合突发事件风险辨识评估结论提出应急资源完善措施。

（5）应急预案编制：依据风险评估和应急资源调查的结果，结合本单位组织管理体系、生产规模和可能发生的突发事件特点，建立应急预案体系。以预警监测、应急处置为核心，体现自救互救和先期处置的特点，按照《国家电网有限公司应急预案编制规范》中要求的编制格式，编制应急预案、现场处置方案、应急处置卡。

（6）征求意见与推演论证：应急预案编制完成后，由应急预案编制责任部门组织征求意见和桌面推演论证，检验应急预案的可行性、可操作性，并进一步完善应急预案。演练应当记录、存档。涉及政府有关部门或其他单位职责的应急预案，应书面征求相关部门和单位的意见。应急预案编制责任部门根据反馈意见和桌面推演发现的问题，组织修改并起草编制说明。修改后的应急预案经本单位分管领导审核后，形成应急预案评审稿。

（7）应急预案评审与发布：应急预案编制完成后，应按照国家能源局《电力企业应急预案评审与备案细则》《国家电网有限公司应急预案评审管理办法》进行评审。评审后，由企业主要负责人签署发布，并按规定向上级单位安监部及政府有关部门备案；现场处置方案经过基层单位或相关部门主要负责人签署，由编制责任部门发布，并报送本单位专业管理部门。

（8）应急预案备案：应急预案发布后，由本单位应急管理归口部门在应急预案发布后的 20 个工作日内，以正式文件向上级主管单位进行备案。备案内容包括总体应急预案、专项应急预案、部门应急预案全文以及现场处置方案、应急处置卡设置目录。同时按照国家能源局及其派出机构、地方政府电力主管、应急管理等相关部门应急预案备案要求向有关政府部门备案。

三、应急队伍

应急队伍由应急救援基干分队、应急抢修队伍和应急专家队伍组成。应急救援基干分队负责快速响应实施突发事件应急救援；应急抢修队伍承担电网设施大范围损毁修复等任务；应急专家队伍为本单位应急管理和突发事件处置提供技术支持和决策咨询。同时加强与社会应急救援力量合作，形成有能力、有组织、易动员的供电抢险应急队伍。应急队伍名单应按规定报送属地县级以上人民政府负有安全生产监督管理职责的部门。

（一）应急救援基干队伍

应急救援基干队伍由电网企业安全监察部门组织管理，是指为切实防范和有效应对突发供电安全事故及对电网企业和社会造成重大影响的各突发事件，及时开展损毁设施信息收集，快速提供必要供电供应，参与救援和恢复电网运行而组建的"平战结合、一专多能、装备精良、训练有素、快速反应、战斗力强"的应急队伍。负责快速响应实施突发事件应急救援。

1. 队伍设置

省电力公司基干分队定员不少于 50 人，设队长 1 人，副队长 2 人；地市供电公司基干分队定员 20 至 30 人，设队长 1 人，副队长 1 至 2 人；县级供电公司基干分队定员 10 至 15 人，设队长 1 人，副队长 1 人。每年一季度进行一次队伍评估，发布基干分队人员名单，建立本单位基干队员身份信息卡，并报上级安全监察部门备案。

2. 主要职责

（1）经营区域内发生重特大灾害时，负责以最快速度到达灾区，抢救员工生命，协助政府开展救援，提供应急供电保障，树立国家电网良好企业形象；

（2）及时掌握并反馈受灾地区电网受损情况及社会损失、地理环境、道路交通、天气气候、灾害预报等信息，收集影像资料，提出应急抢险救援建议，为公司应急指挥提供可靠决策依据；

（3）开展突发事件先期处置，搭建前方指挥部，确保应急通信畅通，为公司后续应急队伍的进驻做好前期准备；

（4）在培训、演练等活动中，发挥骨干作用，配合做好相关工作。

（二）应急抢修队伍

应急抢修队伍由电网企业设备管理部门组织管理，是指在应急管理的恢复重建阶段，承担电网设施大范围损毁修复等任务，为尽快恢复电网运行而组建的队伍，专业分为输电、配电、变电、营销、建设、信通、后勤等应急抢修队伍。

1. 队伍设置

应急抢修队伍按照利于应急抢修的原则建立，定期进行服务评估，并报本级安全监察部门备案。

2. 主要职责

（1）在生产经营区域内发生突发自然灾害或协调联动单位发生重、特大自然灾害时，根据公司应急领导小组指令，以最快速度到达受灾地区，开展电力设施抢险抢修，恢复受损电网设备，及时恢复供电。

（2）根据上级应急领导小组统一领导和指挥，按要求开展指定地区电力设施抢险抢修工作。

（3）开展电力设施抢险抢修过程中，及时掌握并反馈受灾地区电网受损情况、道路交通、天气气候、灾害预报等信息，提出抢险抢修建议，为应急领导小组指挥决策提供可靠依据。

（4）根据需要协助应急救援基干队伍开展应急救援等工作。

（三）应急专家队伍

应急专家队伍由电网企业安全监督部门牵头、职能部门配合组建，是指为应急工作提供决策建议、专业咨询、理论指导和技术支持而组建的队伍。应急工作分为自然灾害、事故灾难处置应对和公共卫生与社会安全事件处置应对两大类。

1. 队伍设置

应急专家队伍应包含设备、调度、营销、新闻宣传、物资、信息通信、后勤保障等各专业，由安全监察部门牵头，职能部门配合进行定期评估，并报上级安全监察部门备案。

2. 主要职责

（1）接受本单位应急管理部门的管理，发挥理论和专业技术优势，积极参与本单位应急管理工作，提出应急工作意见和建议，对突发事件进行分析、研判，必要时参加现场应急处置、事后调查评估等工作，提供决策建议、专业咨询。

（2）为应急管理工作的开展提供技术支持，参与有关研讨评审、能力评估及监督

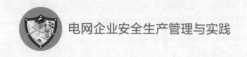

检查等工作。

（3）参与应急管理宣传和培训工作。

（4）参与应急预案及应急管理有关规章制度、标准、文件的编制和审议。

四、应急演练

（一）应急演练目的

（1）检验突发事件应急预案，提高应急预案的针对性、实效性和操作性。

（2）完善突发事件应急机制，强化政府、供电企业、供电用户相互之间的协调与配合。

（3）锻炼供电应急队伍，提高供电应急人员在紧急情况下妥善处置突发事件的能力。

（4）推广和普及供电应急知识，提高公众对突发事件的风险防范意识与能力。

（5）发现可能发生事故的隐患和存在问题。

（二）应急演练原则

（1）依法依规，统筹规划。应急演练工作必须遵守国家相关法律、法规、标准及有关规定，科学统筹规划，纳入各供电企业、供电用户应急管理工作的整体规划，并按规划组织实施。

（2）突出重点，讲求实效。应急演练应结合本单位实际，有针对性地设置演练内容。演练应符合事件发生、变化、控制、消除的客观规律，注重过程、讲求实效，提高突发事件应急处置能力。

（3）协调配合，注重提升。以提高指挥协调能力、应急处置能力为主要出发点组织开展演练。

（4）确保安全有序。在保证参演人员及设备设施安全的条件下组织开展演练。

（三）应急演练计划

应急演练分为综合演练和专项演练，可以采取桌面推演、实战演练等形式进行。电网企业安全监察部门负责制定年度应急演练计划，每年组织开展不同类型的应急演练。其中，每两年至少组织一次大型综合实战演练；专项预案应急演练按半年度均衡开展，三年内各专项预案至少演练一次；现场处置方案按半年度均衡开展，三年内各现场处置方案至少演练一次。

（四）应急演练准备

1. 成立组织机构

应急演练应在相关应急预案确定的应急领导机构下组织开展，成立演练领导小组，由演练领导小组统筹组织指挥，一般下设策划导调组、技术支持组、后勤保障组和评估组，分工开展演练的组织筹备和实施各项工作。对于不同类型和规模的演练活动，其组织机构和职能可根据实际情况进行合理调整，演练小组也可以根据演练形式、演练规模等因素灵活设置。

（1）领导小组职责。

1）领导应急演练筹备和实施工作。

2）审批应急演练工作方案和经费使用。

3）审批应急演练评估总结报告。

4）决定应急演练的其他重要事项。

（2）策划导调组职责。

1）负责应急演练的组织、协调和现场调度。

2）编制应急演练工作方案，拟定演练脚本。

3）指导参演单位进行应急演练准备等工作。

4）负责信息发布。

（3）技术支持组职责。

1）负责应急演练安全保障方案制定与执行。

2）负责提供应急演练技术支持，主要包括应急演练所涉及的调度通信、自动化系统、设备安全隔离等。

（4）后勤保障组职责。

1）负责应急演练的会务、后勤保障工作。

2）负责所需物资的准备，以及应急演练结束后物资清理归库。

3）负责人力资源管理及经费使用管理等。

（5）评估组职责。

1）负责根据应急演练工作方案，拟定演练考核要点和提纲，跟踪和记录应急演练进展情况，发现应急演练中存在的问题，对应急演练进行点评。

2）负责针对应急演练实施中可能面临的风险进行评估。

3）负责审核应急演练安全保障方案。

2. 编写演练文件

（1）演练工作方案。

企业在进行演练之前，应编制演练工作方案，其主要内容包括：

1）应急演练目的与要求。

2）应急演练场景设计。按照突发事件的内在变化规律，设置情景事件的发生时间、地点、状态特征、波及范围以及变化趋势等要素，进行情景描述。对演练过程中应采取的预警、应急响应、决策与指挥、处置与救援、保障与恢复、信息发布等应急行动与应对措施预先设定和描述。

3）参演单位和主要人员的任务及职责。

4）应急演练的评估内容、准则和方法，并制定相关具体评定标准。

5）应急演练总结与评估工作的安排。

6）应急演练技术支撑和保障条件，参演单位联系方式，应急演练安全保障方案等。演练工作方案的主题内容见表6-1-1。

表6-1-1 演练工作方案的主题内容

标题	说明
演练背景	阐述整个演练举办的原因、意义和必要性
演练目标	列出演练所需达到的预期目标
演练时间	明确演练日期和当天具体的开始、结束时间
演练地点	明确演练的地点、现场范围
演练控制及分工	列出所有参演应急组织、部门、单位及人员，落实控制人员、演练人员、模拟人员、评估人员的职责
事故情景介绍	较详细地介绍演练情景事件，包括所模拟的事故类型、情景启动的方式等
演练特点	本次演练的特点

（2）应急演练脚本。

根据需要，可编制演练脚本，适用于程序性演练。演练脚本是应急演练工作方案具体操作实施的文件，帮助参演人员全面掌握演练进程和内容。演练脚本一般采用表格形式，主要内容包括：

1）演练模拟事故情景。

2）处置行动与执行人员。

3）指令与对白、步骤及时间安排。

4）视频背景与字幕。

5）演练解说词等。

脚本样式见表6-1-2。

表6-1-2 演 练 脚 本 编 写 样 式

计划开始时间	场景	地点	对话/处置动作	画面安排
13:55	就位准备	应急演练指挥中心、各部门	全体参加演练的部门、人员及观摩人员在本部门集中待命	
14:00	演练总指挥宣布实战应急演练开始	应急演练会场	【演练对话】 应急办主任：报告演练总指挥，我司防汛防强对流天气应急实战演练人员已全部就位，各项工作准备就绪，请指示 演练总指挥：我宣布，××供电公司防汛防强对流天气应急实战演练开始	第1屏 应急演练会场
14:03	接到市气象局暴雨预警信号	指挥中心	【演练对话】 演练值班员（接电话）：你好！我是××供电公司演习值班员；明白	第2屏 指挥中心

（3）评估指南。

依据演练工作方案及演练脚本编写评估指南，供演练观摩、评估人员对演练进行评估。评估指南的内容主要包括：

1）相关信息：应急演练目的、情景描述，应急行动与应对措施简介等。

2）评估内容：应急演练准备、应急演练方案、应急演练组织与实施、应急演练效果等。

3）评估标准：应急演练目的实现程度的评判指标。

4）评估程序：针对评估过程作出的程序性规定。

5）附件：演练评估所需要用到的相关表格等。

3. 落实保障措施

（1）组织保障。

落实演练总指挥、现场指挥、演练参与单位（部门）和人员等，必要时考虑替补人员。

（2）资金与物资保障。

落实演练经费、演练交通运输保障，筹措演练器材、演练情景模型。

（3）技术保障。

落实演练场地设置、演练情景模型制作、演练通信联络保障等。

（4）安全保障。

落实参演人员、现场群众、运行系统安全防护措施，进行必要的系统（设备）安全隔离，确保所有参演人员和现场群众的生命财产安全，确保运行系统安全。

（5）宣传保障。

根据演练需要，对涉及演练单位、人员及社会公众进行演练预告，宣传供电应急相关知识。

（6）其他准备事项。

根据需要准备应急演练有关活动安排，进行相关应急预案培训，必要时可进行预演。

（五）应急演练组织与实施

1. 程序性实战演练

（1）实施前状态检查确认。

在应急演练开始之前，确认演练所需的工具、设备设施以及参演人员到位，检查应急演练安全保障设备设施，确认各项安全保障措施完备。

（2）演练实施。

1）条件具备后，由总指挥宣布演练开始。

2）按照应急演练脚本及应急演练工作方案逐步演练，直至全部步骤完成。演练可由策划导调组随机调整演练场景的个别或部分信息指令，使演练人员依据变化后的信

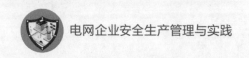

息和指令自主进行响应。出现特殊或意外情况，策划导调组可调整或干预演练，若危及人身和设备安全时，应采取应急措施终止演练。

3）演练完毕，由总指挥宣布演练结束。

2. 检验性实战演练实施

（1）实施前状态检查确认。

在应急演练开始之前，确认演练条件具备，检查演练安全保障设备设施，确认各项安全保障措施完备。

（2）演练实施。

1）演练实施可分为有脚本和无脚本两种方式：

方式一（有脚本）：策划人员事先发布演练题目及内容，向参演人员通告事件情景，演练时间、地点、场景随机安排。

方式二（无脚本）：策划人员不事先发布演练题目及内容，演练时间、地点、内容、场景随机安排。

2）有关人员根据演练指令，依据相应预案规定职责启动应急响应，开展应急处置行动。

3）演练完毕，由策划人员宣布演练结束。

3. 桌面演练实施

（1）实施前状态检查确认。

在应急演练开始之前，策划人员确认演练条件具备。

（2）演练实施。

1）策划人员宣布演练开始。

2）参演人员根据事件预想，按照预案要求，模拟进行演练活动，启动应急响应，开展应急处置行动。

3）演练完毕，由策划人员宣布演练结束。

（六）应急演练评估与总结

1. 应急演练评估

（1）现场点评。应急演练结束后，在演练现场，评估人员或评估组负责人对演练中发现的问题、不足及取得的成效进行口头点评。

（2）书面点评。评估人员针对演练中观察、记录以及收集的各种信息资料，依据评估标准对应急演练活动全过程进行科学分析和客观评价，并撰写书面评估报告。评估报告的重点是对演练活动的组织和实施、演练目标的实现、参演人员的表现以及演练中暴露的问题进行评估。

2. 应急演练总结

演练结束后，由演练组织单位根据演练记录、演练评估报告、应急预案、现场总结等材料，对演练进行全面总结，并形成演练书面总结报告。报告可对应急演练准备、策划等工作进行简要总结分析。参与单位也可对本单位的演练情况进行总结。演练总结报告的内容主要包括演练基本概要、演练发现的问题、取得的经验和教训、应急管理工作建议。

3. 演练资料归档与备案

（1）应急演练活动结束后，将应急演练工作方案以及应急演练评估、总结报告等文字资料，以及记录演练实施过程的相关图片、视频、音频等资料归档保存。

（2）对部门求备案的应急演练资料，演练组织部门（单位）应将相关资料报本单位安全监察部门备案。

五、应急培训

（1）各级电网企业应将应急预案的培训纳入安全生产培训工作计划，应组织与应急预案实施密切相关的管理人员和作业人员开展培训，于每年3月前以正式文件发布。

应急培训计划应包含应急管理培训、应急技能培训两部分。必须包含应急法律法规、规章制度、应急预案等，根据工作岗位和业务实际开展必要的应急技能培训。其中总体应急预案的培训每两年至少组织一次，各专项应急预案的培训每年至少组织一次，各现场处置方案的培训每半年至少组织一次。应急救援基干分队、应急抢修队伍定期开展不同层面的应急理论、专业知识、技能水平、身体素质和心理素质等培训。

（2）电网企业应按照培训计划，开展各类培训，按照本单位教育培训工作要求，做好资料留存。

六、应急保障

（一）应急物资装备保障

应急物资装备是指为防范恶劣自然灾害造成电网停电、电站停运，满足短时间恢复供电需要的电网抢修设备、电网抢修材料、应急抢修工器具、应急救灾物资和应急救灾装备等。

1. 职责分工

（1）电网企业安全监察部门是应急物资装备的牵头管理部门，负责组织储备定额修编、监督检查等管理工作，负责应急救援类物资装备的专业管理。

（2）物资部门是应急物资工作的归口管理部门，组织开展应急物资采购、储备、供应、调配、报废等工作。

（3）专业部门按照管理职责负责电网抢修类、后勤保障类、应急通信类等各类应急物资装备储备、管理工作。

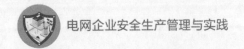

2. 应急物资装备储备定额

电网企业安全监察部门牵头，组织各专业部门，按照分级配置的原则制订分管范围内的应急物资储备定额，会同物资部门确定实物储备、协议储备应急物资的品种、数量和技术规范，并以正式文件发布。

3. 应急物资装备采购、储备

（1）各级物资部门根据应急物资储备定额组织制定年度应急物资储备方案，经批准后组织实施。

（2）应急物资装备储备仓库遵循"规模适度、布局合理、功能齐全、交通便利"的原则，因地制宜设立储备仓库，形成应急物资储备网络。应急物资储备分为实物储备、协议储备和动态周转等方式。

实物储备是指应急物资采购后存放在仓库内的一种储备方式。实物储备的应急物资纳入公司仓储物资统一管理，定期组织检验或轮换，保证应急物资质量完好，随时可用。实物储备的应急物资管理应按照本单位仓储配送管理规定进行管理，保证应急物资质量完好、随时可用。

协议储备是指应急物资存放在协议供应商处的一种储备方式。协议储备的应急物资由协议供应商负责日常维护，保证应急物资随时可调。

动态周转是指在建项目工程物资、大修技改物资、生产备品备件和日常储备库存物资等作为应急物资使用的一种方式。动态周转物资信息应实时更新，保证信息准确。

4. 应急物资装备供应

（1）发生区域性自然灾害造成电网事故时，各单位启动应急物资保障预案，开展应急物资供应保障工作。

（2）发生重特大自然灾害时，公司启动应急物资保障预案。当受灾地单位应急物资储备资源无法满足应急救援需要时，公司启动跨区域的应急物资支援。

（3）应急物资需求指令由各级应急管理部门向物资部门下达。

（4）各级物资部门根据指令，按照"先近后远、先利库后采购"的原则以及"先实物、再协议、后动态"的储备物资调用顺序，统一调配应急物资。在储备物资无法满足需求的情况下，可组织进行紧急采购。

（5）应急物资储备库、协议储备供应商及动态周转物资所属单位在接到各级物资部门调拨指令后，迅速启动，及时配送，并对运输情况进行实时跟踪和信息反馈。

（6）应急物资供应过程中，各级物资部门应与铁道部、交通部等政府部门及时沟通协调，迅速落实运输方案，确保物流配送网络运转高效，保证应急物资的及时供应。

（7）各级应急物资需求单位负责对应急物资进行接收，并做好验收记录作为结算依据。

（8）对于货源充足、易于采购的物资，或未纳入应急物资储备管理的物资，采用紧急采购方式（包括但不限于非招标采购方式）进行应急供应。

（9）各级物资部门应保证应急救援抢险过程中应急物资调配、采购、运输、交货等信息的准确，并及时向相关部门（单位）进行通报。

（二）应急资金保障

按照本单位预算管理办法规定，电网企业各部门提出应急工作费用需求和预算申请，由发展规划部门立项统筹管理，由财务部门纳入公司预算范围，保证应急工作和处置需求。

（三）应急通信保障

（1）按照统一系统规划、统一技术规范、统一组织建设，必要时统一调配使用的原则，持续完善电力专用和公用通信网，建立有线和无线相结合、基础公用网络与机动通信系统相配套的应急通信系统，确保应急处置过程中通信畅通、信息安全。

（2）信息通信管理部门持续完善电力专用和公用通信网，建立有线和无线相结合、基础公用网络与机动通信系统相配套的应急通信系统；建立有效的通信联络机制，完善与政府相关应急机构、社会救援组织、重要客户群体等的联络方式，保证信息流转的上下内外互通。

（四）应急电源保障

（1）加强应急电源系统建设，电网企业根据实际情况配备各种类型、各种容量应急电源车、应急发电机等；加强应急电源的日常维护和保养，保证应急电源可以立即投入使用。

（2）加强与政府的协作，督促高危企业、高密人口聚集场所、重要商业金融场所、电气化交通等用户按照国家有关部门要求，配置符合标准的自备应急电源，做好操作人员的培训工作。

（五）电网备用调度保障

电网企业调度中心负责备用调度系统的管理和运维，健全备用调度常态运转机制，保证紧急时刻备用调度顺利启用，保证调度机构不间断指挥的技术支撑。

（六）应急指挥中心保障

电网企业建设各级应急指挥中心和应急指挥平台，实现应急工作管理、应急处置、辅助应急指挥等功能，满足公司各级应急指挥中心互联互通，以及与政府相关应急指挥中心联通要求，完成指挥员与现场的高效沟通及信息快速传递，为应急管理和指挥决策提供丰富的信息支撑和有效的辅助手段。

（七）协调联动机制保障

（1）电网企业与属地政府建立外部协调联动机制。与交通运输、铁道部门、民航部门、新闻宣传部门沟通与协调，与社会物流企业合作，在优先利用电网企业自身交通运输能力前提下，合理使用社会交通运输资源；与属地应急管理部门沟通与协调，签订应急联动战略合作协议，建立深化政企应急联动战略合作机制；与属地公安部门沟通与协调，签订深化警企战略合作框架协议，建立电力设施保护、打击涉电违法犯罪战略合作机制；充分利用电网企业自身医疗卫生队伍，同时加强与社会医疗卫生资源的协调与合作。

（2）电网企业按照区域，建立应急协调联动长效机制，签订应急协调联动协议，必要时提高救援帮助。

【思考与练习】

1. 应急组织体系指的是什么？

【参考答案】

领导小组统一领导、专项事件应急处置领导小组分工负责、办事机构牵头组织、有关部门分工落实、党政工团协助配合、企业上下全员参与

2. 应急预案体系包括什么？

【参考答案】

总体应急预案、专项应急预案、现场处置方案

3. 应急队伍包括哪些种类？

【参考答案】

应急救援基干队伍、应急抢修队伍、应急专家队伍

4. 应急演练分为哪些种类？组织形式包括什么？

【参考答案】

应急演练分为综合演练和专项演练，可以采取桌面推演、实战演练等形式进行。

第二节 监测与预警

【本节描述】本节介绍监测与预警，包含风险监测和预警制度两项内容。

一、风险监测

电网企业建设新一代应急指挥系统，整合利用输电线路可视化监拍系统、电网统一视频监控、调度自动化系统、配电自动化系统、用采系统、信通智能运维管控平台、舆情监测系统等，实现应急值班管理、应急态势感知、应急资源监测、精细化预警分析研判、预警行动信息快速上报、灾损在线实时统计、应急作战一张图等核心功能，实现电网、输变配电设备、网络安全、信息通信、舆情等风险监测。

电网企业建立常态化应急机制，开展 24 小时应急值班，开展风险监测、预警以及突发事件先期处置。确保通信联络畅通，收集整理、分析研判、报送反馈和及时处置

重大事项相关信息。

二、预警制度

（一）预警准备

1. 明确预警目标

预警的目标是通过对安全生产活动和安全管理进行监测与评价，警示安全生产过程中所面临的危害程度。

2. 制定预警任务

预警需要完成的任务是完成对各种事故征兆的监测、识别、诊断与评价及时报警，并根据预警分析的结果对事故征兆的不良趋势进行矫正与控制。

3. 预警分类分级

电网企业预警实行分层管理，根据突发事件对公司或电网可能造成的影响或损坏程度，将预警分为四级：一级、二级、三级和四级，依次用红色、橙色、黄色和蓝色标示，红色预警为最高级。

预警级别划分标准可在各专项应急预案中具体明确，采用可量化指标，明确各级别数量范围。

（二）预警程序

（1）电网企业应急办或相关部门接到预警信息来源后，立即汇总相关信息，分析研判，提出公司预警发布建议，经公司应急领导小组批准发布。

预警信息来源主要包括：

1）中央气象台、省气象局、国网公司防灾减灾中心等机构预警信息，或应急管理厅、国家能源局等预警通知。

2）企业领导要求发布预警相关指示，或上报的预警信息。

3）专业监测预报信息，或其他专业部门提出预警建议或提示。

（2）预警信息由公司应急办或相关职能部门以传真、办公自动化系统、安监管理一体化平台或应急指挥系统，并据情况变化适时调整预警级别。

预警签发分级审批，其中一级、二级预警由预警发布单位安全应急办主任审核后，由相关事件分管领导审批，三级、四级预警由预警发布单位应急办或相关专业部门经应急办审批后发布。

预警通知应包括事件概要、类型、级别、影响范围、起止时间、应对措施、联系人、主送单位等信息，并提出具体应对措施和要求。

（三）预警行动

进入预警期后，电网企业采取以下部分或全部措施：

（1）强化应急值班，各级人员按以下标准到岗到位。

1）启动三级、四级预警响应时，应急指挥中心增加 1 名值班员；安全应急办、相关事件专项应急办分别指定 1 名处长或专责保持通信畅通，必要时参加值守；

2）启动二级预警响应时，在三级、四级值班人员基础上，安全应急办、相关事件专项应急办负责人 1 小时内到应急指挥中心参加值守；安全应急办、相关事件专项应急办、设备部、营销部、调控中心 1 名处长或专责 1 小时内到应急指挥中心参加值守；数字化部、物资部、后勤部、宣传部等相关部门指定 1 名处长或专责，保持通信畅通，并做好随时参加信息研判、会商、值守准备；

3）启动一级预警响应时，在二级预警值班人员基础上，安全生产分管领导、相关事件分管领导 1 小时内到应急指挥中心值守；设备部、营销部、数字化部、物资部、后勤部、宣传部、调控中心等相关部门指定 1 名部门负责人 1 小时内到应急指挥中心参加值守。

（2）及时收集、报告有关信息，做好突发事件发生、发展情况的监测和事态跟踪工作；加强与政府相关部门的沟通，及时报告事件信息。

（3）组织相关部门和人员对突发事件信息进行随时分析评估，预测发生突发事件可能性的大小、影响范围和严重程度以及可能发生的突发事件的级别。启动一级、二级预警响应时，预警单位安全应急办向本单位分管领导汇报，组织相关部门、单位开展会商。分管领导提出工作要求，值班员做好记录，形成会商纪要并下发至责任部门、单位。

（4）根据预警级别，组织相关部门和单位开展预警响应，在新一代应急指挥系统中发布预警响应处置任务，加强对电网运行、重点场所、重点部位、重要设备和重要舆情的监测工作；采取必要措施，加强对关系国计民生的重要客户、高危客户及人民群众生活基本用电的供电保障工作。重点做好各级管理人员到岗到位，组织预警响应，现场人员、队伍、装备、物资等"四要素"资源预置，做好后勤、通信和防疫保障，防范或减轻突发事件造成的损失。

（5）核查应急物资设备，做好物资调拨准备；有关职能部门根据职责分工协调组织应急队伍、应急物资、应急电源（照明）、应急通信、交通运输和后勤保障等处置准备工作；应急队伍和相关人员进入待命状态。

（6）做好新闻宣传和舆情引导工作；应急领导小组成员迅速到位，及时掌握相关事件信息，研究部署处置工作；做好成立专项处置领导小组及其办公室、现场指挥机构的准备工作；视情况做好启动应急协调联动机制的准备工作。

（7）应做好预警期信息报送工作，预警期内发现险情立即汇报，汇报方式可采用电话、传真、邮件、短信、微信等形式上报，并按照要求做好续报工作。

（四）预警调整与结束

根据事态发展，应急办或有关职能管理部门应提出预警级别调整建议，经本单位应急领导小组批准后由公司应急办负责调整发布。

现场实际情况证明突发事件不可能发生或危险已经解除，按照"谁审批、谁解除"原则，解除预警响应指令，通过应急指挥信息系统、移动 App、短信发布至相应人员。规定的预警期限内未发生突发事件，预警自动解除。针对同一类型灾害，如转入应急响应状态，预警自动解除。

【思考与练习】

1. 预警信息有哪些来源？

【参考答案】

（1）中央气象台、省气象局、国网公司国网公司防灾减灾中心等机构预警信息，或应急管理厅、国家能源局等预警通知。

（2）企业领导要求发布预警相关指示，或上报的预警信息。

（3）专业监测预报信息，或其他专业部门提出预警建议或提示。

2. 预警通知应包括什么？

【参考答案】

预警通知应包括事件概要、类型、级别、影响范围、起止时间、应对措施、联系人、主送单位等信息，并提出具体应对措施和要求。

第三节　应急处置与救援

【本节描述】本节介绍应急处置与救援，包括应急响应程序、信息报告与发布两部分内容。

一、应急响应程序

（一）响应启动

电网企业应急办接到事发单位信息报告后，立即核实事件性质、影响范围与损失等情况，研判突发事件可能造成重特大损失或影响时，立即向分管领导报告，提出应急响应类型和级别建议，经批准后，通知指挥长（牵头部门主要负责人）、专项应急办、相关部门、事发单位、相关分部到岗到位，并组织启动应急指挥中心及相关信息支撑系统。专项应急办组织开展应急处置工作，并向上级单位和属地应急管理、工信、能源等部门报送事件快报。

1. 到岗到位

接到突发事件应急响应通知后，指挥长、指挥部成员、工作组成员、事发单位及涉及单位有关人员应在工作时间 30 分钟内、非工作时间 60 分钟内到达应急指挥中心

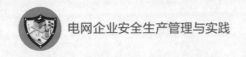

值守。

出差、休假等不能参加的，由临时代理其工作的人员参加。

2. 指挥中心启动

事发单位第一时间启动应急指挥中心，30 分钟内实现与上级单位应急指挥中心互联互通，并提供事件简要情况、相关电网主接线图等资料。

事发现场第一时间成立现场指挥部，利用 4G/5G 移动视频、应急通信车、各类卫星设备等手段实现与事发单位、上级单位应急指挥中心的音视频互联互通，具备应急会商条件。

3. 视频会商

应急指挥中心启动后 2 个小时内，指挥长负责组织相关部门、事发单位、事发现场（若具备条件）召开首次视频会商，由副总指挥主持，事发现场、事发单位重点汇报事件详细情况、应急处置进展、次生衍生事件、抢修恢复、客户供电、舆情引导、社会联动，以及需要协调的问题等；各成员部门按照职责分工重点汇报工作开展情况及下一步安排。指挥长视情况组织开展后续视频会商，原则上每天 16 时开展一次视频会商，直至响应终止。

4. 值班值守

由指挥长负责组织相关工作组在应急指挥中心开展 24 小时联合应急值班，做好事件信息收集、汇总、报送等工作。办公室（总值班室）、宣传部门以及调度中心在本部门开展专业值班，并及时向应急指挥中心提供相关信息。事发单位在本单位应急指挥中心开展应急值班，及时收集、汇总事件信息并报送上级单位。

5. 资源协调

应急指挥部总指挥根据事故事件处置需要，有权统一调配应急救援所需的人员、应急装备、物资、车辆、所需资金等。

（二）先期处置

突发事件发生后，事发单位在做好信息报告的同时，立即开展先期处置，采取下列一项或者多项应急措施：

（1）立即组织应急救援队伍和工作人员营救受伤害人员；根据事故危害程度，疏散、撤离、安置、隔离受到威胁的人员，及时通知可能受到影响的单位和人员；

（2）调整电网运行方式，通过其他线路转供等方式，尽快恢复供电；遇有电网瓦解极端情况时，应立即按照电网黑启动方案进行电网恢复工作；

（3）立即采取切断电源、封堵、隔离故障设备等措施，避免事故危害扩大；组织勘察现场，制定针对性抢险措施，做好安全防护，全力控制事件发展；

（4）控制危险源，标明危险区域，封锁危险场所，防止次生、衍生灾害发生；

（5）维护事故现场秩序，保护事故现场和相关证据；

（6）如引发社会安全事件，要迅速派出负责人赶赴现场开展劝解、疏导工作；

（7）法律法规、国家有关制度标准、公司相关预案及规章制度规定的其他应急救援措施。

（三）指挥协调

电网企业根据本单位专项应急预案应急响应标准和要求开展下列一项或多项响应工作：

（1）专项应急领导小组研究启动Ⅰ级、Ⅱ级应急响应，成立应急指挥部，协调、组织、指导处置工作，并将处置情况汇报公司应急领导小组。

（2）启动应急指挥中心应急指挥机制，召开专项处置领导小组会议，就有关重大应急问题做出决策和部署。

（3）开展 24 小时应急值班，做好信息汇总和报送工作。

（4）应急指挥部总指挥在本部应急指挥中心指挥；委派副总指挥作为现场工作组组长带队赴事发现场指导处置工作。

（5）对事件发生单位做出处置指示，责成有关部门立即采取相应应急措施，按照处置原则和部门职责开展应急处置工作。

（6）与政府职能部门联系沟通，做好信息发布及舆论引导工作。

（7）汇报上级单位，跨省、市、区域调集应急队伍和抢险物资，协调解决应急通信、医疗卫生、后勤支援等方面问题。

（8）必要时请求政府部门支援。

（四）应急处置

突发事件发生后，事发单位应在先期处置的基础上采取下列一项或者多项应急处置措施：

（1）调度中心及时调整电网运行方式，采取有效措施控制停电范围；掌握电网故障处置进展，做好调度业务指导；指挥或配合优先开展重要输变电设备、电力主干网架的恢复工作，做好电网"黑启动"方案准备；及时组织做好应急期间调度自动化系统、通信系统保障工作。

（2）及时组织排查设备故障和受损情况，制定设备抢修方案；调集应急抢修队伍、物资装备，开展设备抢修和跨区支援；及时派人参加现场工作组，指导现场抢修工作，迅速组织力量开展电网恢复应急抢险救援工作。

（3）及时启动客户服务应急联动机制，及时告知重要客户停电事件情况，规范开展有序用电工作，优先为重要场所及重要客户提供必要的应急供电和应急照明支援。

（4）及时收集有关舆论信息，组织编写对外发布信息，向政府新闻办公室、上级宣传部门简要汇报事件情况；通过官方渠道及时发布相关停电情况、处理结果及预计抢修恢复所需时间等信息；联系和沟通新闻媒体，及时对外发布新闻信息。

（5）及时组织做好应急抢修装备、物资供应，确保物资配送及时到位；提供可调用的应急物资装备相关信息，按照公司应急领导小组的要求做好应急物资、装备的调拨、配送等工作。

（6）及时组织做好应急期间信息系统保障工作。

（7）做好应急处置人员的食宿安排，提供必要的生活办公用品，指导做好现场人员生活后勤、医疗保障等工作。

（8）救援单位、相关部门加强次生灾害监测预警，防范因突发事件导致的生产安全事故；组织力量开展隐患排查和缺陷整治，避免发生人员伤害、火灾等次生灾害。

（五）应急救援

（1）发生突发事件时，各级电网企业应急领导机构根据情况需要，请求国家或属地政府启动社会应急机制，组织开展应急救援与处置工作。

（2）根据国家或属地政府要求，积极参与社会应急救援，保证突发事件抢险和应急救援的电力供应，向政府抢险救援指挥机构、灾民安置点、医院等重要场所提供电力保障。

（3）事发单位视情况启动应急协调联动机制，与电网企业内部单位以及政府、社会相关部门和单位共同应对突发事件。

（六）响应调整与终止

（1）根据事态发展变化，指挥长提出应急响应级别调整建议，经总指挥批准后，按照新的应急响应级别开展应急处置。

（2）突发事件得到有效控制、危害消除后，指挥长提出终止应急响应建议，经总指挥批准后，宣布应急响应终止。

二、信息报告与发布

（一）信息报告

1. 报告程序

（1）预警期内，电网企业各部门向上级相关职能部门、单位报告专业信息，应急指挥中心汇总各专业信息，向公司应急办和专项应急办汇报并向上级应急指挥中心报告综合信息。

（2）应急响应期间，电网企业各部门综合利用应急指挥系统、移动视频、各类通信设备等手段，实时监视灾情、统计灾损信息，定时向应急指挥中心报送专业信息，应急指挥中心汇总后报送上级应急指挥中心。公司事件处置牵头负责部门或专项应急办根据事态发展情况，按照有关规定通过公司应急办和总值班室向政府部门和相关单位报告。

2. 报告内容

（1）预警期内。包括突发事件可能发生的时间、地点、性质、影响范围、趋势预测和已采取的措施及效果等。

（2）应急响应期间。包括突发事件发生的时间、地点、性质、影响范围、严重程度、已采取的措施及效果和事件相关报表等，并根据事态发展和处置情况及时续报动态信息。

3. 报告要求

（1）电网企业向上级单位、属地政府汇报信息，必须做到数据源唯一、数据准确、及时。

（2）响应期内，电网企业应按照即时汇报和应急预案要求，固定时间间隔向上级单位报送快报、每日报送日报。

（3）下级电网企业发生启动预警或事件响应、但上级单位尚未启动情况时，由相关电网企业向上级单位相应职能部门汇报专业信息，向上级单位应急办汇报综合信息；报送内容及要求按本章相关内容执行。

（二）信息发布

（1）预警期内，电网企业应急办协助有关部门开展突发事件信息发布和舆论引导工作。

（2）应急响应期间，电网企业事件处置牵头负责部门协助有关部门开展突发事件信息发布和舆论引导工作。

（3）发布信息主要包括突发事件的基本情况、采取的应急措施、取得的进展、存在的困难以及下一步工作打算等信息。

（4）信息发布的渠道包括公司网站、官方微博、官方微信、当地主流媒体、新闻发布会、95598电话告知、短信群发、电话录音告知和当地政府信息发布平台等形式；视情况，采用其中一种或多种形式。

（5）组织开展舆论监测，汇集有关信息，跟踪、研判社会舆论，及时确定应对策略，开展舆论引导工作。

（6）信息发布和舆论引导工作应实事求是、及时主动、正确引导、严格把关、强化保密。

【思考与练习】

1. 应急先期处置包括哪些措施？

【参考答案】

（1）立即组织应急救援队伍和工作人员营救受伤害人员；根据事故危害程度，疏散、撤离、安置、隔离受到威胁的人员，及时通知可能受到影响的单位和人员；

（2）调整电网运行方式，通过其他线路转供等方式，尽快恢复供电；遇有电网瓦

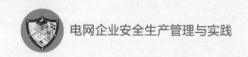

解极端情况时，应立即按照电网黑启动方案进行电网恢复工作；

（3）立即采取切断电源、封堵、隔离故障设备等措施，避免事故危害扩大；组织勘察现场，制定针对性抢险措施，做好安全防护，全力控制事件发展；

（4）控制危险源，标明危险区域，封锁危险场所，防止次生、衍生灾害发生；

（5）维护事故现场秩序，保护事故现场和相关证据；

（6）如引发社会安全事件，要迅速派出负责人赶赴现场开展劝解、疏导工作；

（7）法律法规、国家有关制度标准、公司相关预案及规章制度规定的其他应急救援措施。

2. 信息报告内容包括什么？

【参考答案】

（1）预警期内。包括突发事件可能发生的时间、地点、性质、影响范围、趋势预测和已采取的措施及效果等。

（2）应急响应期间。包括突发事件发生的时间、地点、性质、影响范围、严重程度、已采取的措施及效果和事件相关报表等，并根据事态发展和处置情况及时续报动态信息。

第四节　事后恢复与重建

【本节描述】本节介绍事后恢复与重建事项，包括善后处置、恢复重建、事件调查和处置评估四部分内容。

一、善后处置

（1）整理受损电网设施、设备资料，做好相关设备记录、图纸的更新，加快抢修恢复速度，提高抢修恢复质量，尽快恢复正常生产秩序。

（2）财务部门牵头，组织相关人员通过查阅突发事件应急处置记录、相关报告、保险理赔资料，开展事件经济损失和非经济损失的调查评估。

（3）事件损失评估完成后，及时搜集理赔相关资料，开展保险理赔工作和费用结算。

（4）组织人员对需要心理救助的人员进行心理疏导和救助，最大限度减轻突发事件对受干扰人员造成的心理伤害。

（5）妥善处理好向媒体后续信息的披露工作。

二、恢复重建

（1）应急响应结束后，继续组织抢修受损设施、场馆，逐步恢复正常的生产经营秩序。

（2）对于大范围严重受损的电网设施、场馆等，充分考虑抗灾减灾需要，实行差异化规划设计，开展重建工作。

（3）针对未受损或抢修后恢复运行的设备设施，组织开展缺陷隐患排查和治理，消除事故隐患，避免发生次生事件。

（4）在恢复重建的同时，整理受损电网设施、设备资料，做好相关设备记录、图纸的更新。

三、事件调查

按照应急预案要去，开展事件调查。调查报告应包括事件起因、性质、影响、经验教训、恢复重建、防范和改进措施等内容；事件调查报告应在公司要求的调查期限内报送公司应急领导小组。

四、处置评估

应急响应终止后，应按照有关要求，对突发事件的预防准备、监测预警、处置救援、事后恢复等过程进行评估和调查，重点通过还原突发事件应急处置全过程，对照有关应急法规、制度、预案和相关要求，总结经验、查找问题、吸取教训、完善措施，不断提高应急处置能力，形成应急处置评估调查报告。事发单位应做好应急处置全过程资料收集保存工作，主动配合评估调查，并对应急处置评估调查报告有关建议和问题进行闭环整改。

【思考与练习】

善后处置包括哪些内容？

【参考答案】

（1）整理受损电网设施、设备资料，做好相关设备记录、图纸的更新，加快抢修恢复速度，提高抢修恢复质量，尽快恢复正常生产秩序。

（2）财务部门牵头，组织相关人员通过查阅突发事件应急处置记录、相关报告、保险理赔资料，开展事件经济损失和非经济损失的调查评估。

（3）事件损失评估完成后，及时搜集理赔相关资料，开展保险理赔工作和费用结算。

（4）组织人员对需要心理救助的人员进行心理疏导和救助，最大限度减轻突发事件对受干扰人员造成的心理伤害。

（5）妥善处理好向媒体后续信息的披露工作。

附件 电网企业应急预案体系框架图

总部（分部）层面	省公司层面	地市公司层面	类别
电力监控系统网络安全事件应急预案	电力监控系统网络安全事件应急预案	电力监控系统网络安全事件应急预案	社会安全事件类
网络与信息系统突发事件应急预案	网络与信息系统突发事件应急预案	网络与信息系统突发事件应急预案	
电力保供应急预案	电力保供应急预案	电力保供应急预案	
重点产品辅助用房突发恐怖袭击事件预案	重点产品辅助用房突发恐怖袭击事件预案	重点产品辅助用房突发恐怖袭击事件预案	
涉外突发事件应急预案	涉外突发事件应急预案	涉外突发事件应急预案	
新闻突发事件应急预案	新闻突发事件应急预案	新闻突发事件应急预案	
突发群体事件应急预案	突发群体事件应急预案	社会涉电突发群体事件应急预案 / 企业突发群体事件应急预案	
重要保电事件（客户侧）应急预案	重要保电事件（客户侧）应急预案	重要保电事件（客户侧）应急预案	
电力服务事件应急预案	电力短缺事件应急预案 / 电力服务事件应急预案	电力短缺事件应急预案 / 电力服务事件应急预案	
新冠肺炎疫情防控应急预案	新冠肺炎疫情防控应急预案	新冠肺炎疫情防控应急预案	公共卫生事件类
突发公共卫生事件应急预案	突发公共卫生事件应急预案	突发公共卫生事件应急预案	
地下变电站火灾事件应急预案	地下变电站火灾事件应急预案	地下变电站火灾事件应急预案	事故灾难类
城市地下电缆火灾及损毁事件应急预案	城市地下电缆火灾及损毁事件应急预案	城市地下电缆火灾及损毁事件应急预案	
特高压换流站/变电站火灾事件应急预案	特高压换流站/变电站火灾事件应急预案	特高压换流站/变电站火灾事件应急预案	
总部消防安全应急预案	重要场所消防安全应急预案	重要场所消防安全应急预案	
设备设施消防安全应急预案	设备设施消防安全应急预案	设备设施消防安全应急预案	
配电自动化系统故障应急预案	配电自动化系统故障应急预案	配电自动化系统故障应急预案	
调度自动化系统故障应急预案	调度自动化系统故障应急预案	调度自动化系统故障应急预案	
水电站损毁事件应急预案	水电站损毁事件应急预案	水电站损毁事件应急预案	
突发环境事件应急预案	突发环境事件应急预案	突发环境事件应急预案	
通信系统突发事件应急预案	通信系统突发事件应急预案	通信系统故障应急预案	
设备设施损坏事件应急预案	设备设施损坏事件应急预案	大型施工机械突发事件应急预案 / 设备设施损坏事件应急预案	
大面积停电事件应急预案	大面积停电事件应急预案	大面积停电事件应急预案	
人身伤亡事件应急预案	交通事故应急预案 / 人身伤亡事件应急预案	交通事故应急预案 / 人身伤亡事件应急预案	
森林草原火灾事件应急预案	森林草原火灾事件应急预案	森林草原火灾事件应急预案	自然灾害类
地震地质等灾害应急预案	地质灾害应急预案 / 地震灾害应急预案	地质灾害应急预案 / 地震灾害应急预案	
气象灾害应急预案	雨雪冰冻灾害应急预案 / 防汛应急预案 / 台风灾害应急预案	雨雪冰冻灾害应急预案 / 防汛应急预案 / 台风灾害应急预案	
总体（综合）应急预案	总体（综合）应急预案	总体（综合）应急预案	总体预案

参 考 文 献

[1]《国务院安委办安全生产"十五条"重要举措》

[2]《企业安全生产标准化基本规范》(GB/T 33000—2016)

[3]《国务院关于进一步加强企业安全生产工作的通知》(国发〔2010〕23 号)

[4]《国家电网公司全面强化安全责任落实 38 项措施》(国家电网办〔2022〕246 号)

[5]《国网安委办关于推进"四个管住"工作的指导意见》(国网安委办〔2020〕23 号)

[6]《国家电网公司安全设施标准》(国家电网科〔2010〕362 号)

[7]《国家电网公司关于印发生产现场作业"十不干"的通知》(国家电网安质〔2018〕21 号)

[8]《国网基建部关于印发输变电工程建设施工安全强制措施(2021 年修订版)的通知》(基建安质〔2021〕40 号)

[9]《国家电网有限公司关于修订配网工程安全管理"十八项禁令"和防人身事故"三十条措施"的通知》(国家电网设备〔2020〕587 号)

[10]《国网产业部关于进一步加强省管产业作业现场安全管控严格执行"九必须九不准"的通知》(产业综〔2022〕11 号)

[11] 国家电网有限公司关于印发《国家电网有限公司直属产业和集体企业安全监督检查规范》等 6 项技术标准的通知(国家电网企管〔2017〕429 号)

[12]《国家电网有限公司关于加大安全生产违章惩处力度的通知》(国家电网安监〔2021〕418 号)

[13]《国网安委办关于做好安全生产专项整治三年行动验收总结工作的通知》(国网安委办〔2022〕40 号)

[14]《国家电网有限公司关于印发全面强化安全责任落实 38 项措施》(国家电网办〔2022〕246 号)

[15]《国家电网有限公司安全事故调查规程》(国家电网安监〔2021〕820 号)

[16]《国网甘肃省电力公司安全生产委员会关于印发安全管理禁令的通知》(甘电司安委会〔2021〕3 号)

[17] 国家电网有限公司关于印发《国家电网有限公司安全工作奖惩规定》(国家电网企管〔2020〕40 号)

[18]《国家电网有限公司安全教育培训工作规定》[国网(安监/4)984—2019]

[19]《国网安委会办公室关于进一步加强安全教育培训工作的意见》(国网安委办〔2020〕2 号)

[20] 国网安委会关于印发《国家电网有限公司安全生产委员会工作规则》(国网安委会〔2019〕1 号)

[21] 习近平. 在网络安全和信息化工作座谈会上的讲话 [M]. 北京:人民出版社,2016.

[22] 阙波,叶代亮,高巨华. 电网企业应急管理基础知识 [M]. 北京:中国电力出版社,2017.

[23] 贺小明,于德发,贾玉杰. 电力企业安全生产应急管理 [M]. 北京:煤炭工业出版社,2013.

[24] 尚勇,张勇. 中华人民共和国安全生产法释义 [M]. 北京:中国法制出版社,2021.

[25] 中国安全生产科学研究院编写组. 安全生产管理 [M]. 北京:应急管理出版社,2022.

[26] 国家电网公司. 本质安全实践 [M]. 北京：中国电力出版社，2018.

[27] 葛国平，凌绍雄，刘长义. 电力安全培训教材 [M]. 北京：中国电力出版社，2013.

[28]《电网企业安全管理人员培训教材》编写组. 电网企业安全管理人员培训教材 [M]. 北京：电子工业出版社，2014.

[29] 帅军庆. 电力企业资产全寿命管理理论、方法及应用 [M]. 北京：中国电力出版社，2010.

[30] 国家安全生产监督管理总局政策法规司安全文化知识读本编写组. 安全文化知识读本 [M]. 北京：煤炭工业出版社，2011.

[31] 高武，樊运晓，张梦璇. 企业安全文化建设方法与实例 [M]. 北京：北京气象出版社，2011.

[32] 吴濡生，舒化鲁，石永建. 供电企业安全管理标准化体系建设指南 [M]. 北京：中国电力出版社，2011.

[33] 刘景良. 安全管理（第四版）[M]. 北京：化学工业出版社，2021.